全国电力行业岗位胜任力培训教材

智能变电站继电保护实训教材

国网河北省电力公司培训中心　编

中国计划出版社

图书在版编目（CIP）数据

智能变电站继电保护实训教材 / 国网河北省电力公司培训中心编. -- 北京 : 中国计划出版社, 2017.8
全国电力行业岗位胜任力培训教材
ISBN 978-7-5182-0685-8

Ⅰ. ①智… Ⅱ. ①国… Ⅲ. ①智能系统－变电所－继电保护－岗位培训－教材 Ⅳ. ①TM63-39②TM77-39

中国版本图书馆CIP数据核字(2017)第181282号

全国电力行业岗位胜任力培训教材
智能变电站继电保护实训教材
国网河北省电力公司培训中心　编

中国计划出版社出版发行
网址：www.jhpress.com
地址：北京市西城区木樨地北里甲11号国宏大厦C座3层
邮政编码：100038　电话：（010）63906433（发行部）
三河市百盛印装有限公司印刷

787mm×1092mm　1/16　15.5印张　389千字
2017年8月第1版　2017年8月第1次印刷

ISBN 978-7-5182-0685-8
定价：62.00元

本书编委会

主　任：张燕兴

成　员：于洪军　田　青　张大刚　杨军强　石玉荣
毕会静　祝晓辉　何生贵　刘爱民　马　玥
闫增奎

本书编写组

主　编：曹　苒　常风然

主　审：孙利强

成　员：何　磊　杨东方　高艳萍　田海涛　赵　瑞
侯　磊　吴丽娜

前　言

随着智能电网的发展，作为智能电网基础支撑的智能变电站的建设也在稳步推进。目前，生产现场继电保护专业人员缺乏对智能变电站新设备、新技术的了解，缺少运行维护的经验，急需开展有针对性的实训。为了有效提升智能变电站继电保护实训效果，特编写此书。

本书作为面向基层班组继电保护专业人员的实训教材，系统地介绍了继电保护专业人员胜任智能变电站现场作业需必备的基础知识和基本技能。本书在总结河北南网已投运的智能变电站建设、调试、运行维护的基础上，结合工程调试、运行维护及缺陷处理的实际经验编写。编写内容与现场作业项目紧密结合，突出实用性，既可以用于继电保护实训教学，也可作为保护人员日常工作、学习的参考资料。

本书分正文和附录两部分。正文部分共分七章，第一章介绍了智能变电站的概念、发展历程及智能变电站继电保护技术的发展，第二章介绍了智能变电站继电保护系统的构成、继电保护的配置原则及技术要求，第三章介绍智能变电站工程配置、配置文件及其测试与比对，第四章介绍了智能变电站 GOOSE、9—2 SV 通信技术及报文解析、常用抓包工具软件的使用，第五章介绍了合并单元、智能终端、网络交换机的技术要求、工作原理及典型设备的硬件结构，第六章介绍了智能变电站现场调试检验项目、技术要求及测试方法，第七章介绍了智能变电站继电保护系统的验收、检验、扩建、升级、消缺等工作的安全措施及作业流程。附录有 4 个，附录 A 介绍了 SCD 配置实例，附录 B 介绍 CID/CCD 配置文件下载实例，附录 C 介绍新一代智能变电站工程实例，附录 D 介绍了智能变电站工程实例。

本书由国网河北省电力公司培训中心组织内部教师与现场经验丰富的技术专家共同编写。第一、二章由国网河北省电力公司常风然编写，第三、四章及附录 A、B 由国网河北电科院何磊编写，第五章由国网河北培训中心曹苒、高艳萍、杨东方编写，第六章及附录 C 部分由国网沧州供电公司赵瑞、侯磊编写，第七章及附录 D 由国网邯郸供电公司田海涛编写。国网河北培训中心吴丽娜负责全书的排版与编辑。本书编写过程中，国网河北省电力公司常风然针对编写工作提出了很多指导性意见和建议，并且提供了许多相关技术资料，在此表示衷心感谢。

由于编者水平有限，书中出现错误和不当之处在所难免，恳请各位同行和读者给予指正。

编　者

2016 年 11 月

目　录

第一章　概　　述

第一节　智能变电站的概念

说起智能变电站，最吸引人眼球的就是“智能”二字了。虽然近年来出现了若干冠以智能名义的新名词，无论是早期翻译的“intelligent”还是现在多用的“smart”，都给人以美妙的感觉。但真的如此吗？智能变电站到底有多聪明，多智慧呢？我们先来看看智能变电站的基本概念。

一、智能变电站的基本概念

智能变电站有很多种定义和解释，无论在国内还是国外。按照国家电网公司在企业标准中的定义，智能变电站是“采用先进、可靠、集成、低碳、环保的智能设备，以全站信息数字化、通信平台网络化、信息共享标准化为基本要求，自动完成信息采集、测量、控制、保护、计量和监测等基本功能，并可根据需要支持电网实时自动控制、智能调节、在线分析决策、协同互动等高级功能的变电站。”

从定义上也可以看出，人们对智能变电站的期望值还是比较高的，比常规变电站至少突出了以下几点：

（1）智能变电站设备具有信息数字化、功能集成化、结构紧凑化、状态可视化等主要技术特征，符合易扩展、易升级、易改造、易维护的工业化应用要求。

（2）智能变电站应建立包含电网实时同步信息、保护信息、设备状态、电能质量等各类数据的标准化信息模型，满足基础数据的完整性及一致性的要求。

（3）智能变电站应具备全景数据统一信息平台，供各子系统统一数据标准化、规范化存取访问以及和调度等其他系统进行标准化交互。

（4）智能变电站应满足变电站集约化管理、顺序控制等要求，并可与相邻变电站、电源（包括可再生能源）、用户之间进行协同互动，从而支撑各级电网的安全稳定经济运行。

可以说，智能变电站在设备自身、信息共享、网络构建、高级应用等方面都提出了有别于常规变电站的一些需求，这些需求基本都是为了提高变电站的智慧，使之能够成为智能电网的重要支撑节点。为保证上述这些需求的实现，相应提出了若干技术原则。主要包括体系结构、设备要求、系统要求等方面的技术原则。

二、智能变电站的基本要求

在体系结构方面，参照了 IEC 61850 标准中对变电站结构的描述。将变电站分为过程层、间隔层和站控层。过程层包括变压器、断路器、隔离开关、互感器等一次设备及其所属的智能组件以及独立的智能电子装置。间隔层设备一般指继电保护装置、系统测控装置、监测功能组主 IED（智能电子装置）等二次设备，实现使用一个间隔的数据并且作用于该间隔一次设备的功能，即与各种远方输入输出、传感器和控制器通信。站控层包括自动化站级监视控制系统、站域控制、通信系统、对时系统等，实现面向全站设备的监视、控制、告警及信息交互功能，完成数据采集和监视控制、操作闭锁以及同步相量采集、电能量采集、保护信息管理等相关功能。

在设备层面，对一次设备、智能组件、监测、控制、保护、测量、计量等分别提出了要求。一次设备重点突出了智能化所需各型传感器或/和执行器与一次设备本体可采用集成化设计。智能组件是新提出的一个概念。由若干智能电子装置集合组成，承担宿主设备的测量、控制和监测等基本功能；在满足相关标准要求时，智能组件还可承担相关计量、保护等功能。可包括测量、控制、状态监测、计量、保护等全部或部分装置。

测量功能重点突出了高精度采集、同步采集等要求。

控制功能重点突出了应支持顺序控制、网络化控制等要求。

状态监测也是智能变电站特别关注的一个方面，虽然很难，但其方向无疑是正确的，也是设备能否更智能的一个关键要求，设备要想被准确感知，必须具备表达能力。因此，对传感器设置、设备自诊断等提出要求也成为必然。

保护功能要求自然也不会被忽视，但对保护功能的描述方面还是颇有周折，在标准起草过程中数易其稿，保护的直采直跳原则也因此正式提出。

计量功能要求针对不同计量 IED 特点制定各方认可的检定和溯源规程，这也是智能站建设初期必须面对的问题。

还有很重要的一点就是针对所有的 IED，要求采用完全自描述的方法实现站内信息与模型的交换。要求通信网络与系统符合《变电站通信网络和系统》DL/T 860 标准，也就是 IEC 61850 标准。这也直接推动了该标准在中国的大量应用。

在系统功能方面，对顺序控制、站内状态估计、数据通信、对时、电能质量评估、防误、区域集控、源端维护等提出要求。提出了设备状态可视化、智能告警及分析决策、故障信息综合分析决策、支撑经济运行与优化控制、站域控制等高级应用功能要求。

第二节　智能变电站的发展

变电站是电力网络的节点，它连接线路，输送电能，担负着变换电压等级、汇集电流、分配电能、控制电能流向、调整电压等功能。

一、智能变电站的发展历程

变电站的发展经历了若干阶段。从电压等级来划分，有低压、高压、超高压、特高压。按变换的电流电压特征划分，可分为交流、直流。按使用的一次设备的绝缘特征划分，可分为 AIS、GIS 等。如果从继电保护设备的发展历程来划分，期间也经历了电磁型、晶体管型、集成电路型、微机型等保护设备时代，直至今天也可以说仍是微机保护的时代，当然微机保护自身又经历了从早期的单片机到今天的 DSP/FPGA 及数字采样的变化。如果按变电站自动化的发展看，则又分为传统变电站、综合自动化变电站及数字化变电站、智能变电站。

应该说，今天我们定义的智能变电站，更多的是从变电站信息化的角度而言的。20 世纪 80 年代及以前，变电站保护设备以晶体管、集成电路为主，二次设备独立运行，变电站逐步实现了“遥测”、“遥信”、“遥控”、“遥调”的“四遥”功能，这可以算作传统变电站时代，当然传统是针对后来所言的。20 世纪 90 年代，随着微机保护的广泛应用，以及计算机、网络、通信技术的发展，变电站自动化取得了实质性进展。利用计算机技术、现代电子技术、通信技术和信息处理技术，建成了变电站综合自动化系统，实现了对变电站设备运行情况进行监视、测量、控制和协调的功能。综合自动化系统先后经历了集中式、分散式、分散分层式等不同结构的发展。国内所言的综合自动化系统大部分并不包含继电保护，这与国外的概念稍有不同，国外所言的自动化系统（SAS）一般都是包括了变电站的继电保护、安全自动装置、自动化设备等共同构成的二次系统，不像我们把专业划分地如此之细微。21 世纪以来，随着数字化技术的不断进步和 IEC 61850 标准在国内的推广应用，国内出现了一些基于 IEC 61850 的数字化变电站，其特征尤其体现在过程层设备信息的数字化、网络化，主要包括电子互感器及其采样网络的使用。但这对于智能电网的需求来说是远远不够的，因此国家电网公司在建设统一坚强智能电网的变电环节中，提出建设智能变电站的目标。

2001 年，美国电力科学研究院（EPRI）提出“Intelligrid”（智能电网）的概念，并于 2003 年提出《智能电网研究框架》并展开研究；美国能源部（DOE）随即发布“Grid2030 计划”，通过采用先进的材料技术、超导技术、电力电子技术，重点研究控制技术、广域测量技术、实时仿真技术、储能技术、可再生能源发电技术、微型燃气轮机发电技术等，以构建全美骨干电网、区域性电网、地方电网和微型电网（分布式电力系统）等多层次的电力网络，争取到 2030 年建成完全自动化、高效能、低投资、安全可靠、灵活应变的输配电系统，以保障大电网的安全性及稳定性，提高供电的可靠性及电能质量。

2005 年欧洲提出类似的“smart grid”概念，2006 年，欧盟智能电网技术论坛推出了《欧洲智能电网技术框架》，认为智能电网技术是保证欧盟电网电能质量的一个关键技术和发展方向，主要着重于输配电过程中的自动化技术。

我国在智能电网概念的提出方面虽然稍晚，但之前就在相关技术领域开展了大量的研究和实践。1999 年进行的“我国电力大系统灾变防治和经济运行的重大科学问题研究”，就已经提出过“数字电力系统”的概念。2007 年 10 月，华东电网正式启动了智能电网可行性研究项目，计划建成具有自愈能力的智能电网。

2008 年 11 月 11 日至 13 日，中美清洁能源合作组织特别会议召开，在会上开始使用“smart grid”，中国将之翻译为“智能电网”，并在国内统一推广这一概念，以指导相关研究的开展。在 2009 年 5 月召开的“2009 特高压输电技术国际会议”上，中国国家电网公司正式提出“坚强智能电网”的概念，并计划于 2020 年基本建成中国的坚强智能电网，自此正式拉开了中国坚强智能电网的研究与建设序幕。

国家电网公司在认真分析国内经济发展形势和技术水平的基础上，根据国情现状，按照统筹规划、统一标准、试点先行、整体推进的原则，分阶段推进坚强智能电网的建设。2009 年至 2010 年为规划试点阶段：重点开展电网智能化发展规划工作，制订技术标准和管理标准，开展关键技术研发和设备研制，开展各环节的试点工作；2011 年至 2015 年为全面建设阶段：加快特高压电网和城乡配电网建设，初步形成智能电网运行控制和互动服务体系，关键技术和装备实现重大突破和广泛应用；2016 年至 2020 年为引领提升阶段：基本建成坚强智能电网，使电网的资源配置能力、安全水平、运行效率，以及电网与电源、用户之间的互动性显著提高。

随着特高压建设进入实用化阶段，风电、光伏等新能源也要陆续接入系统，这对系统的安全稳定性要求更高，对作为智能电网支撑节点的变电站也提出了新的要求，比如优化资源配置，智能设备之间应实现进一步的互联互通，支持采用系统级的运行控制策略，提供高级应用，与大用户、调度、相邻变电站、电源之间协同互动等内容。

在常规的综自站中，比较典型的问题包括：采集资源重复、设计复杂问题，变电站内存在多套系统，数据采集要求不一致，大量设备都有数据采集单元；系统、设备之间互操作性差的问题，通信规约繁杂，缺乏一致性测试、权威认证，线性点表传输割裂了数据之间的联系；信息不标准、不规范、难以充分应用的问题，原理、算法、模型不一致导致信息输出不一致，装置信息输出不平衡，通讯规约的信息承载率低等。

在数字化变电站建设中，也暴露出一些突出问题，如缺乏相关的建设标准、规范；过程层或间隔层设备与一次设备接口不规范；没有解决 IEC 61850/61970 的问题；主要局限在自动化系统本身，无整个变电站的建设体系（计量）；变电站没有信息体系；没有形成更多的智能应用；缺乏检验、试验评估体系等。数字化变电站建设总体还在试验阶段中就被智能变电站的概念替代。

在智能变电站中，要实现全网运行数据的统一断面采集、实时信息共享以及电网实时控制和智能调节，支撑各级电网的安全稳定运行和各类高级应用。设备信息和运行维护策略与电力调度实现全面共享互动，实现基于状态的全寿命周期综合优化管理。

2013 年，在智能变电站开始全面建设过程中，国家电网公司又提出了建设新一代智能变电站的设想。

新一代智能变电站从设计、设备、控制三方面入手，采用整体集成设计，引导设备研制，优化主接线和总平面布局，提高变电站整体设计水平，以实现“系统高度集成、结构布局合理、装备先进适用、经济节能环保、支撑调控一体”的目标。采用一次设备与传感器、智能组件的一体化设计，实现设备功能高度整合。整合变电站的多套系统，采用层次化保护控制系统，深化、优化变电站二次系统控制技术应用。以“占地少、造价省、可靠性高”为目标，遵循电力二次系统安全分区原则，采用多级保护防御策略，保证快速保护动作的可靠性，构建新一代智能变电站。

在一次设备方面，采用隔离式断路器，大幅节省占地面积，远期可考虑集成电子式互感器；采用集成状态监测传感器和智能组件的智能电力变压器，进一步提升一次设备集成度和智能化水平。采用稳定可靠的电子式互感器，力争解决电子式互感器的长期稳定运行可靠性不足以及抗干扰能力较差等问题，使得制造技术达到国际领先水平。

在二次设备方面，采用就地化装置，解决环境、电磁干扰等对保护装置的影响，提高就地装置运行的可靠性；采用合并单元智能终端一体化装置、多功能测控装置，减少装置数量，简化二次电缆布线。应用层次化保护控制系统，突破间隔化保护控制的局限性，实现站域后备保护和站域智能控制策略。

优化监控系统的结构和功能，深化智能告警、信息综合分析、一键式顺控等高级应用功能，解决目前存在的系统功能分散、集成度低、维护工作量大等问题，提升变电站监控系统集成度和高级应用实用化水平。

提升数据通信网关机性能，集成多种通信方式，提供面向主站的实时数据服务和远程数据浏览，满足主厂站信息交互的“告警直传、远程浏览、数据优化、认证安全”的新要求，支撑调控一体化的业务需求。

采用虚拟装置和数字化调试工具，应用远程可视化技术，简化调试工作量，提高智能变电站运维的便利性，缩短变电站建设调试周期。

二、智能变电站与数字化变电站

智能变电站与数字化变电站有密不可分的联系。数字化变电站的部分特征是智能变电站发展的基础，智能变电站是进一步综合站内功能与发展的对外支撑，智能变电站并不要求高度的数字化，如全站采用电子式互感器、具备数字化接口的开关，基于 IEC 61850 标准的变电站网络通信是最大的共同点。

二者差别主要体现在：数字化变电站主要从满足变电站自身的需求出发，实现站内一、二次设备的数字化通信和控制，建立全站统一的数据通信平台，侧重于在统一通信平台的基础上提高变电站内设备与系统间的互操作性。而智能变电站则从满足智能电网运行要求出发，比数字化变电站更加注重变电站之间、变电站与调度中心之间的信息的统一与功能的层次化，以在全网范围内提高系统的整体运行水平为目标。数字化变电站已经具有了一定程度的设备集成和功能优化的概念，要求站内应用的所有智能电子装置（IED）满足统一的标准，拥有统一的接口，以实现互操作性。IED 分布安装与站内其功能的整合以统一标准为纽带，利用网络通信实现。数字化变电站在以太网通信的基础上，模糊了一、二次设备的界限，实现了一、二次设备的初步融合。而智能化变电站设备集成化程度更高，可以实现一、二次设备的一体化、智能化整合和集成。智能变电站在数字化变电站的基础上实现了两个技术上的跨越：监测设备的智能化，重点是对断路器、变压器的状态监测；故障信息综合分析决策，变电站要和调度进行信息的双向交流。

三、智能变电站技术标准的发展

在技术方面，变电站自动化领域技术发展很快，计算机信息与通信技术也有很大发展，国际上即将颁布 IEC 61850 第二版，这些都为智能变电站建设提供了有力支撑。

按照国家电网公司的“三统一”原则（统一规划、统一标准、统一建设），智能变电站的发展也应该遵循统一的标准。在智能变电站建设初期，国家电网公司相关部门、全部网省公司、科研单位、顾问集团公司、设计院、三大开关制造商、三大变压器制造商、许继、国电南自、东方电子等设备厂家，共同制定了国家电网公司企业标准《智能变电站技术导则》。考虑到智能电网发展时间跨度大，为保证技术的前瞻性及创新性，该标准仅对变电站的发展目标和各个环节提出功能性要求，具体技术实现细节由后续的相关标准完成。尽可能描述与传统变电站不同的技术和功能，提出的新概念体现了一次、二次专业有机融合的趋势，又考虑适应近期发展现状，提出了一系列系统级高级应用。

随后国家电网公司相继出台了大量的企业标准、文件、制度等，以推进智能变电站的发展、建设、运维等工作的开展。如智能变电站建设标准系列、智能变电站运行控制标准系列、智能变电站自动化系统功能规范标准系列、智能变电站设备标准系列等。但是出于多方原因，不同部门负责起草的标准、文件之间有些冲突，变化也较快，基层较难全部、准确、及时地掌握，如合并单元的配置和使用、就地布置环境、保护组屏等技术问题争议较多。在具体工程的方案设计和实现中，由于设计审查、设备招标等影响因素，较难按统一标准执行，设计变动较多，使 SCD 等配置文件控制难度很大，也造成已投运的智能变电站“千人千面”，给以后的运维带来很大困难。

四、河北电网智能变电站的建设

国网河北省电力公司自 2007 年后，开始数字化变电站的建设工作，先后投运了 3 个数字化变电站（220kV 名府、220kV 白洋淀和 110kV 富村）。2009 年后，相继投运了 220kV 苏正、

110kV 贾口、500kV 元氏等不同电压等级的智能变电站。截止到目前，国网河北省电力公司辖 500kV 智能变电站 4 座，220kV 智能变电站 22 座。智能变电站的继电保护系统总体运行情况尚可，但也暴露出智能电子设备不成熟、不可靠、不规范，调试验收不规范，运维技术力量不足，技术管理滞后等问题。

第三节　智能变电站继电保护技术的发展

在智能变电站中，继电保护技术和相应设备发生了很大变化。我们更应该强调继电保护系统的概念，是“继电保护系统”，而不再是传统的“继电保护装置”，这就更强调继电保护在功能实现上是统一的整体，需要一次设备、二次回路、通道、保护装置之间的配合协调，发挥其整体性能，才能完成继电保护的作用。其实在非智能变电站中也是如此，系统的概念也不是首次提出，只不过在智能变电站中这一特征体现地更为明显。

智能变电站整个二次系统的整体架构、配置及与一次系统的连接方式与传统变电站相比均有较大变化。智能变电站的继电保护系统在采样回路、出口回路、信息应用、对时、系统设备构成等方面都应用了很多新概念、新技术。出现了电子互感器、合并单元、智能终端、智能组件、网络交换机、网络分析仪等诸多新设备，使用了 SV、GOOSE、IEC 61588、DL/T 860 等新协议、新标准。

电子式互感器的采用为继电保护技术中长期难以解决的一些问题提供了新的途径，如电磁式电流互感器饱和引起的差动保护区外误动、变压器励磁涌流与故障电流的识别、瞬时值差动保护技术的应用及其他继电保护新技术的发展应用。依靠高速、可靠、开放的通信网络技术，实现变电站过程层的网络化，解决了传统变电站电缆二次接线复杂、抗干扰能力差、系统扩展性差等缺点，实现了信息共享。但是需要注意到的是，电子式互感器的稳定性、电子式互感器合并单元的采样同步性、过程层网络的安全可靠性等问题都会影响到保护装置的可靠性及快速性等，尤其在相关技术应用的初期。

智能变电站与传统变电站相比，在信息采集、传输、处理各环节均有本质区别，新型设备（电子式互感器、合并单元、智能终端、网络交换机）的性能及其与继电保护装置等二次设备的整体配合性能均成为确保变电站安全可靠运行的重要因素。传统的基于单装置的调试试验、运行、维护等的方法已经不能满足对智能二次设备进行运维的要求。因此，需转变思路，建立系统级的调试、运维理念，探索新型的试验方法、运行措施、维护模式等，以确保系统的可靠运行。

从几年来的运行实践看，变电站智能化带来了继电保护在速动性、可靠性方面一定程度上的下降，户外二次设备故障率偏高，调试检修工作量变大，二次虚回路可观性差等问题。智能变电站继电保护的运维技术还有很多不确定因素，需要在试验手段，尤其是消缺验证试验、改扩建项目试验等取得突破；需要在二次设备监视与分析，包括继电保护系统内各设备建模，设备及回路可视化、状态可视化等方面予以加强；需要进一步管控 SCD、ICD、CID、CCD 等配置文件，做好配置文件的检验工作；需要现场作业技术措施、安全措施的标准化、自动化，以保证作业安全。

从智能变电站继电保护的运维管理看，还是有很多不同于常规变电站的。智能变电站继电保护系统的运行管理仍然实行统一领导、分级管理。调度、运行、维护、建设、设计、制造、集成、安装调试、技术支撑等单位和部门应协调配合，承担相应的职责，确保智能变电站继电保护系统的安全运行。

智能变电站继电保护运维管理中，各相关单位应对配置文件等电子文档建立规范化管理制度及相应技术支持体系。宜建立配置文件管理系统，确保各智能电子设备使用的配置文件版本的一致性。文件的变更应遵循“源端修改，过程受控”原则。SCD配置文件需要变更时，由引起变动的专业负责，将变更事项事先告知有影响的专业，相关专业均许可后方可更改。更改SCD文件应通过专用的SCD文件配置工具软件进行，并应验证SCD文件的正确性；再通过SCD文件生成CID文件，验证涉及的设备CID文件的正确性；再采取必要的备份措施和安全隔离措施后，方可下装。

智能变电站中，多功能一体化设计的智能电子设备及系统越来越多，考虑到设备或系统维护的需要，考虑到智能变电站维护模式的不同和变化，明确运维责任及具体分工由运维单位落实，各功能模块仍可按原有专业分工进行相应技术管理。

状态检修是发展方向，智能变电站的继电保护系统及其中的智能电子设备具有较高的智能化水平和较完善的自检功能，应充分利用其运行状态数据及告警信息，进行设备在线数据收集和状态评价，实现继电保护系统的全部或部分状态检修。

调度、运行、维护、建设、设计、制造、集成、安装调试、技术支撑等单位和部门应各负其责。调度部门应强调技术原则，新产品入网的管理以及软件、配置文件的管理。运行单位应注意对顺序控制的验证。维护单位应注意智能变电站继电保护系统电子文件的管理，宜编制维护手册，指导检修作业。建设单位应注意组织SCD文件的审查和出厂联调验收。设计单位应对全站SSD、SCD文件的生成和最终确认负责。设备制造商应提供适用的继电保护装置文件配置工具、调试分析软件，以提高保护装置调试、故障分析、更改定值等工作效率。系统集成商则应提供系统文件配置工具，以对全站SCD文件进行规范化管理。安装调试单位应注意SCD、CID文件的现场验证。

智能变电站继电保护及相关设备中应将智能终端、合并单元、过程层网络、过程层网络记录分析仪列入调度管辖范围。公用交换机、公用合并单元由所接智能电子设备、互感器的最高调度机构进行调度管辖。

考虑智能电子设备及系统的智能化程度，应推广远程巡视和远程巡检。不具备完善的远程巡视手段时，现场巡视应增加远程巡视内容。巡视应特别注意智能控制柜的运行，智能控制柜的温度、湿度、防水、防潮、防尘等性能应满足相关标准要求，以保证智能控制柜内的智能终端、合并单元、继电保护装置等智能电子设备的安全可靠运行。软连接片，包括GOOSE软连接片、SV软连接片、保护功能软连接片等，运行操作一般应通过远方或当地监控系统完成。现场运行人员操作前、操作后均应在监控画面上核对连接片实际状态，包括“检修连接片”等可能未操作的连接片。

智能变电站的改、扩建施工是有别于常规变电站的一个难点，涉及全站配置文件的修改和验证，需要多间隔设备甚至全站陪停，对电网影响较大。改、扩建时，安装调试单位和运行维护单位都应有完善的技术管理措施，确保在运系统的安全，确保扩建工程的安全投运。应离线验证扩建后全站SCD文件的正确性，离线验证施工涉及的各设备CID文件的正确性。文件验证正确无误后，在投运前，采取必要的安全措施后，下装到各相关设备，进行相应试验。试验完毕，备份更新后的全站SCD文件、CID文件、网络参数表等，记录施工涉及设备的版本信息，并做备份和备案管理。

总之，智能变电站继电保护的相关技术一直在发展，相应的运维技术、运维管理也应该同步发展。希望可以不断总结经验、教训，基于物联网、移动互联网等技术推动继电保护运维技术创新和模式变革，构建以信息化装备、自动化巡视、智能化检修和不停电检验为特征的智能运维检修体系，充分发挥智能设备的优势，在持续提升继电保护和安全自动装置的运行可靠性的同时，使得智能变电站的运行更为安全、便捷、智能。

第二章　智能变电站继电保护系统

第一节　智能变电站继电保护系统的构成

继电保护系统是由继电保护装置、合并单元、智能终端、交换机、通道、二次回路等构成，实现继电保护功能的系统可以先从几张图看起。

图 2-1、图 2-2 分别表达了继电保护系统在整个变电站二次系统中的位置。图 2-3、图 2-4 分别表达了常规与智能变电站继电保护系统的不同构成方式。可以明显看出，变电站继电保护系统与变电站自动化系统乃至电网自动化系统的融合越发紧密，同时变电站内继电保护系统的构成越发复杂，物理设备与逻辑设备越发有重组整合趋势。从硬件看，继电保护系统中不止有传统的继电保护装置、纵联通道设备、电缆回路、站控层通信回路、对时回路等，还出现了合并单元、智能终端、过程层交换机、过程层及间隔层网络、光纤回路等。从软件看，继电保护系统中不止有传统的继电保护装置功能软件、后台及人机通信软件、插件配置软件，还出现了合并单元、智能终端、过程层交换机等的功能软件，出现了各 IED 设备的工程配置文件。

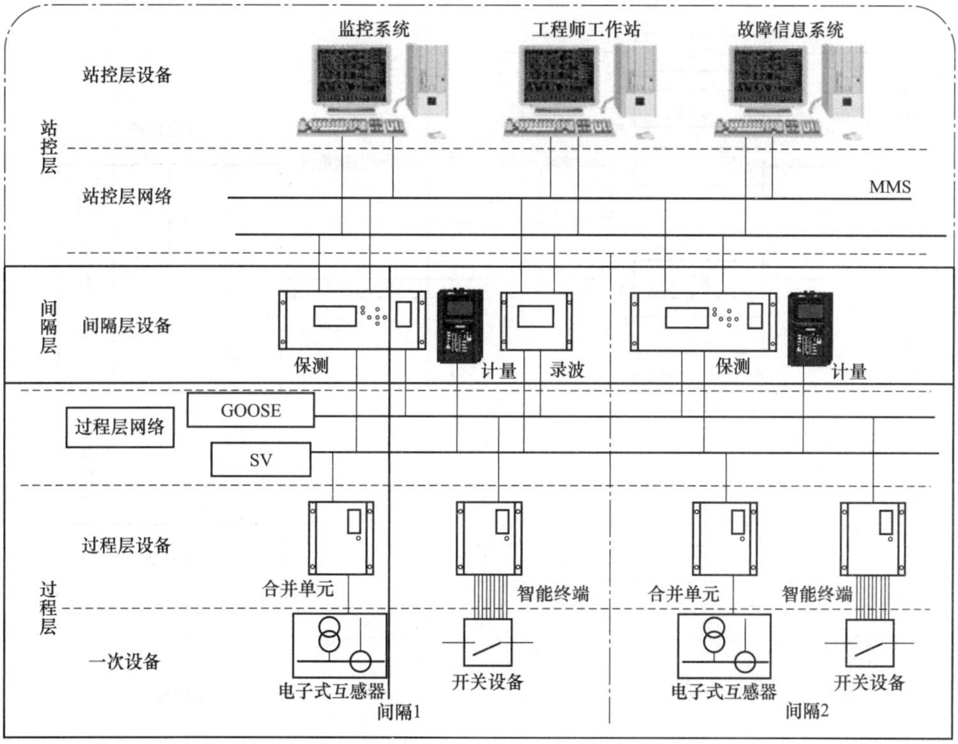

图 2-1　智能变电站二次系统典型接线示意图

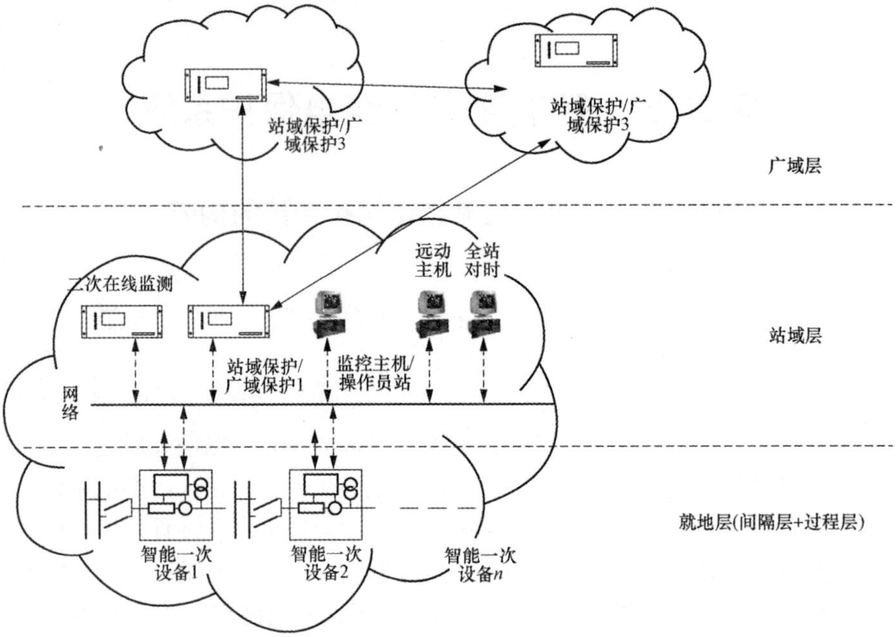

图 2-2 新一代智能变电站二次系统示意图

注：←→主保护通信口，←- -→过程层以太网口。

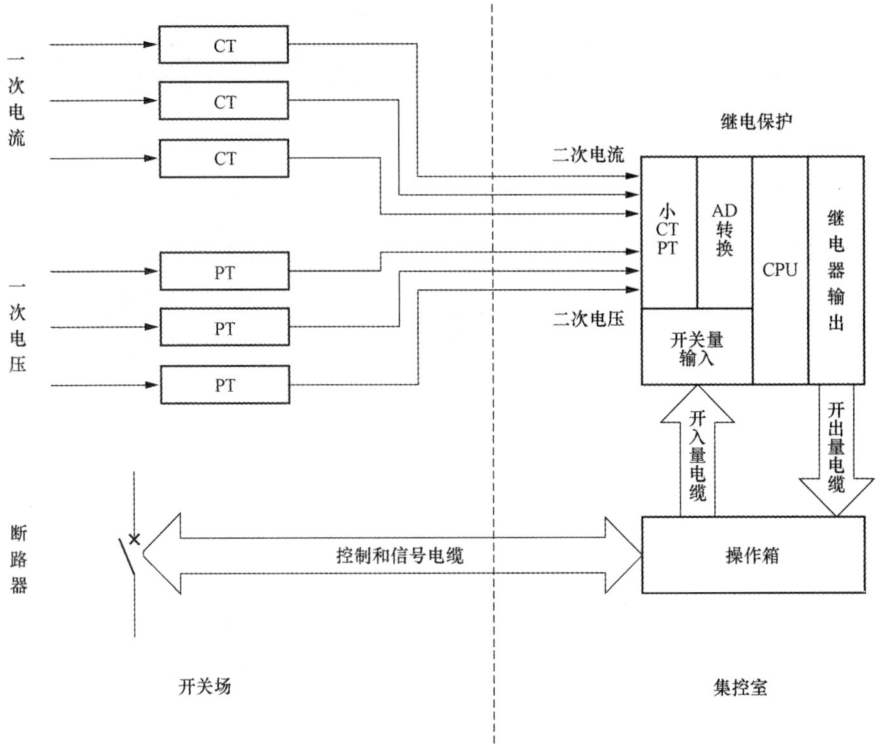

图 2-3 常规变电站继电保护系统示意图

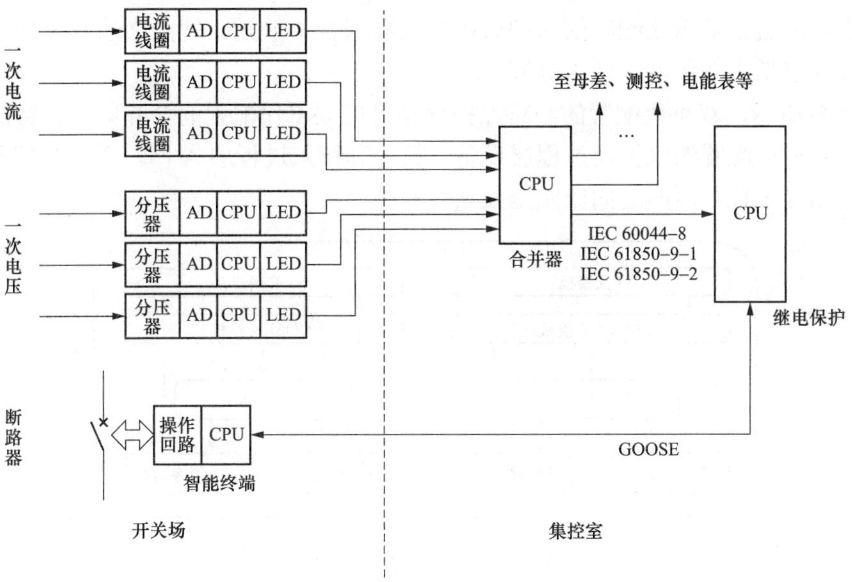

图 2-4　智能变电站继电保护系统示意图

第二节　智能变电站继电保护的基本技术原则

智能变电站的继电保护系统也必须遵循一些基本的技术原则。以下的原则主要引自国家电网公司的企业标准，即《智能变电站继电保护技术规范》Q/GDW 441—2010。这也是目前国内应用较多且比较成熟的一些技术原则。

“4.2　智能变电站继电保护与站控层信息交互采用 DL/T 860（IEC 61850）标准，跳合闸命令和联闭锁信息可通过直接电缆连接或 GOOSE 机制传输，电压电流量可通过传统互感器或电子式互感器采集。具体应用中采用的技术应遵循本标准中与之对应的部分。”

该原则首先明确了信息交互的标准，以解决过去变电站中规约不统一、互操作性差的问题，这也是发展智能变电站首先要解决的问题。其次，也申明了继电保护装置并非只能采用数字采集，采用电缆采集或传统互感器采集都是可行的。

“4.3　继电保护新技术应满足‘可靠性、选择性、灵敏性、速动性’的要求，并提高保护的性能和智能化水平。继电保护在功能实现上是统一的整体，需要一次设备、二次回路、通道、保护装置之间的配合协调，发挥其整体性能。”

该原则申明：继电保护技术应用的研究与探索应以进一步提高保护的性能和安全可靠性为目的，不能为了智能化而智能化，智能化不能牺牲继电保护的“四性”，应以提高保护的可靠性为基本出发点，不能降低保护的可靠性。智能变电站继电保护是“继电保护系统”，不再是传统的“继电保护装置”，一次设备和二次回路应协调配合，二次各设备之间要协调配合。

“4.4　220kV 及以上电压等级的继电保护系统应遵循双重化配置原则，每套保护系统装置功能独立完备、安全可靠。双重化配置的两个过程层网络应遵循完全独立的原则。”

该原则强调了双重化配置原则。双重化配置原则一直以来是 220kV 及以上电压等级继电保护系统的基本技术原则之一。在发展智能变电站后，仍有必要按此原则配置继电保护系统。

尤其应该指出的就是双重化配置的保护对应的过程层合并单元、智能终端及过程层网络均应双重化配置（包括主变压器中低压侧）。

如图 2-5 所示，双重化配置的线路保护分别对应双重化配置的合并单元、智能终端及过程层网络。双重化配置的保护及过程层设备，第一套接入过程层 A 网，第二套接入过程层 B 网。为防止相互干扰，两网之间应完全独立。

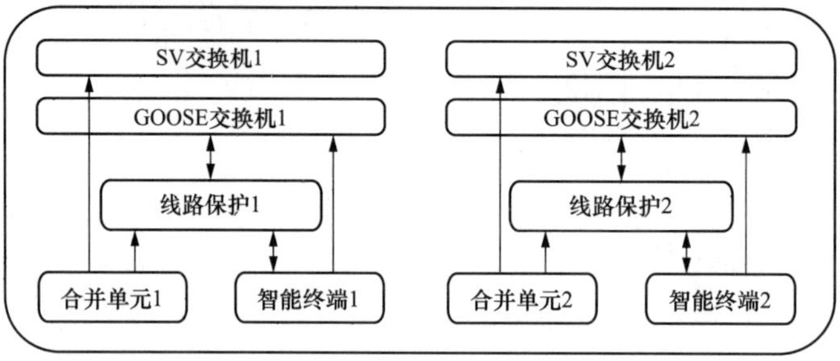

图 2-5　双重化线路保护示意图

“4.5　按照国家标准 GB/T 14285 要求‘除出口继电器外，装置内的任一元件损坏时，装置不应误动作跳闸’。智能变电站中的电子式互感器的二次转换器（A/D 采样回路）、合并单元（MU）、光纤连接、智能终端、过程层网络交换机等设备内任意一个元件损坏，除出口继电器外，不应引起保护误动作跳闸。”

“除出口继电器外，装置内的任一元件损坏时，装置不应误动作跳闸”的要求是比较高的技术要求，但也是基本的技术要求，为此，继电保护装置在设计中采用了多种多重防误动的措施。在智能变电站中，继电保护的功能被重新组合，有必要对此系统提出这样的要求，但这会涉及多个设备，如电子式互感器的采样回路、合并单元、智能终端、过程层网络交换机等。

“4.6　保护装置应不依赖于外部对时系统实现其保护功能。”

不依赖于外部对时系统实现保护功能，一直是继电保护专业追求的目标。早在线路纵差保护出现之初，国内外就有很多学者提出基于同步时钟（如 GPS）的采样同步方法来作为线路两侧电流采样的基准。但国内继电保护界几乎都不认可此类方式。基于时钟系统的同步采样，与时钟系统的运行状况高度相关，且影响面极大。虽然在某些电网中试点建设过双重化乃至三重化的时钟系统来提高可靠性，但依赖外部对时系统带来的潜在的不可预知的风险仍很难评估。因此基于可靠性的考虑，提出不依赖于外部对时系统的基本原则。

保护采用点对点直接采样，采样同步就可以不依赖于外部时钟，但不是说只有点对点直接采样才是不依赖于外部对时系统的唯一选择。选择其他一些同步方案，也可以做到不依赖于外部时钟。同时需要说明的是，保护装置应该接入外部对时信号，但对时信息不参与保护的逻辑运算。

“4.7　保护应直接采样，对于单间隔的保护应直接跳闸，涉及多间隔的保护（母线保护）宜直接跳闸。对于涉及多间隔的保护（母线保护），如确有必要采用其他跳闸方式，相关设备应满足保护对可靠性和快速性的要求。”

该条原则描述了国家电网公司对智能变电站继电保护的一个基本要求，就是简称为“直采直跳”的原则。

直接采样：智能电子设备不经过以太网交换机，以 SV 点对点连接方式直接进行采样值传输，如图 2-6 所示。

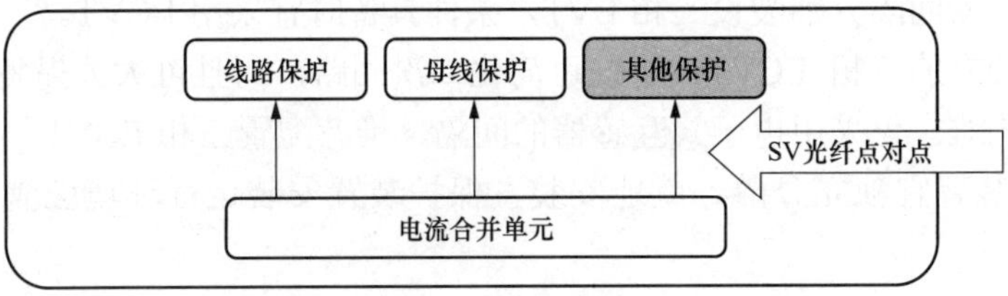

图 2-6　直接采样示意图

直接跳闸：保护设备与本间隔智能终端之间不经过以太网交换机，以 GOOSE 点对点连接方式直接进行跳合闸信号的传输，如图 2-7 所示。

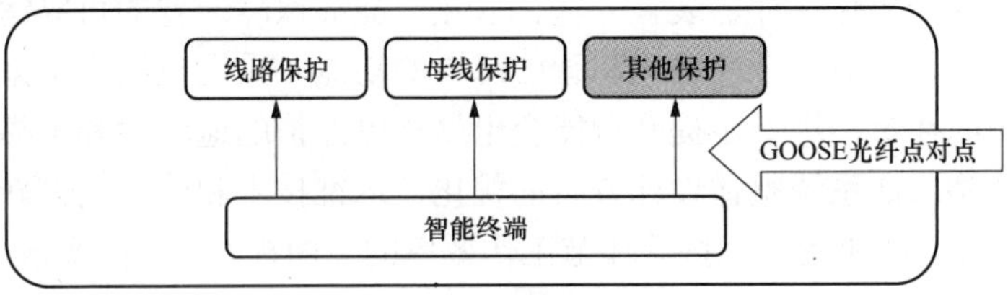

图 2-7　直接跳闸示意图

“4.8　继电保护设备与本间隔智能终端之间通信应采用 GOOSE 点对点通信方式；继电保护之间的联、闭锁信息，失灵启动等信息宜采用 GOOSE 网络传输方式。”

继电保护设备与本间隔智能终端之间由于采用直跳原则，自然就存在 GOOSE 点对点通信方式，因此二者之间的所有信息交互都可以通过直连通信解决，比如断路器位置接点信息。继电保护之间的联、闭锁，失灵启动等信息则宜采用 GOOSE 网络传输方式。对快速性要求不高的保护信息可以采用网络方式（经过交换机）跳闸。如 3/2 接线的边断路器失灵，保护跳相邻断路器通过 GOOSE 网络接入母线保护和中断路器智能终端跳相关断路器。

“4.9　在技术先进、运行可靠的前提下，可采用电子式互感器。”

电子式互感器不是智能变电站的必备要素。继电保护装置采用就地安装方式时，宜采用常规互感器，同时应采用电缆跳闸。当然，在电子式互感器技术逐步成熟之后，也可以应用。

“4.10　110kV 及以上电压等级的过程层 SV 网络、过程层 GOOSE 网络、站控层 MMS 网络应完全独立，继电保护装置接入不同网络时，应采用相互独立的数据接口控制器。”

110kV 及以上电压等级的各网络应相互独立。为了防止同一装置接入不同网络时，各网络间相互干扰，要求装置内部各网络的数据接口控制器也应完全独立。随着技术的发展与进步，现在再次讨论两网合一、三网合一都可能会有一些更深的认识。在智能变电站建设的初期，要求三网各自独立是有道理的。

对 SV/GOOSE 是否可以共网的问题，可以对其具体分析。SV/GOOSE 共网可简化网络配置，节约光缆和交换机，但网络数据流量会增大、网络压力增大；SV/GOOSE 分别组网可分散数据流量、网络压力较小，但交换机和光缆数量增加。在目前执行的技术方案中，一般 220kV 及以下电压等级变电站过程层网络按 SV/GOOSE 共网设置，要求 IED 设备的 SV/GOOSE 数据处理端口应具备独立处理SV报文和GOOSE报文的能力，并确保SV报文和GOOSE报文互不影响。

“4.11 110kV及以上电压等级双母线、单母线分段等接线型式（单断路器）EVT设置，宜在各线路、变压器间隔分别装设三相EVT，条件具备时宜采用ECVT。”

各间隔配置独立的三相ECVT，不仅可简化二次回路，而且可大大提高保护的可靠性，但布置存在一定困难。仅采用电子式互感器的间隔，推荐配置三相ECVT。

“4.12 保护装置宜独立分散、就地安装，保护装置安装运行环境应满足相关标准技术要求。”

就地安装，也就是在一次配电装置场地内紧邻被保护设备安装，这应该是继电保护装置的发展方向。目前，保护装置发展到“装置芯片化”，芯片由管脚式焊装发展到表面贴装方式，因此抗干扰能力得到大幅提升，航空插头技术实现了接口标准化，保护装置具备了就地化和即插即用的基础条件。防护等级、电磁兼容、热设计是就地化保护装置的关键技术，通过机箱一体化成型、板卡一体化设计、装置一体化散热，能够保障装置的可靠运行。就地化保护装置近一次设备安装，集成了合并单元和智能终端的功能，采用电缆直接采样、直接跳闸，减少数据传输的中间环节，进一步提升智能变电站继电保护的速动性和可靠性。就地化保护的应用将推动智能站二次系统整体设计方案的优化、运维技术和管理的创新，促进智能变电站的设计建设、安装调试和运行维护等环节工作效率的全面提升，从而实现变电站安全可靠、运维便捷、节能环保、经济高效的目标。

保护就地安装对保护装置本身和运行环境都有严格要求。本条原则还对运行环境提出了要求。对于就地化保护装置，一种是安装在开关柜、GIS汇控柜或智能控制柜内，柜内温度控制在–25～70℃，相对湿度控制在90%以下。另一种是完全无防护裸露安装的就地化装置。如图2-8所示，采用全封闭外壳，一体成型，完全尘密，IP67防护等级，按水下1m设计和测试；按最高电磁兼容标准设计，做VFTO专项测试；印制板一体化设计，取消插件及内部总线；选用低功耗元器件降低整机功率，采用一体化散热机箱，–40～70℃环境温度下可靠运行；抗振动、抗冲击、防盐雾防护等设计统筹考虑。

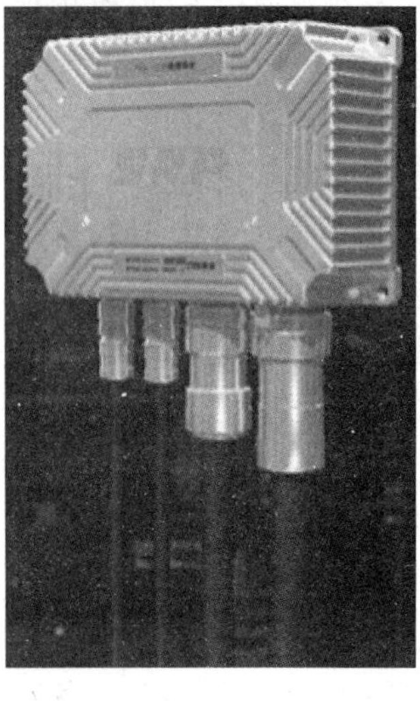

图2-8 就地化装置示意图

“4.13 110kV及以下电压等级宜采用保护测控一体化设备。”

110kV线路保护单套配置，推荐采用保护测控一体化设备。110kV变压器电量保护宜按双套配置，双套配置时应采用主、后备保护一体化配置；若主保护、各侧后备保护分开配置时，后备保护宜与测控装置一体化。220kV保护双重化配置，由于涉及测控是否双重化配置问题，是否采用测控一体化设备不统一规定。

“4.14 智能变电站应利用网络技术将保护信息上送至站控层，集成断路器变位动作信息、保护装置、故障录波等数据以及电子式互感器、MU、智能终端的状态信息和变电站监控信息，最终实现变电站故障信息综合分析决策。”

按照智能变电站二次系统的总体要求，宜建立站内全景数据统一信息平台，供各子系统统一数据标准化规范化存取访问，还可以和调度等其他系统进行标准化交互。本条原则的实质是对继电保护信息子站的要求，将故障信息系统子站整合在监控系统中，将对安全分区产生一定影响。继电保护的信息流向如图 2-9 所示。

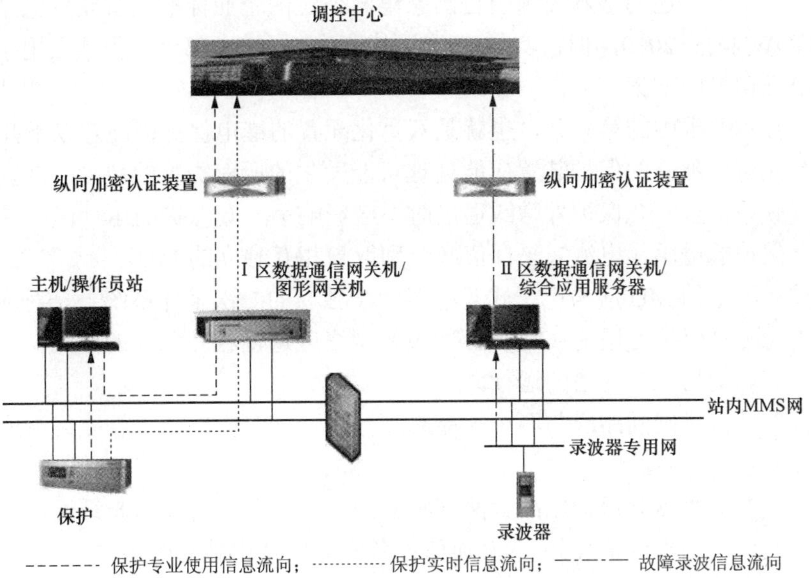

图 2-9 继电保护信息流向示意图

“4.15 智能变电站的二次安全防护应严格遵照《电力二次系统安全防护总体方案》和《变电站二次系统安全防护方案》的要求，进行安全分区，通信边界安全防护，确保控制功能安全。”

安全防护一直是电力二次系统的安全工作重点，不论是在智能变电站还是常规变电站。2015 年 12 月 23 日的乌克兰网络安全事件提醒我们，要加强网络信息安全工作，制定反攻击措施，教育我们的工作人员遵守网络使用要求，从技术、管理上采取进一步措施。在这方面，从事继电保护专业的人员往往不够重视，因此需要加强再加强。

第三节 智能变电站继电保护配置原则

对于智能变电站的继电保护来说，由于保护电网和保护设备的根本目的未曾改变，因此对继电保护系统的配置要求本质上不会发生大的变化。

一般要满足以下基本要求：

（1）220kV 及以上电压等级的继电保护及与之相关的设备、网络等应按照双重化原则进行配置。

（2）保护装置、智能终端等智能电子设备间的相互启动、相互闭锁、位置状态等交换信息可通过 GOOSE 网络传输，双重化配置的保护之间不直接交换信息。

（3）双母线电压切换功能可由保护装置分别实现。

（4）3/2 接线形式，两个断路器的电流 MU 分别接入保护装置，电压 MU 单独接入保护装置。

（5）110kV 及以下保护就地安装时，保护装置宜集成智能终端等功能。

这些基本要求也是讨论保护配置的基础。当然有不同的要求就会产生不同的配置方案以及不同的装置要求。比如，双母线电压切换功能既可以由保护装置来实现，也可以由间隔合并单元来实现。虽然上述的基本要求引自国家电网公司的企业标准《智能变电站继电保护技术规范》Q/GDW 441—2010，但在实际工程实施过程中，绝大部分工程都采用了由间隔合并单元来实现电压切换的方案。

对于上述基本要求中的第1条，也就是双重化配置的继电保护应注意以下几点：

（1）每套完整、独立的保护装置应能处理可能发生的所有类型的故障。两套保护之间不应有任何电气联系，当一套保护异常或退出时不应影响另一套保护的运行。

（2）两套保护的电压（电流）采样值应分别取自相互独立的MU。

（3）双重化配置的MU应与电子式互感器两套独立的二次采样系统一一对应。

（4）双重化配置保护使用的GOOSE（SV）网络应遵循相互独立的原则，当一个网络异常或退出时不应影响另一个网络的运行。

（5）两套保护的跳闸回路应与两个智能终端分别一一对应，两个智能终端应与断路器的两个跳闸线圈分别一一对应。

（6）双重化的线路纵联保护应配置两套独立的通信设备（含复用光纤通道、独立纤芯、微波、载波等通道及加工设备等），两套通信设备应分别使用独立的电源。

（7）双重化的两套保护及其相关设备（电子式互感器、MU、智能终端、网络设备、跳闸线圈等）的直流电源应一一对应。

（8）双重化配置的保护应使用主、后一体化的保护装置。

这些要求可以说是对“双重化”的解释性要求，有些要求在常规变电站中也是一直遵守的，有些则是智能变电站所特有的，比如对于GOOSE（SV）网络、智能终端、MU等的要求。

对于上述基本要求中的第2条，也就是信息交互应注意以下几点：

（1）不同保护之间的信息交互原则：通过GOOSE网络传输。如3/2接线的线路保护启动失灵、启动重合闸、闭锁重合闸等。

（2）双重化配置的两套保护之间信息交互原则：通过智能终端以空接点方式实现。如三重方式下，双母线接线的两套线路保护需要相互闭锁重合闸时，可通过两套智能终端以空接点方式相互闭锁。

（3）智能终端和保护之间的信息交互原则：智能终端与本间隔保护之间采用GOOSE点对点传输，其余采用GOOSE网络传输。如断路器位置经智能终端以点对点方式传递给线路保护，各间隔隔离开关位置以GOOSE网络方式传递给母线保护。

具体地说，不同元件、不同设备要配置的保护原则如下：

一、线路保护

220kV及以上线路按双重化配置保护装置，每套保护包含完整的主、后备保护功能；线路过电压及远跳就地判别功能应集成在线路保护装置中，站内其他装置启动远跳经GOOSE网络启动。线路保护直接采样，直接跳断路器；经GOOSE网络启动断路器失灵、重合闸。

对几种典型接线，线路保护的配置方案如图2-10、图2-11所示。

在3/2接线中（图2-10），断路器1、2对应的ECT1、ECT2的电流经各自的电流合并单元分别直接接入线路保护。同时，电流合并单元的数据上可能配置的SV网，供其他SV网络用户使用，比如录波、测控、仪表等设备。当然，如果没有太多的SV网络用户，也可以采用点对点直接传输方案。线路电压经电压合并单元直接接入线路保护，同时也上传入可能配置的 SV 网。这样的电压电流采集方案适用于电子互感器方案，也适用于采用常规互感器+合并单元的方案。当然，对于“常规互感器+合并单元”的方案，可以有多个变形方案，但其基本要求不变，就是双重化的系统互不干扰，不同元件的采集系统互不干扰。

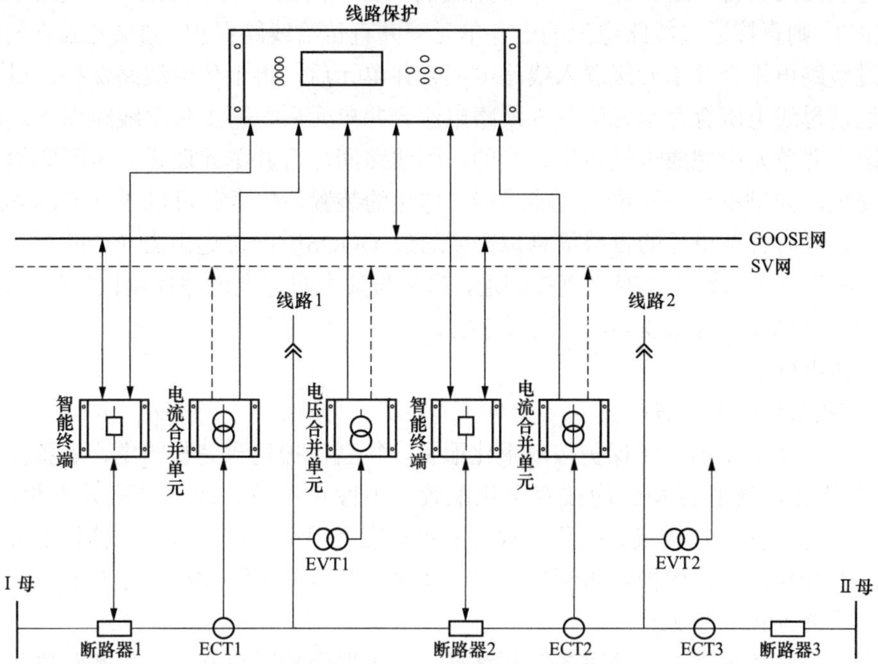

图 2-10 3/2 接线线路保护（单套）配置方案示意图

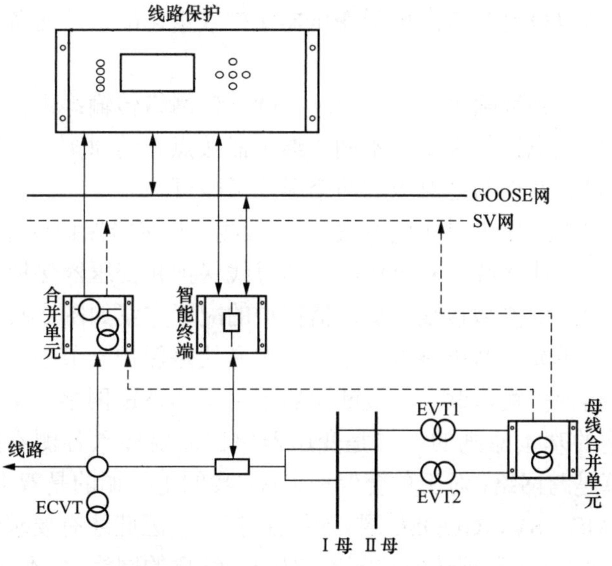

图 2-11 双母线接线线路保护（单套）配置方案示意图

再来看 GOOSE 信息的传输路径。断路器 1、2 对应的智能终端与保护装置间均有直连光纤，建立直跳通道。同时智能终端、保护装置均与 GOOSE 网络相连，以便将不同设备之间需要的开关量信息（如启动断路器失灵、重合闸、远跳等）互相交换。智能终端与断路器之间采用的仍是电缆连接方案，目前仍无符合数字接口规范的智能断路器实现。

对双母线接线而言（图 2-11），与 3/2 接线的主要不同在于电压的采集。线路电压如果是采用了 ECVT，则直接通过线路电流的合并单元一并直传给线路保护。如果是独立的线路 PT，则可以通过线路电压合并单元级联入线路电流合并单元后，再上传给线路保护。对于母线电压，则是通过母线电压合并单元级联入线路电流合并单元后，再上传给线路保护。对于需要在线路间隔合并单元中完成母线电压切换的，则线路间隔合并单元还需与本间隔的智能终端进行信息交换，如果不是合并单元智能终端一体化的装置，二者就可以通过 GOOSE 网来实现信息交互，同时合并单元的告警信息也需要通过 GOOSE 网传递出去（合并单元作为过程层设备，一般不直接与站控层网络直接相连，这也与其多布置在就地控制柜中相关）。也就是说，在图中合并单元也与 GOOSE 网进行连接。

二、变压器保护

1. 关于电量保护的配置

220kV 及以上变压器电量保护按双重化配置，每套保护包含完整的主、后备保护功能；变压器各侧及公共绕组的 MU 均按双重化配置，中性点电流、间隙电流并入相应侧 MU。110kV 变压器电量保护宜按双套配置，双套配置时应采用主、后备保护一体化配置；若主、后备保护分开配置，后备保护宜与测控装置一体化。变压器各侧 MU 按双套配置，中性点电流、间隙电流并入相应侧 MU。

变压器保护直接采样，直接跳各侧断路器；变压器保护跳母联、分段断路器及闭锁备自投、启动失灵等可采用 GOOSE 网络传输。变压器保护可通过 GOOSE 网络接收失灵保护跳闸命令，并实现失灵跳变压器各侧断路器。

变压器保护闭锁备自投是难点：由于变压器保护双重化配置，而备自投单套配置，存在备自投跨双网的问题。

变压器保护启动失灵和解除电压闭锁通过 GOOSE 网络传输：由于 GOOSE 采用组播机制，按照启动失灵和解除电压闭锁采用不同“继电器接点”的原则，变压器保护一帧报文中设两个位，母线保护设置两个与之对应的两个虚端子即可。

母线故障主变压器断路器失灵实现方案：3/2 接线，断路器保护双重化配置，与变压器保护采用一对一方案；双母线接线，双重化配置的母线保护和变压器保护采用一对一方案。

对几种不同电压等级的典型接线，变压器保护的配置方案如图 2-12～图 2-15 所示。

对配置方案中合并单元、智能终端的连接可参考线路保护一节中的释义。需要特别指出的有两点：一是变压器保护跳母联、分段断路器采用 GOOSE 网络，未采用直接跳闸方式，这也是符合前面所述的基本原则的；二是变压器保护需要接入各侧不同电压等级的 SV、GOOSE 网，这是否算是跨网络，对于单套保护来说，我们更强调的是双重化的网络不要跨接，不同性质的网络（MMS、SV、GOOSE 网）不要跨接。也因此才有要求继电保护装置接入不同网络时，应采用相互独立的数据接口控制器。对同一性质的网络，如不同电压等级的 GOOSE 网，原则上当然是不要跨接，但对中低压侧 GOOSE 网，可能只部署了单网，两套变压器保护不可能不汇聚在同一张网上，这种跨接只能允许。

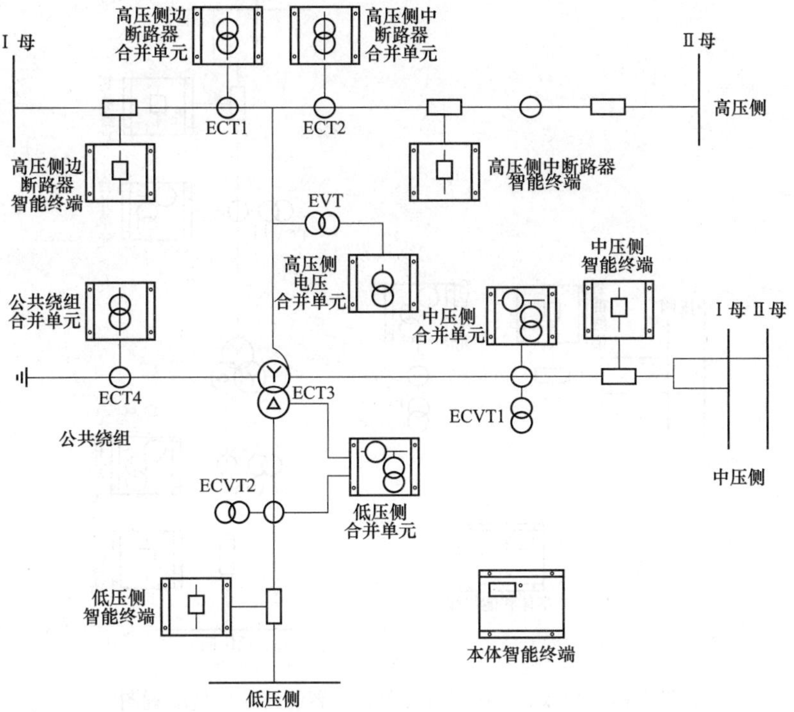

图 2-12　500kV 变压器合并单元、智能终端典型配置图

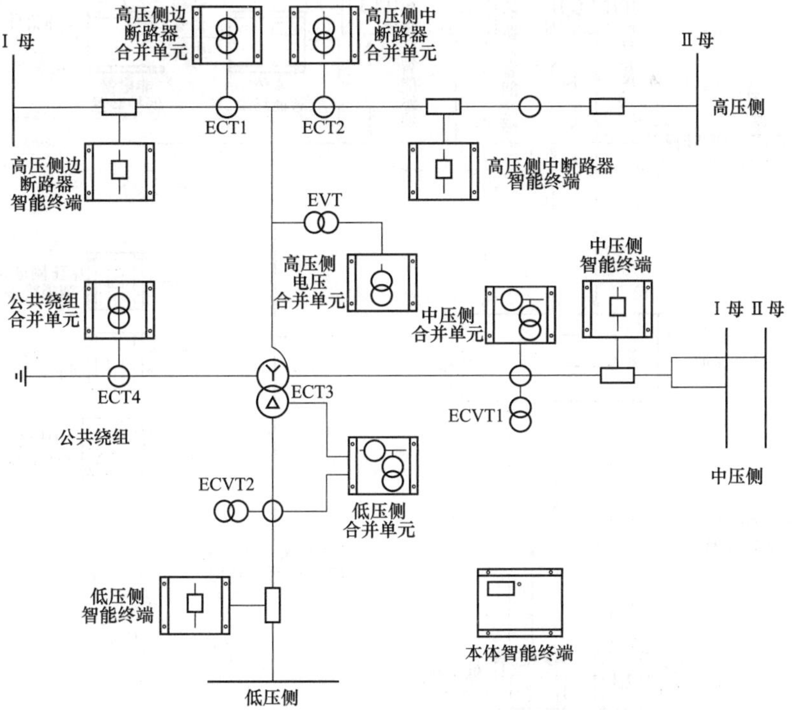

图 2-13　500kV 变压器保护（单套）典型配置图

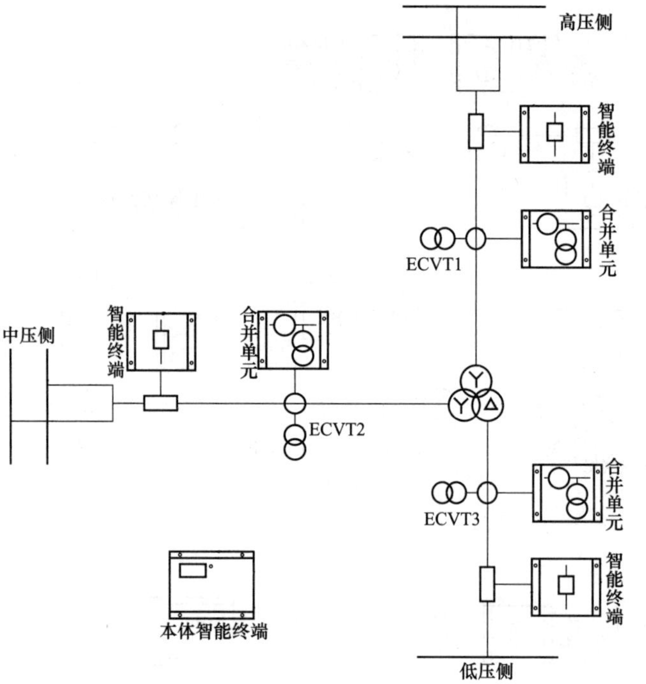

图 2-14 220kV 变压器合并单元、智能终端典型配置图

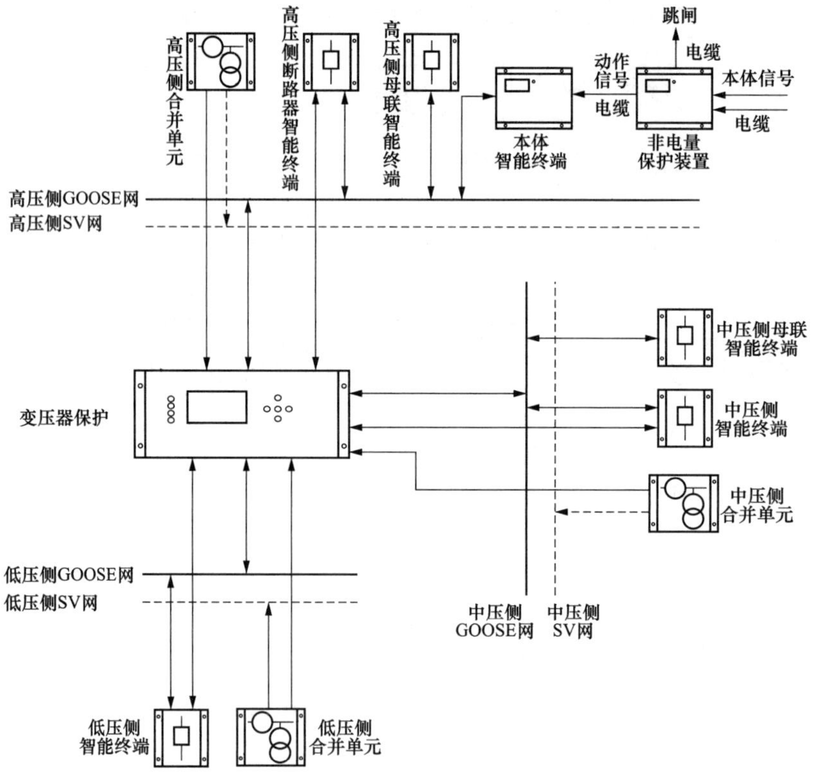

图 2-15 220kV 变压器保护（单套）典型配置图

2. 关于变压器的非电量保护

采用就地直接电缆跳闸，信息通过本体智能终端上送过程层 GOOSE 网。非电量保护和本体智能终端宜分别配置：非电量保护作为变压器的主保护，不应依赖于带 CPU 的任何设备，以保证其跳闸可靠性。采用就地布置原则，靠近被保护设备安装，故应采用电缆直接跳闸。非电量信息采用硬接点方式，经本体智能终端上送过程层 GOOSE 网，再经测控上送至站控层网络。非电量保护就地电缆直接跳闸实现方案有两种：一种是经主变压器各侧智能终端跳闸，一种是直接接入断路器的操作机构。前者可靠性低于后者，但后者要求非电量保护出口回路具备自保持功能。可采用非电量保护和本体智能终端一体化配置方案。

变压器保护可采用分布式保护。分布式保护由主单元和若干个子单元组成，子单元不应跨电压等级。采用就地安装方式时，宜采用分布式保护。当变压器保护的 SV 和 GOOSE 光口较多时，可采用分布式保护。分布式变压器保护的子单元不应跨电压等级，同一电压等级的不同分支可采用同一子单元，也可采用不同子单元。

三、母线保护

相对来说，母线保护的配置是比较简单的。220kV 及以上电压等级母线按双重化配置母线保护；母线保护直接采样、直接跳闸，当接入元件数较多时，可采用分布式母线保护。

对几种典型接线，母线保护的配置方案如图 2-16、图 2-17 所示。需要说明的是，并不是一定要配置为分布式母线保护。分布式保护确实可以解决诸如布置方式、光口发热等问题，但多装置的分布式设计带来的协同工作问题也不容忽视。

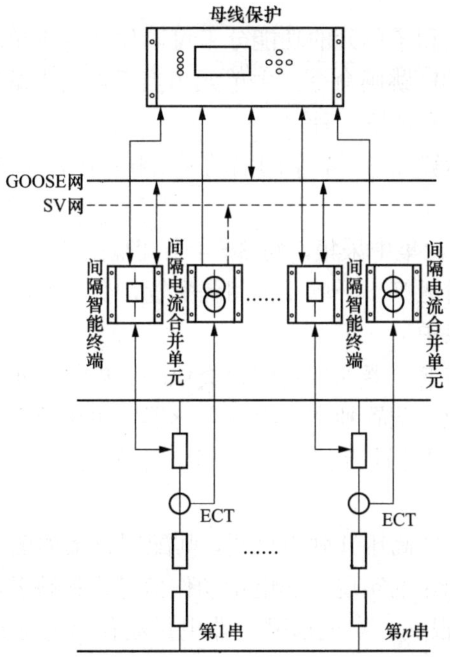

图 2-16　3/2 接线母线保护（单套）配置方案示意图

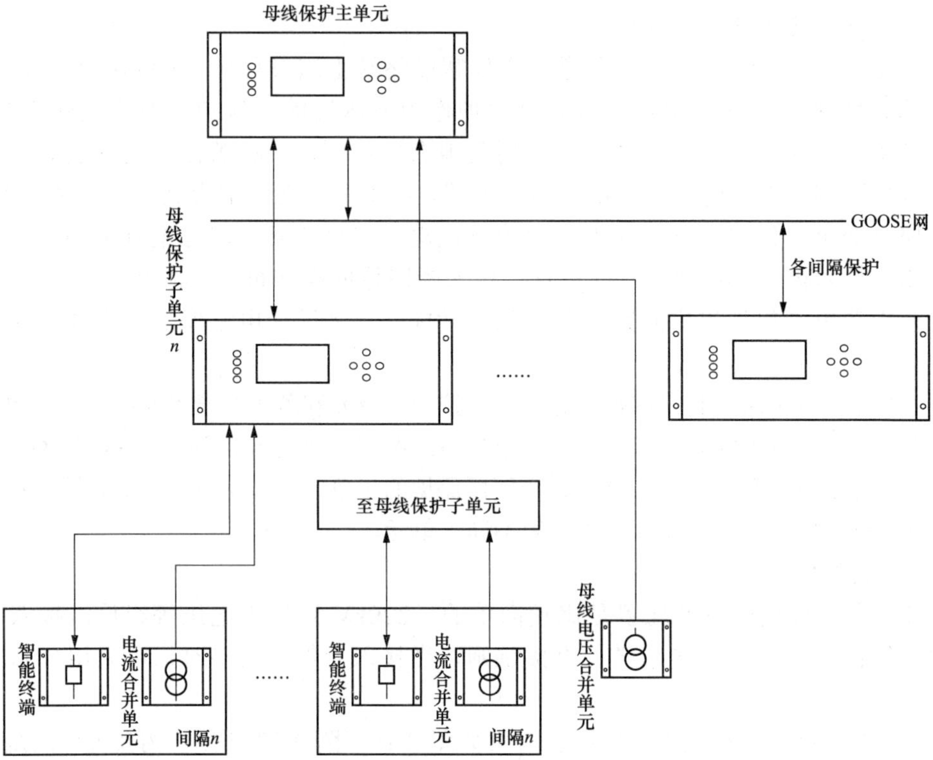

图 2-17 双母线接线母线保护（单套）配置方案示意图

注：本图以各间隔独立配置子单元为例。

分布式母线保护主单元和子单元的功能分工可以如下：主单元负责逻辑运算，子单元只负责 SV 采集、执行 GOOSE 跳闸命令。主单元相当于人的大脑，子单元相当于人的手脚。分布式母线保护的实现方案有如下几种：

（1）主单元负责逻辑运算和 3～4 个间隔的采用和跳闸，每 3～4 个间隔配置一个 SV 和 GOOSE 子单元。

（2）各间隔 SV 由主单元集中采集，每 3～4 个间隔配置一个 GOOSE 子单元。

（3）主单元只负责逻辑运算，子单元按间隔配置，负责 SV 采样和 GOOSE 跳闸。

四、高压并联电抗器保护

高压并联电抗器保护与变压器保护是比较类似的。电量保护按双重化配置，每套保护包含完整的主、后备保护功能；配置独立的电流互感器，主电抗器首端、末端电流互感器共用一个 MU；非电量保护采用就地直接电缆跳闸，并通过相应断路器的两套智能终端发送 GOOSE 报文，实现远跳。

对于典型的 3/2 接线的 500kV 高压并联电抗器，其配置方案如图 2-18、图 2-19 所示。需要说明的是其非电量保护远跳回路的实现。非电量动作信号直接跳各断路器的智能终端，由断路器智能终端发送 GOOSE 报文，实现远跳。非电量动作信号通过本体智能终端可以上传到 GOOSE 网上，但需注意这个信号是非电量保护信号继电器的接点，此信号可用于测控、录波等，一般不用于远跳。原因一是由于此信号非动作接点，与动作接点存在动作时延偏差，原因二是由于此信号可能只接入了一个网络，没有实现双重化。

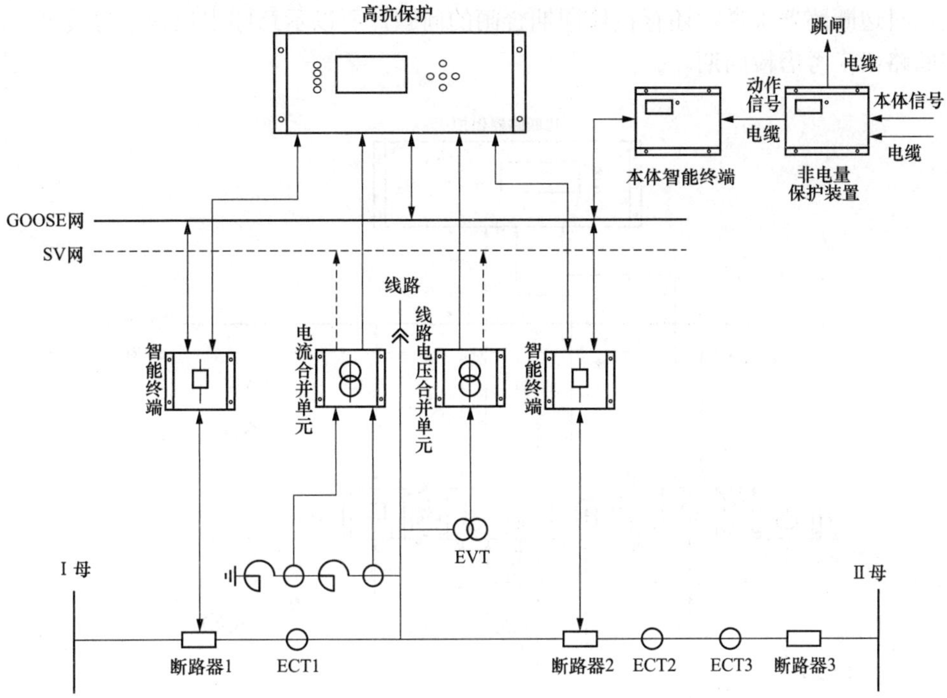

图 2-18　3/2 接线高抗保护（单套）配置方案示意图

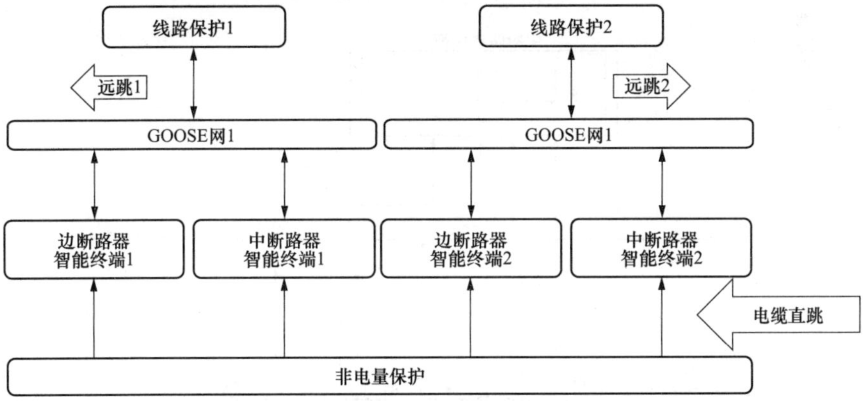

图 2-19　3/2 接线高抗保护远跳方案示意图

五、3/2 接线断路器保护和短引线保护

断路器保护按断路器双重化配置，每套保护包含失灵保护及重合闸等功能；短引线保护可独立设置，也可包含在边断路器保护内；断路器保护跳，本断路器采用点对点直接跳闸；本断路器失灵时，经 GOOSE 网络通过相邻断路器保护或母线保护跳相邻断路器。

智能站与常规站在断路器保护的配置上差别还是很大的。常规站一般配置都是单套，而智能站为了解决跨网的问题，采用了双重化配置原则。

典型的配置方案如图 2-20～图 2-22 所示。断路器保护跳闸问题：边断路器保护跳中断路器，通过 GOOSE 网经中断路器智能终端跳闸。断路器保护远跳：通过 GOOSE 网经线路保护跳闸。对边断路器来说，还存在检同期合闸的问题，所以示意图中包含了母线电压的级联，而中断路器未考虑检同期。

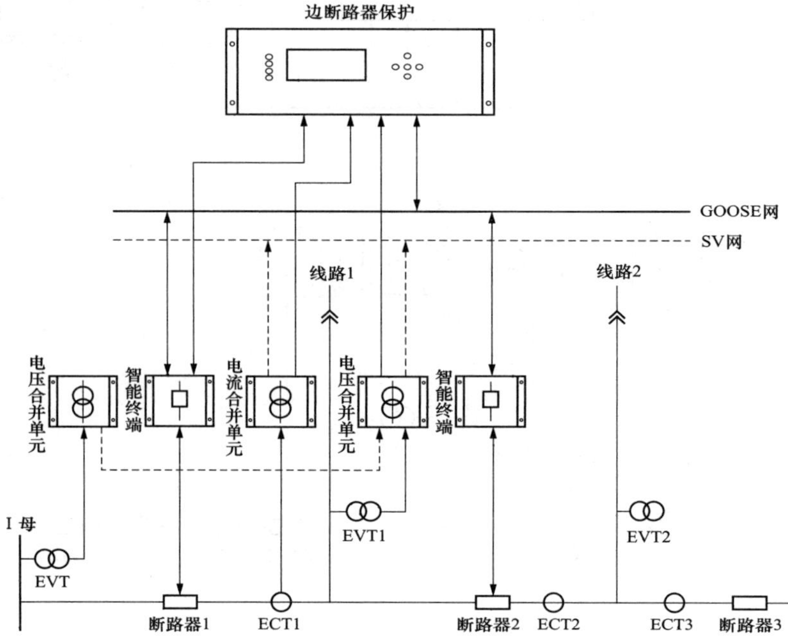

图 2-20　3/2 接线边断路器保护（单套）配置方案示意图

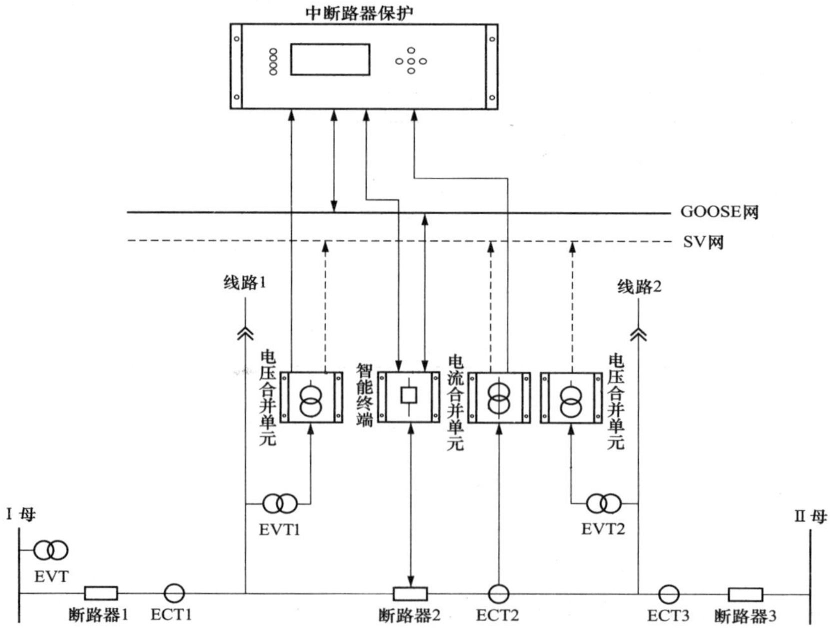

图 2-21　3/2 接线中断路器保护（单套）配置方案示意图

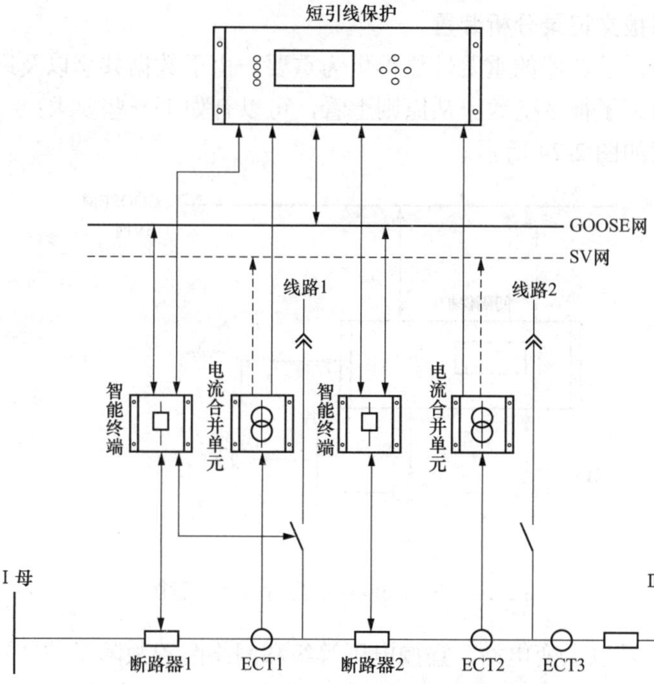

图 2-22　3/2 接线短引线保护（单套）配置方案示意图

对短引线保护来说，3/2 接线线路或主变压器装设隔离开关的变电站较少，短引线保护较少。无论是否采用电子式互感器，断路器保护和短引线保护共用二次电流源，因此短引线保护功能可整合到断路器保护中。若独立设置，增加了智能终端的光口负担；隔离开关经边断路器智能终端接入。若含在边断路器保护内，边中断路器保护装置版本可能不同。在实际工程中，较多采用独立配置方式。

六、母联（分段）保护

与 3/2 接线的断路器保护相同的理由，220kV 及以上母联（分段）断路器按双重化配置母联（分段）保护。相应地，合并单元、智能终端等也按双重化原则配置。母联（分段）保护跳母联（分段）断路器采用点对点直接跳闸方式，母联（分段）保护启动母线失灵可采用 GOOSE 网络传输。

双母双分段的分段保护，同时启动左、右两侧各一套失灵保护，可通过同一帧报文中的不同位实现。

典型的配置方案如图 2-23 所示。

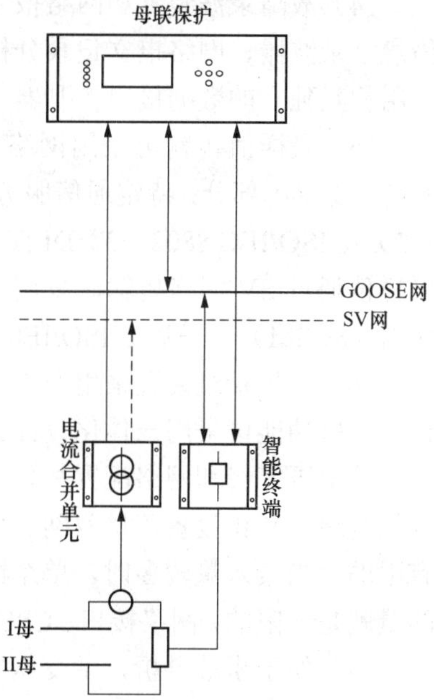

图 2-23　母联（分段）保护（单套）配置方案示意图

七、35kV 及以下间隔保护

一般来说，采用保护测控一体化设备，按间隔单套配置；当采用开关柜方式时，保护装置安装于开关柜内，不宜使用电子式互感器；当使用电子式互感器时，每个间隔的保护、测控、智能终端、合并单元功能宜按间隔合并实现；跨间隔开关量信息交换可采用过程层 GOOSE 网络传输。

八、录波及网络报文记录分析装置

在智能变电站中，录波器的重要性显得更为重要。由于数据共享以及网络划分的问题，也给录波器的配置带来了很多变数。从原则上看，可以有如下一些要求：

典型的配置方案如图 2-24 所示。

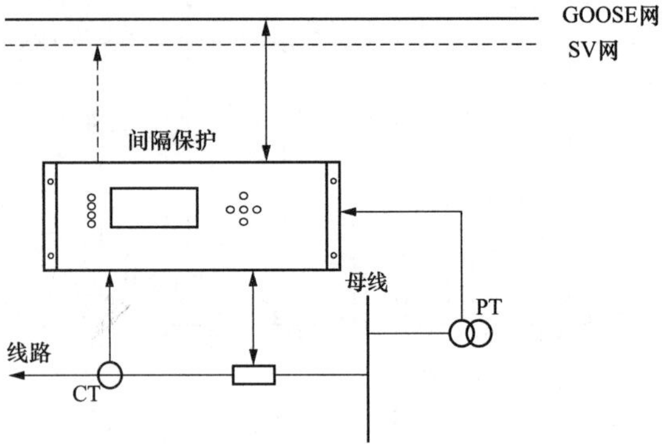

图 2-24 低压间隔保护配置方案示意图

（1）对于 220kV 及以上变电站，宜按电压等级和网络配置故障录波装置和网络报文记录分析装置，当 SV 或 GOOSE 接入量较多时，单个网络可配置多台装置。

（2）每台故障录波装置或网络报文记录分析装置不应跨接双重化的两个网络；数据不同源的双重化过程层网络应分别配置录波器。

（3）主变压器宜单独配置主变压器故障录波装置。3/2 主接线形式的变电站，宜配置母线录波器。采用双母双分段主接线形式的变电站，应分段配置录波器。

（4）故障录波装置和网络报文记录分析装置应能记录所有 MU、过程层 GOOSE 网络的信息。录波器、网络报文记录分析装置对应 SV 网络、GOOSE 网络、MMS 网络的接口，应采用相互独立的数据接口控制器。

（5）采样值传输可采用网络方式或点对点方式，开关量采用《电力自动化通信网络和系统 第 8-1 部分：特定通信服务映射（SCSM）——映射到 MMS（ISO 9506—1 和 ISO 9506—2）及 ISO/IEC 8802—3》DL/T 860.81（IEC 61850—8—1）通过过程层 GOOSE 网络传输，采样值通过 SV 网络传输时采用《电力自动化通信网络和系统 第 9-2 部分：特定通信服务映射（SCSM）——基于 ISO/IEC 8802—3 的采样值》DL/T 860.92（IEC 61850—9—2）协议。

（6）故障录波装置采用网络方式接受 SV 报文和 GOOSE 报文时，故障录波功能和网络记录分析功能可采用一体化设计。

按电压等级和网络配置故障录波和网络报文记录分析装置的原因：防止设备跨不同电压等级网络，防止设备跨接双网。由于数字式故障录波和网络报文记录分析装置的接入量仍是有限的，当接入量较多时，单个网络可配置多台装置。并不是说实现了数字信号传输，接入的量就是无限的，网络接口、CPU 等的处理能力是受限的，所以不可能成为无限的记录装置。

为了便于事故分析，主变压器宜单独配置故障录波器。但这显然存在录波装置跨接不同电压等级问题，所以要注意采用独立的数据接口控制器。

在配置中，还应该注意到：

录波器按全站需要记录的 SV、GOOSE、直流电源等通道信号总量配置，且应留有适量裕度。计算记录通道数量、装置配置数量时，应综合考虑变电站过渡接线及终期接线的影响。在现阶段下，每台装置记录的经挑选的 SV 通道数不宜多于 96 路，经挑选的 GOOSE 信号不宜多于 256 路。当然，随着技术的进步，这个数量也可以增大，但也不宜增大很多。分散的、小容量的录波器更为合理。

为采集和分析方便，应将同间隔、同串、同段母线等有密切关联的 SV 和 GOOSE 信息记录在同一台装置中。采用 3/2 主接线形式的变电站，主变压器间隔录波器应同时采集相应断路器信息。采用双母双分段主接线形式的变电站，不同段的录波器应同时采集分段断路器信息。

在录波器的配置中，常见的问题是记录量如何确定。一般，可按如下规则：

（1）录波器可只记录双 A/D 数字采样信号中的一组数据，但同时应保存启动时的另一组 A/D 数据。

（2）电流互感器配置不同特性的二次线圈时，TP 级、P 级等保护用绕组的电流量均应记录，测量、计量级绕组的电流量不记录。

（3）录波器应分别记录 A 网、B 网的交流量，其中双断路器接线的线路和变压器电流自产、电网频率自产、零序电压自产或采自开口三角、110kV 及以上各侧零序电流自产。自产的零序电压、零序电流可仅作为启动量而不作为记录量。为测距需要，每台录波器均应记录相应的电压量。

1）全站 10kV 及以上电压等级各母线的相电压、零序电压；

2）各间隔的相电压、零序电压；

3）110（66）kV 及以上各线路间隔的相电流、零序电流，可仅记录线路保护用绕组的电流量；

4）变压器各侧（高中压绕组、公共绕组、低压各分支外附、低压套管）相电流、零序电流，中性点零序电流，间隙电流；

5）高压并联电抗器高压侧的相电流、零序电流，中性点零序电流；

6）母联、分段间隔的相电流、零序电流；

7）双断路器接线的断路器相电流；

8）电网频率。

（4）录波器应记录接有重要负荷、特殊负荷或并网电源的 35kV 及以下电压等级线路的交流量和开关量。

（5）录波器应记录特高压交流站、直流换流站的站用变压器低压侧母线 PT 电压。

（6）录波器应记录继电保护、安全自动装置、测控装置、智能终端等的开关量信号。

1）110（66）kV 及以上系统继电保护装置的所有 GOOSE 输出信号，母线保护的备用支路出口除外；

2）全站各安全自动装置的 GOOSE 跳合闸（含远跳）输出信号；

3）110（66）kV 及以上系统测控装置的断路器分、合闸 GOOSE 输出信号；

4）110（66）kV 及以上系统智能终端的 GOOSE 开关量，包括智能终端跳合闸出口的硬接点信号；

5）35kV 及以下电压等级的母线保护及需要记录的其他一、二次设备的开关量。

（7）录波器应记录变电站内各组控制、保护用直流电源母线正对地和负对地的直流电压量。

（8）录波器应记录线路纵联保护收发信接点信号、专用载波通道信号。

在这些记录量中，经常可能有所争议的是双 A/D 问题。不同标准对故障录波器记录数据的要求存在差异。为满足任一元件故障保护不误动的要求，进入保护装置的采样数据必须取自两路 A/D，由于任一路数据均会影响保护装置的动作行为，因此两路数据均需进行记录。至于测量数据，故障录波器可不记录。而实际上，不同厂家对记录量的理解上存在一定的偏差，这在实际工程中可能会引起误解。现在要求在计算记录量的数量时不按双 A/D 计算，但装置本身却要能记录下双 A/D 的数据，其实还是会存在一定问题，这取决于装置制造商的处理。

再要说明的就是网络报文记录分析装置了。此装置在常规变电站中并未得到广泛应用，虽然也出现过应用场景，但一直未作为标准配备来配置。在智能变电站开始建设初期，网络报文记录分析装置发挥了重要作用，实现了对全站各种网络报文的实时监视、捕捉、存储、分析和统计功能。但是否与录波器集成的问题成为争议。从功能上讲，二者显然有不同的定位，以独立配置为宜。从网络接入上讲，二者的数据源是一致的，完全可以集成。值得肯定的是，在智能变电站中，探索不同功能的智能电子设备的集成整合是必然趋势。

九、过程层网络及其设备

在智能变电站中，过程层网络及其设备的出现是重要的特征之一，至少在继电保护专业看来是这样的。

关于过程层网络至少应满足如下的一些配置原则：

（1）过程层 SV 网络、过程层 GOOSE 网络、站控层网络应完全独立配置。

（2）过程层 SV 网络、过程层 GOOSE 网络宜按电压等级分别组网。变压器保护接入不同电压等级的过程层 GOOSE 网时，应采用相互独立的数据接口控制器。

（3）继电保护装置采用双重化配置时，对应的过程层网络亦应双重化配置，第一套保护接入 A 网，第二套保护接入 B 网；110kV 过程层网络宜按双网配置。

（4）任意两台智能电子设备之间的数据传输路由不应超过 4 个交换机。

（5）根据间隔数量合理配置过程层交换机，3/2 接线型式，交换机宜按串设置。每台交换机的光纤接入数量不宜超过 16 对，并配备适量的备用端口。

以上这些原则考虑的出发点在于：

第 1 条再次强调了 SV、GOOSE 和 MMS 三网的独立性，前面已提及为何如此考虑网络的独立性以及 SV 与 GOOSE 共网的问题。

第 2 条明确了过程层 GOOSE 和 SV 网应按电压等级分别组网。

第 3 条明确了双重化配置的保护与双重化网络的一一对应关系，由于主变压器保护双重化配置，因此 110kV 过程层网络宜双重化配置。

第 4 条对 IED 设备之间的交换机级数进行了限制。显然，级数越多可靠性越低，但级数越少交换机的配置越复杂，越可能共用。经分析，4 个交换机已经能满足变电站内的设备信息交换所需。基本上是按照设备进出各 1 级交换机，进出交换机对进出交换机之间再各经过一级公用交换机。

第 5 条提出了过程层交换机的配置原则，推荐 3/2 接线交换机按串配置。为了减轻交换机的运行负担，要求每台交换机都有一定的备用端口。目前的交换机一般最多为 24 对光口，推荐使用时不超过 16 对。

智能终端改变了一次设备，尤其是断路器、变压器、隔离开关等与二次设备的联系通道，未来可能真正成为上述一次设备的一个智能组件，实现相关一次设备的智能接口。但现阶段，还只能以一个独立的智能电子设备出现。因此应满足如下的一些配置原则：

（1）220kV 及以上电压等级智能终端按断路器双重化配置，每套智能终端包含完整的断路器信息交互功能。

（2）智能终端不设置防跳功能，防跳功能由断路器本体实现。

（3）220kV 及以上电压等级变压器各侧的智能终端均按双重化配置，110kV 变压器各侧智能终端宜按双套配置。

（4）每台变压器、高压并联电抗器配置一套本体智能终端，本体智能终端包含完整的变压器、高压并联电抗器本体信息交互功能（非电量动作报文、调档及及测温等），并可提供用于闭锁调压、启动风冷、启动充氮灭火等出口接点。

（5）智能终端采用就地安装方式，放置在智能控制柜中。

（6）智能终端跳合闸出口回路应设置硬连接片。

以上这些原则考虑的出发点在于：

第 1 条明确了智能终端的配置原则，强调了每套智能终端的开入、开出都应完全相同。间接要求了断路器的压力接点应具备两套。

第 2 条明确了防跳功能由断路器本体实现。

第 3 条明确了 110kV 以上的变压器智能终端均双套配置。

第 4 条明确了变压器、高抗本体智能终端应具备的功能。

第 5 条明确了智能终端应就地安装。

第 6 条中智能终端设置硬连接片的原因：保护和测控装置等取消了出口硬连接片，采用 GOOSE 软连接片方式，为了便于检修和维护，智能终端应设断路器跳合闸硬连接片。

合并单元及电子互感器或常规互感器的配置是近年来争议不断的设备，尤其是“常规互感器+合并单元”的配置方式。电子互感器的出现给解决常规互感器的若干技术问题带来了希望，但同时电子互感器也带来了若干新问题。在智能变电站试点初期，广泛试用了电子互感器，包括空心线圈、光纤、全光纤等原理的电流互感器以及电容分压、电感分压、电光效应等原理的电压互感器，总之是全面开花。但试用的效果极其不佳，问题多多，诸多变电站无法投入正常运行，勉强投运的也是处于时断时续的密集消缺中，在胆战心惊中，电子互感器很快便偃旗息鼓。直至新一代智能变电站出现之时，国家电网公司才又重启电子互感器的应用之门。此间，当然进行了大量的整改、测试、再整改、再测试的若干轮次的改进工作。但直至今日，电子互感器仍处于试用阶段，还没有达到大规模应用的条件。

当然，对电子互感器及其合并单元可以有如下的一些要求，不管用还是不用，尽早提出要求总是不错的：

（1）双重化（或双套）配置保护所采用的电子式电流互感器一、二次转换器及合并单元应双重化（或双套）配置。

（2）3/2 接线形式，其线路 EVT 应置于线路侧。

（3）母线差动保护、变压器差动保护、高抗差动保护用电子式电流互感器相关特性宜相同。

（4）配置母线电压合并单元。母线电压合并单元可接收至少 2 组电压互感器数据，并支持向其他合并单元提供母线电压数据，根据需要提供电压并列功能。各间隔合并单元所需母线电压量通过母线电压合并单元转发。

1）3/2 接线：每段母线配置合并单元，母线电压由母线电压合并单元点对点通过线路电压合并单元转接。

2）双母线接线，两段母线按双重化配置两台合并单元。每台合并单元应具备 GOOSE 接口，接收智能终端传递的母线电压互感器隔离开关位置、母联隔离开关位置和断路器位置，用于电压并列。

3）双母单分段接线，按双重化配置两台母线电压合并单元，不考虑横向并列；

4）双母双分段接线，按双重化配置四台母线电压合并单元，不考虑横向并列；

5）用于检同期的母线电压由母线合并单元点对点通过间隔合并单元转接给各间隔保护装置。

以上这些原则考虑的出发点在于：

第 1 条中明确了电子式互感器和合并单元的双重化原则：由于电子式互感器一、二次转换器和合并单元均可看作继电保护系统的一部分，因此对于双重化的保护而言，相关部分也应双重化配置。

第 2 条中 3/2 接线形式，线路 EVT 布置在线路侧的原因：边断路器重合闸才考虑检同期，中断路器重合闸不需要检同期，因此 EVT 设置在线路侧，不设置在串内。

第 3 条明确了差动保护用 CT 宜采用相同特性的 CT，主要原因是为了防止由于 CT 特性不一致，而恶化了差动保护的性能。

第 4 条明确了以下两点：电压并列可由母线电压合并单元实现，双母线接线母线电压合并单元接入 2 组母线电压，双母单分段母线电压合并单元接入 3 组母线电压，因此规定至少应接入 2 组母线电压。各间隔合并单元所需母线电压量通过母线电压合并单元转发。进一步地说：3/2 接线，母线配合并单元按母线段配置。边断路器重合闸检同期用母线电压，由母线电压合并单元点对点通过线路电压合并单元转接。双母线接线，两段母线共用一台合并单元。电压并列功能由母线电压合并单元实现。不考虑横向并列的原因：当电压互感器检修时，从运行方式上完全可以避免 PT 之间横向转带负荷。采用横向并列会增加母线电压合并单元输入和并列逻辑的复杂。母线电压合并单元的电压接入原则：双母单分段接线，每台合并单元应接入三段母线电压；双母双分段接线，每台合并单元接入上下两段母线电压。重合闸检同期用母线电压：3/2 接线，边断路器重合闸检同期用的母线电压由母线电压合并单元点对点转发。双母线接线，重合闸检同期用的母线电压由母线电压合并单元点对点转发。上述方案的难点：间隔数较多时，母线电压合并单元的以太网光口较多，发热问题较严重。

对于常规互感器来说，上述合并单元的部分要求仍是合理的。但由于是常规互感器，又确实涉及合并单元的采样实现问题，以及互感器二次绕组的配置问题，现在多倾向于按电子互感器的配置方式，合并单元对不同的二次设备是公用的，互感器二次绕组也是公用的，不必完全如常规变电站的二次绕组配置。例如，双母线的母线保护就可以和线路保护公用一个二次绕组及至合并单元。国家电网公司对此有些担心，故而在一系列电网教训之后，暂时规定：对于站内 330kV 及以上电压等级和站内 220kV 及以下电压等级涉及稳定问题的，对涉及系统稳定的 220kV 智能变电站采用常规互感器时，保护、测控等二次设备统一采用模拟量采样，取消合并单元及相应的 SV 网络。对于 330kV 及以上一个半断路器接线，串中间电流互感器配置 9 个二次绕组，其中两侧元件保护各配 2 组 TPY 级绕组，中间断路器的 2 套断路器保护共用 1 组 P

级绕组，配置2组0.2级绕组用于元件测量和电流，配置2组0.2S级绕组用于元件计量和电流。

同时还应该注意到一个问题，就是目前智能变电站设计规范中，对于110kV部分线路保护、合并单元及智能终端均为单套配置，对于非双重化配置的设备，当该间隔保护、合并单元、智能终端任一设备或回路出现异常时，需将保护退出，可能需将该间隔一次设备停电。另外，110kV变电站的110kV母线电压合并单元也为单套配置，220kV变电站的110kV母线电压合并单元对110kV线路保护而言也相当于单套配置，110kV母线合并单元异常时，缺陷处理可能需退出大量保护，这势必会影响电网的正常运行。采用站域冗余保护、合并单元冗余设计等方案可以有效解决这类紧急的替代问题。例如，将110kV线路间隔所接入的电压合并单元进行均分，对于双回出线的线路，分别采用两套不同电压合并单元的电压。这种情况下，当单一母线合并单元异常处理时，能缩减一些停电范围，但这显然不是治本之道。可以考虑将双重化配置的母线合并单元都级联到线路间隔合并单元中，但这需要间隔合并单元具备切换功能。采用常规互感器方式的，还可以考虑由间隔合并单元直接采集母线电压。

第四节 智能变电站继电保护及相关设备技术要求

智能变电站的继电保护系统归根到底还是由一些设备通过光纤、网络、电缆等连结在一起构成的。因此，其中的继电保护设备及相关的设备都应该满足继电保护系统的运行要求。为此，广大继电保护专业工作者付出了艰辛的努力，相继编制了若干技术标准，进行设备检测，以保证继电保护设备的可靠性。对继电保护设备的技术要求，除通用的技术标准外，主要有国家电网公司的企业标准，有《智能变电站继电保护技术规范》《智能变电站继电保护通用技术条件》《线路保护及辅助装置标准化设计规范》《变压器、高压并联电抗器和母线保护及辅助装置标准化设计规范》《IEC 61850 工程继电保护应用模型》《继电保护信息规范》等常见的企业标准，技术标准如下：

（1）《智能变电站继电保护技术规范》；

（2）《线路保护及辅助装置标准化设计规范》；

（3）《变压器、高压并联电抗器和母线保护及辅助装置标准化设计规范》；

（4）《10kV～110（66）kV线路保护及辅助装置标准化设计规范》；

（5）《10kV～110（66）kV元件保护及辅助装置标准化设计规范》；

（6）《智能变电站继电保护通用技术条件》；

（7）《IEC 61850工程继电保护应用模型》；

（8）《继电保护信息规范》；

（9）《智能变电站就地化保护装置通用技术条件》；

（10）《110（66）kV～750kV智能变电站通用二次设备技术条件及接口规范（第1部分：站控层及公用设备、第2部分：间隔层设备、第3部分：过程层设备）》；

（11）《智能变电站合并单元技术规范》；

（12）《智能变电站智能终端技术规范》；

（13）《智能变电站智能控制柜技术规范》；

（14）《智能变电站预制电缆技术规范》；

（15）《智能变电站预制光缆技术规范》；

（16）《预制舱式二次组合设备技术规范》；

（17）《智能变电站网络交换机技术规范》；

（18）《智能变电站 110kV 合并单元智能终端集成装置技术规范》；

（19）《智能变电站 110kV 保护测控集成装置技术规范》；

（20）《智能变电站 35kV 及以下保护测控计量多功能装置技术规范》；

（21）《智能变电站动态记录装置技术规范》；

（22）《智能变电站网络报文记录及分析装置技术条件》；

……

一、继电保护装置的技术要求

继电保护装置的详细要求可参见相关标准，一些基本要求如下：

（1）线路纵联保护、母线差动保护、变压器差动保护应适应常规互感器和电子式互感器混合使用的情况。

考虑常规互感器和电子式互感器的区别：电磁式互感器存在 CT 饱和问题，而电子式互感器不存在此问题。常规互感器传输无延时，而电子式互感器本身有延时。互感器混合使用是不可避免的，差动保护应采取措施防止互感器混合使用导致保护不正确动作。

（2）保护装置采样值采用点对点接入方式，采样同步应由保护装置实现，支持 GB/T 20840.8（IEC 60044—8）或 DL/T 860.92（IEC 61850—9—2）协议，在工程应用时应能灵活配置。

要求保护采样同步由保护装置实现，同步不依赖于外部时钟。采样值采用点对点传输，应能支持 IEC 60044-8 或 IEC 61850—9—2，具体工程可通过选择不同的 SV 插件和配置实现。

（3）保护装置应自动补偿电子式互感器的采样响应延迟，当响应延时发生变化时应闭锁采自不同 MU 且有采样同步要求的保护。保护装置的采样输入接口数据的采样频率宜为 4000Hz。

考虑电子式互感器本身存在采样延迟，保护收到带延迟信息的数据帧后，据此自动补偿采样延迟时间。当响应延时发生变化时，差动保护会出现差流，因此应闭锁采自不同 MU 且有采样同步要求的保护。采样频率 80 点，能满足保护、测控要求，但可能不能满足计量、PMU、行波测距等的要求。

（4）保护装置的交流量信息应具备自描述功能。

（5）保护装置应处理 MU 上送的数据品质位（无效、检修等），及时准确提供告警信息。在异常状态下，利用 MU 的信息合理地进行保护功能的退出和保留，瞬时闭锁可能误动的保护，延时告警，并在数据恢复正常之后尽快恢复被闭锁的保护功能，不闭锁与该异常采样数据无关的保护功能。接入两个及以上 MU 的保护装置应按 MU 设置“MU 投入”软连接片。

本条详细规定了保护装置对 MU 数据异常数据的处理原则。按 MU 设置“MU 投入”软连接片的目的主要是为了方便单个 MU 的投退。“MU 投入”连接片现在更广泛地被称为“SV 接收”连接片。当保护装置检修连接片和 MU 上送的检修数据品质位不一致时，保护装置应报警并闭锁相关保护；“SV 接收”连接片退出后，相应采样值显示为 0，不应发 SV 品质报警信息。退保护“SV 接收”连接片时，装置应给出明确的提示确认信息，经确认后可退出连接片。

（6）当采用电子式互感器时，保护装置应针对电子式互感器特点优化相关保护算法、提高保护性能。

电子式互感器拥有无磁饱和问题、线性传变特性好等诸多优点，但现阶段存在电子式互感器输出特性不稳定，波形存在畸变、出大数据等问题，需要保护装置内部采取特殊算法，才能保证保护动作的正确性。

（7）保护装置应采取措施，防止输入的双 A/D 数据之一异常时误动作。

防止双 A/D 数据之一异常，导致保护误动的措施一般采用两路数据相互校验的方式，也可采用一路作为启动、一路逻辑运算的方式。在这方面有过很多的教训，这也是长期运行实践总结下的措施。当然，对于双 A/D 数据同时异常仍是很难防止的。现在双 A/D 数据异常的判据还是较难把握。

（8）除检修连接片可采用硬连接片外，保护装置应采用软连接片，满足远方操作的要求。检修连接片投入时，上送带品质位信息，保护装置应有明显显示（面板指示灯和界面显示）。参数、配置文件仅在检修连接片投入时才可下装，下装时应闭锁保护。

保护装置一般只设检修硬连接片和远方操作硬连接片，其余一般为软连接片。当检修硬连接片投入时，与常规站不同，此时是带检修标志发送各类报文。后台处理、其他装置应有相应的对策。

以 GOOSE 检修报文为例：

检修连接片投入时，相应装置发出的 GOOSE 报文的 TEST 位为 True，如图 2-25 所示。

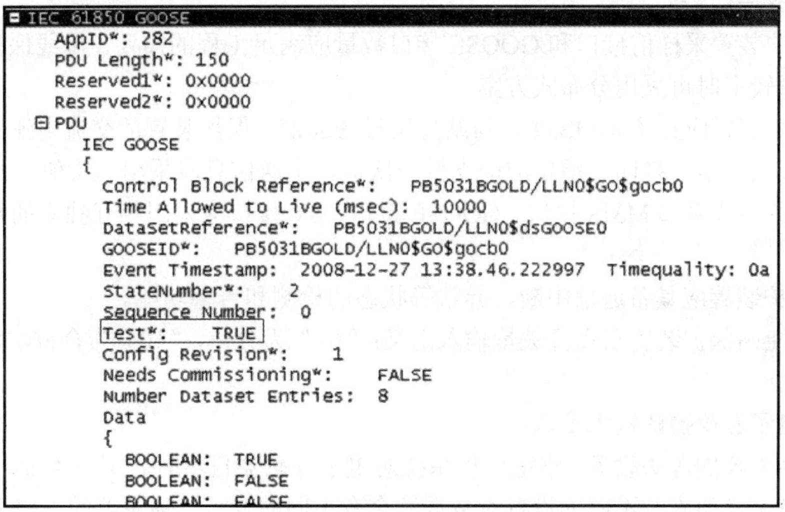

图 2-25　GOOSE 报文带检修位

报文接收装置将接收到 GOOSE 报文的 TEST 位与装置自身检修连接片状态进行比较，做“异或”逻辑判断，只有当两者一致时，才将信号进行处理或动作，不一致时则报文视为无效，不参与逻辑运算，但智能终端仍应以遥信方式转发收到的跳合闸命令。以保护装置出口跳智能终端为例，检修处理机制如图 2-26 所示。

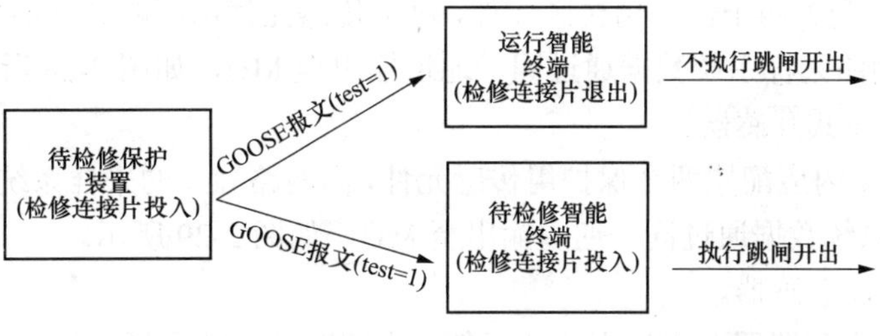

图 2-26　保护装置与智能终端检修处理机制示意图

装置处理检修连接片开入状态的流程如图 2-27 所示。

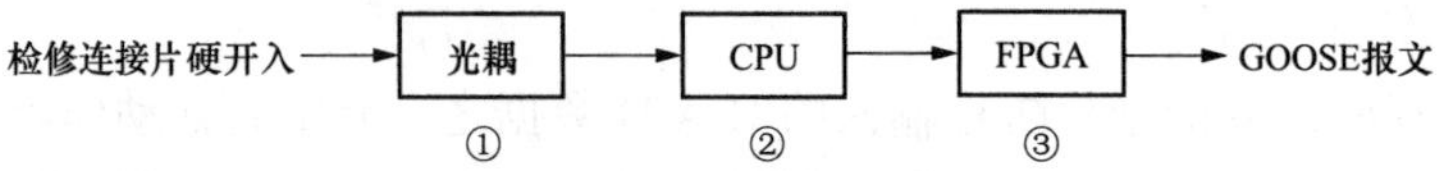

图 2-27 装置处理检修状态的流程图

1）装置开入插件光耦采集检修硬连接片开入的状态；

2）装置 CPU 在 GOOSE 报文编码过程中，根据检修连接片状态对发送的 GOOSE 报文 TEST 位进行相应的置位，若检修连接片为投入状态，GOOSE 报文 TEST 位置为 True；若检修连接片为退出状态，GOOSE 报文 TEST 位置为 False；

3）CPU 将编码之后的 GOOSE 报文传递给装置 FPGA；

4）装置 FPGA 将 GOOSE 报文从装置光口以组播方式发出。

“远方操作”硬连接片与“远方修改定值”“远方切换定值区”“远方投退连接片”均为“与门”关系；当“远方操作”硬连接片投入后，上述三个软连接片远方功能才有效。

（9）保护装置应同时支持 GOOSE 点对点和网络方式传输，传输协议遵循 DL/T 860.81（IEC 61850—8—1）。

（10）保护装置采样值接口和 GOOSE 接口数量应满足工程的需要，母线保护、变压器保护在接口数量较多时可采用分布式方案。

（11）保护装置应具备 MMS 接口与站控层设备通信。保护装置的交流电流、交流电压及保护设备参数的显示、打印、整定应能支持一次值，上送信息应采用一次值。

（12）保护装置内部 MMS 接口、GOOSE 接口、SV 接口应采用相互独立的数据接口控制器接入网络。

（13）保护装置应具备通信中断、异常等状态的检测和告警功能。

（14）智能站保护装置双点开关量输入定义：“01”为分位，“10”为合位，“00”和“11”为无效。

二、对电子互感器的技术要求

作为数字采样的源头设备，继电保护系统对电子互感器自然有若干技术要求。很显然地，这些要求不是全部要求，不同的设备对数据源会有不同的要求。最主要的一些要求如下。

电子式互感器内应由两路独立的采样系统进行采集，每路采样系统应采用双 A/D 系统接入 MU，每个 MU 输出两路数字采样值由同一路通道进入一套保护装置，以满足双重化保护相互完全独立的要求。电子式互感器的采集系统和 MU 均属于保护系统的一部分，理应按双重化原则配置。

（1）罗氏线圈电子式互感器。

每套 ECT 内应配置两个保护用传感元件，每个传感元件由两路独立的采样系统进行采集（双 A/D 系统），两路采样系统数据通过同一通道输出至 MU，如图 2-28 所示。

（2）纯光学电子式互感器。

每套 OCT/OVT 内应配置两个保护用传感元件，由两路独立的采样系统进行采集（双 A/D 系统），两路采样系统数据通过同一通道输出至 MU，如图 2-29 所示。

（3）全光纤电流互感器。

每套 FOCT 内宜配置四个保护用传感元件，由四路独立的采样系统进行采集（单 A/D 系统），每两路采样系统数据通过各自通道输出至同一 MU，如图 2-30 所示。

（4）每套 EVT 内应由两路独立的采样系统进行采集（双 A/D 系统），两路采样系统数据通过同一通道输出数据至 MU，如图 2-31 所示。

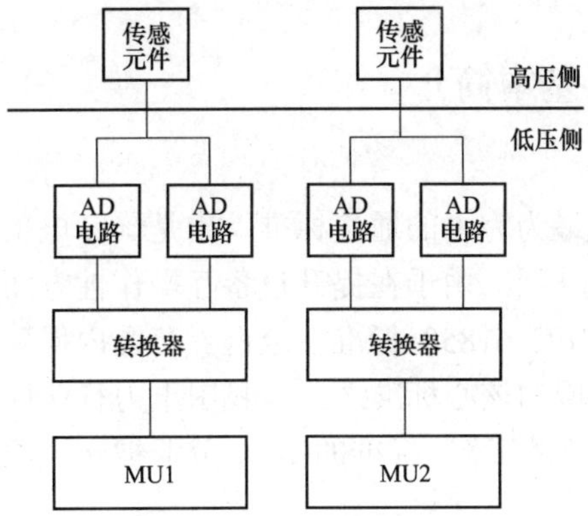

图 2-28　罗氏线圈电子互感器（ECT）示意图

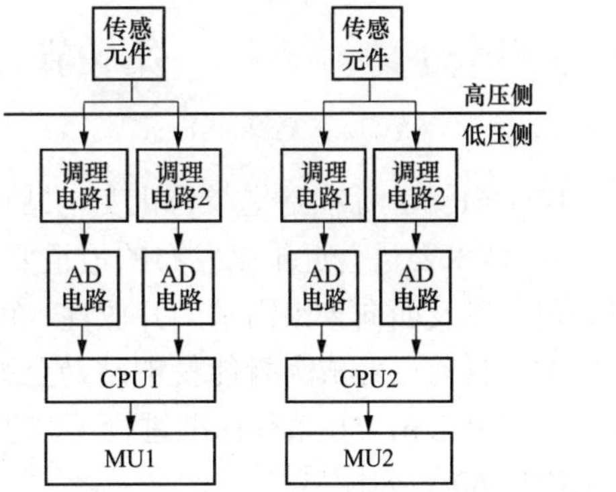

图 2-29　纯光学电子互感器（OCT/OVT）示意图

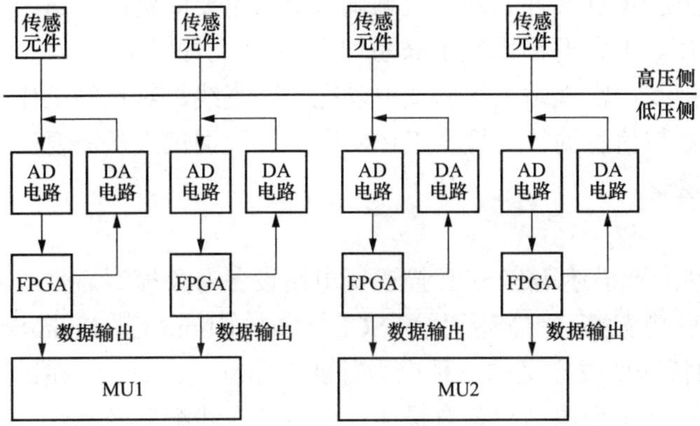

图 2-30　全光纤电流互感器（FOCT）示意图

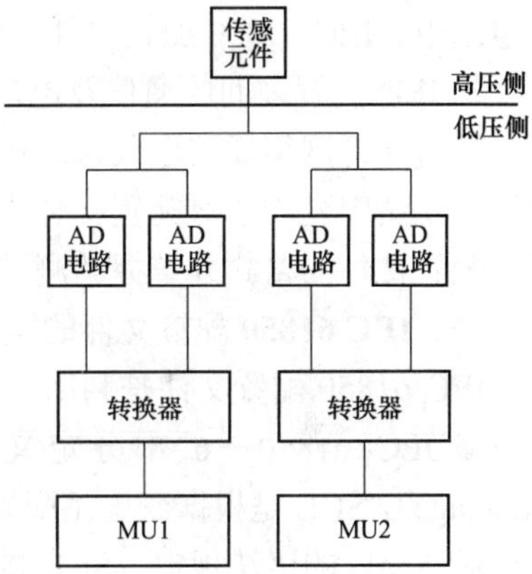

图 2-31　电子式电压互感器（EVT）示意图

每个 MU 对应一个传感元件（对应 FOCT 宜为两个传感元件），每个 MU 输出两路数字采样值由同一路通道进入对应的保护装置。

电子式互感器（含 MU）应能真实地反映一次电流或电压，额定延时时间不大于 2ms、唤醒时间为 0；电子式电流互感器的额定延时不大于 $2T_s$（2 个采样周期，采样频率 4000Hz 时 T_s 为 250μs）；电子式电流互感器的复合误差应满足 5P 级或 5TPE 级要求，电子式电压互感器的复合误差不大于 3P 级要求。

用于双重化保护的电子式互感器，其两个采样系统应由不同的电源供电并与相应保护装置使用同一组直流电源。电子式互感器采样回路的工作电源应与保护装置直流电源一一对应。

电子式互感器采样数据的品质标志应实时反映自检状态，不应附加任何延时或展宽。互感器采样数据品质标志，经延时或展宽后，可能导致保护不正确判断。

第三章　IEC 61850 配置文件测试技术

第一节　配置文件基本简介

IEC 61850 标准是迄今为止变电站自动化领域最为完善的通信标准，也是国际电工委员会第 57 技术委员会近年来发布的最重要的一个国际标准。由于在提升设备互操作性方面的杰出表现，以及面向未来需求的开放性、可扩展性，IEC 61850 标准在全世界范围内得到了广泛应用，目前已经成为智能变电站乃至智能电网领域的核心标准之一。我国电力行业标准化委员会对 IEC 61850 系列标准进行了同步的跟踪和翻译工作，标准的 14 个分册被转换成国内的 DL/T 860 系列标准。

智能变电站中的继电保护装置及相关设备均采用 IEC 61850 标准通信。在常规变电站中，如果说保护装置原理图和设计蓝图是调试人员及运行维护人员最重要的技术资料，则在智能变电站中，IEC 61850 配置文件（特别是 SCD 文件）是二次调试人员最重要的资料。原因在于全站 IED 装置之间的通信及电流电压、开入开出虚端子联系均由 SCD 文件定义。

随着光纤网络通信取代传统电缆接线，常规站工程调试中以往一些查线、对点的工作在智能变电站中变成了对配置文件中参数与信息的核对检查工作，因此工程调试人员需要深入了解配置文件的格式并掌握其测试方法。

一、IEC 61850 配置文件的概念

IEC 61850 配置文件是利用变电站配置描述语言 SCL 描述变电站设备对象模型后生成的文件。IEC 61850—6 部分定义了变电站配置描述语言 SCL（Substation Configuration Language），SCL 是根据变电站配置的特殊要求定义的一种电力行业专用标记语言，它在语法上遵循 XML 的语法规定。SCL 的应用使得变电站设备自描述、设备的在线配置及相互之间的互操作可以方便地实现。利用 SCL 可以方便地搭建 IEC 61850 层次化模型，从而采用统一规范的格式对变电站及站内 IED 进行描述。

配置文件是利用 SCL 语言描述变电站设备对象模型后生成的文件，用于在不同厂商的配置工具之间交换配置信息。通过一系列配置文件的传递，不同厂商的智能设备就能知道与对方通信所需要的数据信息，从而实现通信双方配置信息的交换。因此配置文件是智能变电站系统功能实现的基础。配置文件具体描述变电站及站内 IED 的实际配置信息，如变电站开关场一次接线拓扑、站内 IED 的 IP 地址、GOOSE 联线信息等。

1. IEC 61850 定义的四种配置文件

（1）ICD 文件：IED Capability Description，即 IED 能力描述文件，由装置厂商提供给系统集成厂商，该文件描述 IED 提供的基本数据模型及服务，但不包含 IED 实例名称和通信参数。

（2）SSD 文件：System Specification Description，即系统规范文件，该文件描述变电站开关场一次系统结构以及相关联的逻辑节点，最终包含在 SCD 文件中。

（3）SCD 文件：Substation Configuration Description，即全站系统配置文件，应全站唯一。

该文件描述全站所有 IED 的实例配置和通信参数信息、IED 之间的联系信息以及变电站一次系统结构，由系统集成厂商负责生成。SCD 文件应包含版本修改信息，明确描述修改时间、修改版本号等内容。

（4）CID 文件：Configured IED Description，即 IED 实例配置文件，每个装置只有一个，由装置厂商根据 SCD 文件中本 IED 相关信息生成。

2. CCD 文件的定义

《智能变电站继电保护工程文件技术规范》规定了一种 CCD 文件（Configured Circuit Description），即回路实例配置文件，用于描述 IED 的 GOOSE、SV 发布/订阅信息的配置文件，包括发布/订阅的控制块配置、内部变量映射、物理端口描述和虚端子连接关系等信息。CCD 文件从 SCD 文件导出后下装到装置中运行。

二、IEC 61850 工程配置流程

工程实施过程中，系统集成商提供系统配置工具，并根据设计图纸和用户需求负责整个系统的配置生成 SCD 文件；装置厂商提供装置配置工具，从 SCD 文件中导出本装置的 CID 文件，具体流程如图 3-1 所示。

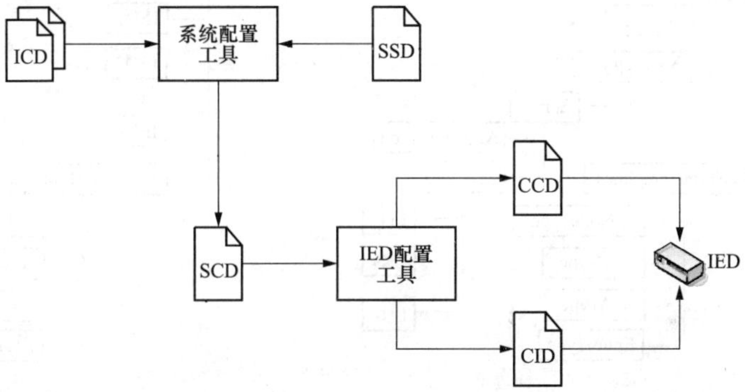

图 3-1　IEC 61850 工程配置流程

首先，各装置厂家通过自己的装置配置工具生成本装置的 ICD 文件。ICD 文件里描述本装置模型包含哪些服务器、逻辑设备、逻辑节点，还有逻辑节点类型、数据类型、数据集、控制块的定义，以及装置通信能力和通信参数的描述。

系统配置工具导入变电站中全站各种类型的二次设备的 ICD 文件和变电站 SSD 文件，然后经过系统配置人员的工程配置，生成全站 SCD 文件。SCD 文件包含变电站一次系统配置（含一、二次设备关联信息配置）、二次设备配置（包含信号描述配置、GOOSE 信号连线配置）以及通信网络及参数的配置。SCD 文件应作为后台监控、远动子站以及后续其他配置的统一数据来源。

最后，单装置厂家使用各自的装置配置工具从 SCD 文件中导出本装置的 CID 文件和 CCD 文件。CID 文件包含 IED 的站控层 MMS 配置信息，CCD 文件包含 IED 的过程层 GOOSE 和 SV 配置信息，CID 文件和 CCD 文件最终将被下载到装置中运行。

三、IEC 61850 配置文件的基本结构

完整的配置文件包括 5 个部分，即<Header>、<Substation>、<Communication>、<IED>和<DataTypeTemplates>，如图 3-2（a）所示。<Header>部分包含配置文件的版本信息和修订

信息、文件书写工具标识以及名称映射信息；<Substation>部分包含变电站的功能结构、主元件和电气连接以及相应的功能节点；<Communication>部分定义了子网中 IED 接入点的相关通信信息，包括设备的网络地址和各层物理地址；<IED>部分描述了<IED>的配置情况，包括逻辑设备、逻辑节点、数据对象、数据属性和所具备的通信服务能力；<DataTypeTemplates>部分是可实例化的数据类型模板，详细定义了在配置文件中出现的逻辑节点类型（LNType）以及该逻辑节点所包含的数据对象类型（DOType）和数据属性类型（DAType），DataTypeTemplates 部分和 IED 部分之间是“类”和“实例”的关系。

在工程实施中，全站各种 IED 的单装置 ICD 文件需要导入系统配置工具，经集成商配置后生成 SCD 文件。SCD 文件包含全站所有 IED 的实例配置和通信参数、IED 之间的信号联系信息以及变电站一次系统结构。图 3-2（b）是整站配置 SCD 文件的结构示意图。

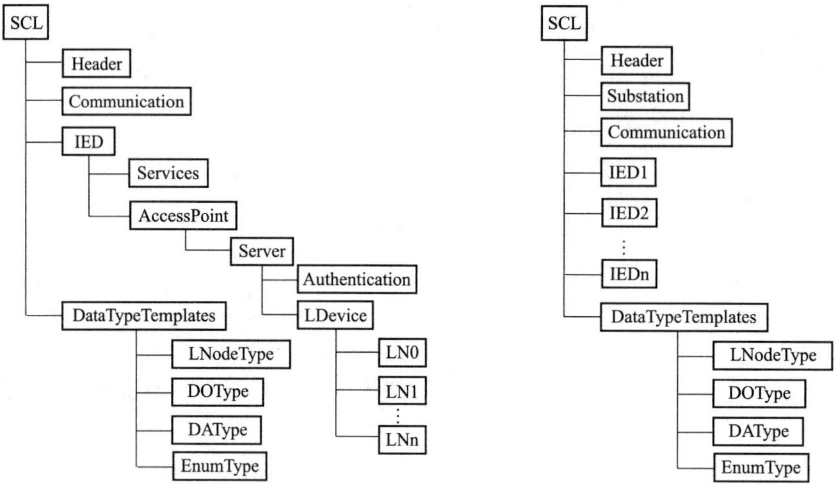

（a）ICD 文件结构图　　（b）SCD 文件结构图

图 3-2　IEC 61850 配置文件基本结构

完整的 SCD 文件包括 5 个部分，即<Header>、<Substation>、<Communication>、<$IED_{1\sim n}$>和<DataTypeTemplates>。<Header>部分包含配置文件的版本信息和修订信息、文件书写工具标识以及名称映射信息；<Substation>部分包含变电站的功能结构、主元件和电气连接以及相应的功能节点；<Communication>部分定义了通信子网中 IED 接入点的相关信息，包括设备的网络地址和物理地址；<$IED_{1\sim n}$>部分描述了 IED 的配置情况，包括逻辑设备、逻辑节点、数据对象、数据属性实例和所具备的通信服务能力。<DataTypeTemplates>部分是可实例化的数据类型模板，<DataTypeTemplates>部分和<$IED_{1\sim n}$>部分之间是“类”和“实例”的关系。

对于<Header>、<Communication>、<$IED_{1\sim n}$>、<DataTypeTemplates>几个部分，无论是 SCD 还是 ICD 文件，其结构均符合 IEC 61850—6 部分的 SCL 模式 Schema 定义。因此如果能理解 ICD 文件也就能理解 SCD 文件的结构。

下面以 ICD 文件为例，介绍配置文件的具体结构。图 3-3 是实际变电站中某型号线路保护装置的 ICD 配置文件截图，该配置文件用 Altova XMLSpy 软件的 Grid 视图打开。

1. <Header>部分

如图 3-4 所示，<Header>部分用于标识一个 SCL 配置文件和它的版本。其中<History>元素中包含配置文件修订的历史信息，每一条修改记录可包含修改原因“why”、修改内容“what”、修改人“who”、修改时间 when 等信息。

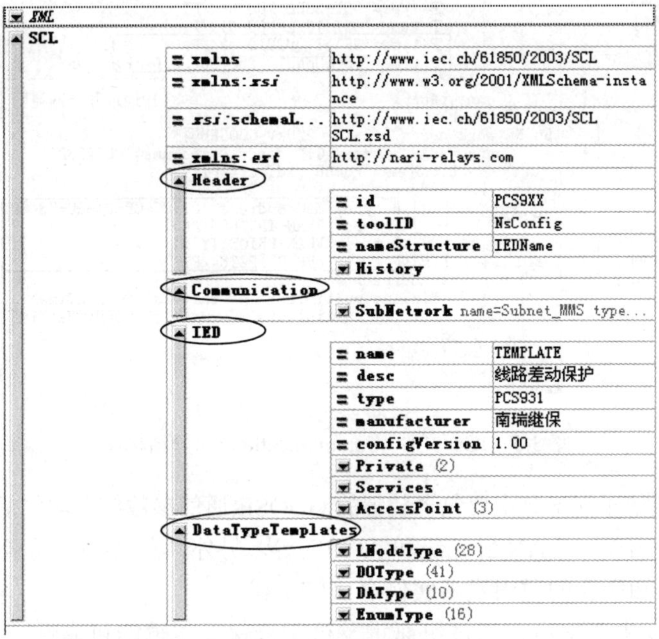

图 3-3　实际装置的 ICD 文件截图

```
<Header revision="0.1" nameStructure="IEDName" version="1.0" id="daming">
    <History>
        <Hitem revision="1" when="2009-5-18 09:40:06" what="加入合并器inputs" version="1"/>
        <Hitem revision="1" when="2009-5-18 10:40:06" what="加入inputs信息不包括750" version="1"/>
    </History>
</Header>
```

图 3-4　ICD 文件 Header 部分结构图

2. <Communication>部分

如图 3-5 所示，<Communication>部分主要包含 IED 的通信参数配置信息，一般至少包括一个 type 为“8-MMS”的 MMS 通信子网；对于过程层采用 GOOSE 通信的装置，还应包含一个 type 为“IECGOOSE”的 GOOSE 通信子网。

（1）如图 3-5 所示，MMS 通信子网部分主要包含装置的站控层网络地址信息，其中最主要的是 IP 地址和子网掩码，这是由于 MMS 服务是运行在 TCP/IP 协议之上的。

在<ConnectedAP>元素中，属性“iedName”是该装置的名称，属性“apName”是 MMS 访问点的名称，如下所示：

```
<ConnectedAP iedName="PL2228B" apName="S1">
```

由于 MMS 网上也可能传输 GOOSE 报文（如不同间隔之间的联、闭锁信息），因此 MMS

子网部分也可能包含 GOOSE 通信参数信息。

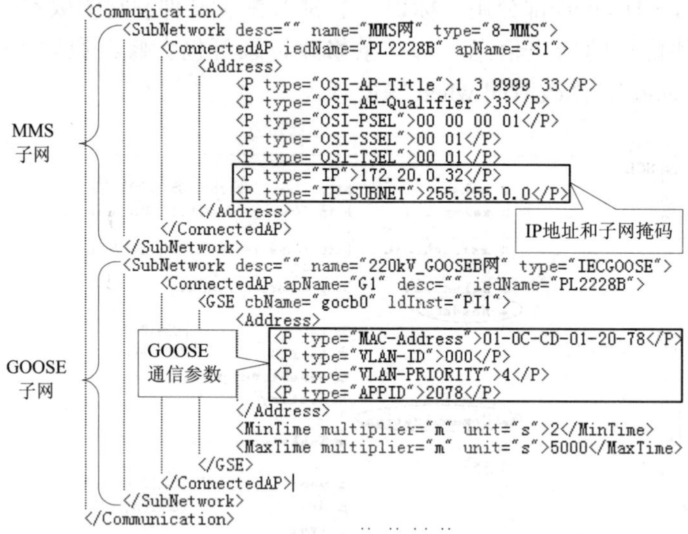

图 3-5 ICD 文件<Communication>部分结构图

（2）GOOSE 通信子网部分主要包含装置的 GOOSE 通信参数信息，包括 MAC 组播地址、虚拟局域网 VLAN—ID、VLAN 优先级和 APPID 等。另外，在<GSE>元素中还有 GOOSE 控制块名“cbName”和所在的逻辑设备实例名“ldInst”。

GOOSE 报文发生变位后，通过快速重发机制来保证传输的可靠性，元素<MinTime>和<MaxTime>被用来设置报文重发的频率和时间间隔。在图 3-4 中<MinTime>元素值为 2ms，表示当发生变位之后，装置需要在 2ms 以内补发第二帧报文；<MaxTime>元素值是 GOOSE 报文心跳时间，表示当恢复正常之后 GOOSE 报文每 5000ms 发送一帧，接收端装置可以以此为依据判断 GOOSE 报文是否有丢帧以及通信链路是否中断。

3. <IED>部分

<IED>部分包含私有信息<Private>、服务能力列表<Services>和访问点<Accesspoint>三个部分。

（1）<Private>部分。

<Private>部分用于存放装置厂商对 SCL 语言的私有扩展信息。使用<Private>部分的好处在于，当配置文件按照图 3-1 的流程在不同厂家的配置工具之间进行传递时，<Private>部分的内容会被原封不动地保存。

（2）<Services>部分。

服务能力列表<Services>用于描述该 IED 所支持（提供）的 ACSI 服务类型，如图 3-6 中出现了元素<GetDataSetValue/>，说明该 IED 支持“GetDataSetValues（读数据集值）”服务。如果某种服务没有在此列表中出现，则说明该 IED 不支持这种服务。

此外，<Services>部分还包含一些用于描述 IED 通信能力的配置信息。如图 3-6 中<ConfDataSet max="32" maxAttributes="256"/>，表示该 IED 最多可配置 32 个数据集，每个数据集中最多可拥有 256 个数据属性。IEC 61850—6 部分的表对<Services>中每个元素的确切含义做了详细的规定，在此处不再赘述。

```
<Services>
    <DynAssociation/>
    <SettingGroups>
    <SGEdit/>
    <ConfSG/>
    </SettingGroups>
    <GetDirectory/>
    <GetDataObjectDefinition/>
    <DataObjectDirectory/>
    <GetDataSetValue/>
    <SetDataSetValue/>
    <DataSetDirectory/>
    <ConfDataSet max="32" maxAttributes="256"/>
    <ReadWrite/>
    <ConfReportControl max="32"/>
    <GetCBValues/>
    <ReportSettings cbName="Conf" datSet="Dyn" rptID="Dyn" optFields="Dyn"
    bufTime="Fix" trgOps="Dyn" intgPd="Dyn"/>
    <GOOSE max="64"/>
    <FileHandling/>
    <ConfLNs fixPrefix="true" fixLnInst="true"/>
</Services>
```

图 3-6　ICD 文件 Services 部分截图

（3）<Accesspoint>部分。

IED 的分层信息模型，包括服务器、逻辑设备、逻辑节点、数据和数据属性，这些均包含在访问点<Accesspoint>中。访问点的数量与实际装置结构相对应。图 3-7 是过程层实现了数字化，具备 GOOSE 服务和 IEC 61850—9—2 采样值服务的全数字化保护装置 ICD 文件截图，它拥有 S1（MMS 服务）、G1（GOOSE 服务）和 M1（采样值 SV 服务）三个访问点。每个访问点中包含一个服务器“Server”。

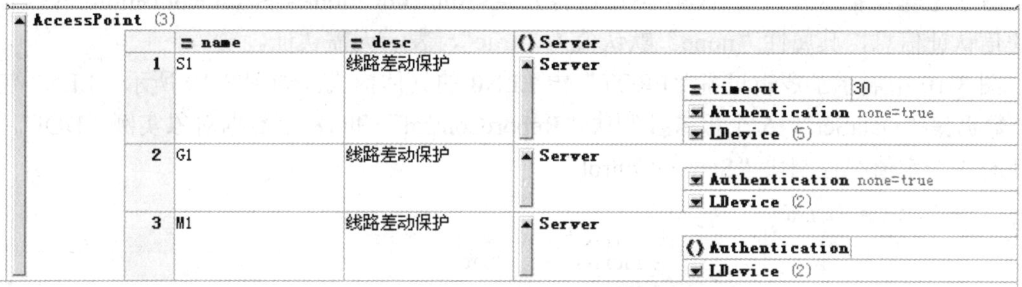

图 3-7　全数字化保护装置的三个访问点

如前所述，SCL 配置文件采用了树形结构，在结构上与分层信息模型相对应，因此理解了 IEC 61850 的层次型模型，也就不难看懂 SCL 配置文件的结构。从图 3-8 中可以看到，服务器“Server”中包含逻辑设备“LDevice”；逻辑设备中包含逻辑节点“LLN0”和兼容逻辑节点“LN1～LNn”；逻辑节点中包含数据实例“DOI（Instantiated Data Object）”；数据实例“DOI”中包含数据属性实例“DAI（Instantiated Data Attribute）”或子数据实例“SDI（Instantiated Sub DATA）”；“SDI”中包含数据属性实例“DAI”。

图 3-9 是该线路保护装置 ICD 文件<Server>部分的截图。该装置为保护测量一体化装

置，从该截图中可以看到，服务器<Server>中包含五个逻辑设备 LDevice，分别是“LD0”、“PROT”、“CTRL”、“MEAS” 和 “RCD”。

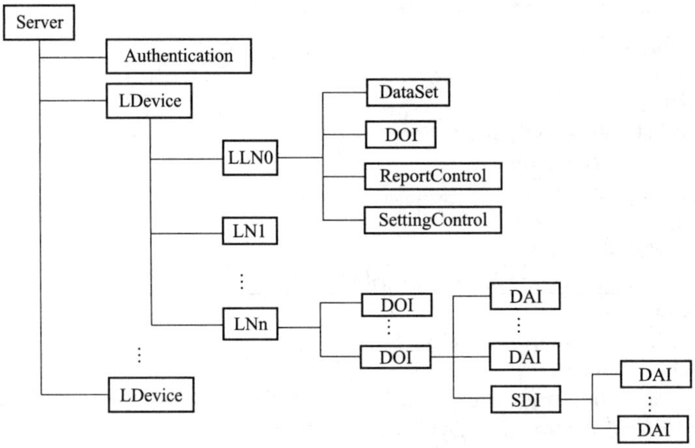

图 3-8 ICD 文件<Server>部分结构图

Server

timeout	30
Authentication	none: true

LDevice (5)

	inst	desc	LN0	LN
1	LD0		LN0 lnType=N...	LN (21)
2	PROT	光纤纵差保护	LN0 lnType=N...	LN (44)
3	CTRL	控制	LN0 lnType=N...	LN (68)
4	MEAS	测量	LN0 lnType=N...	LN (8)
5	RCD		LN0 lnType=N...	LN (2)

图 3-9 ICD 配置文件<Server>部分截图

除了逻辑设备以外，<Server>中还包含元素<Authentication>。<Authentication>内含有装置通信认证信息，其属性“none”默认值为“true”，表示无需认证。

图 3-10 中展示了逻辑设备“PROT”中 LLN0 的具体构成。如图 3-10 所示，LLN0 包含 7 个数据集“DataSet”、5 个报告控制块“ReportControl”和 18 个数据对象实例“DOI”，此外还有 1 个定值组控制块“SettingConrol”。

PROT 光纤纵差保护 LN0

lnType	NRNRR_LLN0_90X
lnClass	LLN0
inst	

DataSet (7)

	name	desc	FCDA
1	dsRelayDin	保护通信数据集	FCDA (41)
2	dsRelayAin	模拟量	FCDA (32)
3	dsTripInfo	保护事件数据集	FCDA (27)
4	dsWarning	告警信号数据集	FCDA (22)
5	dsParameter	设备参数定值	FCDA (6)
6	dsSetting	保护定值数据集	FCDA (72)
7	dsRelayEna	保护压板数据集	FCDA (4)

ReportControl (5)

DOI (18)

SettingControl numOfSGs=10 actSG=1

图 3-10 “PROT”中 LLN0 的具体构成

图 3-10 中的 7 个数据集中，“dsParameter”和“dsSetting”两个数据集的成员均为装置定值，其排列顺序应与装置说明书定值单中定值的排列顺序相同。在工程实施中，两个数据集里面的定值由客户端通过 GetSGValues（读定值组值）服务读取，一般不通过 Report（报告）服务主动上送。因此这两个数据集不需要配置相应的报告控制块，而是由 SGCB（定值组控制块）控制。

1）定值组控制块 SGCB。

图 3-10 中的“SettingControl”中包含“numOfSGs”和“actSG”两个属性：

```
<SettingControl numOfSGs="10" actSG="1"/>
```

“numOfSGs”代表定值区的数量，其值为 10 表示该逻辑设备可提供 10 个定值区。“actSG”代表当前处于激活状态的定值区的区号，其值为 1 代表当前 1 区定值处于激活状态。除了这两个属性以外，定值组控制块 SGCB 还有 3 个属性，分别为：“EditSG”（可编辑状态的定值区号）、“CnfEdit”（定值确认）和“LActTm”（最近一次激活定值区的时间）。

2）报告控制块。

除了两个定值数据集以外，图 3-10 中其余 5 个数据集均需要通过“Report”（报告）服务主动上送到客户端，因此都配置了相应的报告控制块。图 3-11 中展示了 5 个报告控制块的属性部分。

ReportControl (5)

	name	datSet	intgPd	rptID	confRev	buffered	bufTime
1	brcbRelayDin	dsRelayDin	0	brcbRelayDin5	1	true	0
2	urcbRelayAin	dsRelayAin	5000	urcbRelayAin6	1	false	0
3	brcbTripInfo	dsTripInfo	0	brcbTripInfo7	1	true	0
4	brcbWarning	dsWarning	0	brcbWarning8	1	true	0
5	brcbRelayEna	dsRelayEna	0	brcbRelayEna9	1	true	0

图 3-11　LLN0 中的报告控制块

3）数据集。

IEC 61850 引入数据集的概念后，利用数据集可以对数据进行分组和打包，以方便数据的传送。无论是在“客户端-服务器”通信模式还是在“发布方-订阅者”模式下，通信双方都需要预先知道数据集中含有哪些成员，这些成员的排列顺序以及所属的数据类型，一般情况下 IED 会在通信初始化时通过解析 SCL 配置文件获得这些信息。

按照 IEC 61850 的定义，数据集是一系列数据引用或数据属性引用的集合，以清单 3-1 中的保护事件数据集“dsTripInfo”为例，它包含 27 个数据引用，包括了本逻辑设备下所有的保护动作信号。

清单 3-1 如下：

```
<DataSet name="dsTripInfo" desc="保护事件数据集">
    <FCDA ldInst="PROT" lnClass="PTRC" lnInst="1" doName="Str" fc="ST"/>
    <FCDA ldInst="PROT" lnClass="RREC" lnInst="2" doName="Op" fc="ST"/>
    <FCDA ldInst="PROT" lnClass="PDIF" lnInst="1" doName="Op" fc="ST"/>
    <FCDA ldInst="PROT" lnClass="PDIS" lnInst="7" doName="Op" fc="ST"/>
    …
</DataSet>
```

以清单 3-1 中数据集第一个成员为例，它的逻辑设备名为“PROT”，逻辑节点名为“PTRC1”，数据名为“Str”。另外，每个数据集成员都有功能约束 fc 属性，这些对象名和功能约束 fc 级联到一起就组成了引用“PROT/PTRC1.Str［ST］”。

如前文所述，数据属性可以根据功能约束 fc 进行分类，fc 可以理解为数据属性的过滤器。引用“PROT/PTRC1.Str［ST］”包含 fc=“ST”的 4 个数据属性，它实际上是具有相同 fc 的数据属性的集合，在 IEC 61850 中它又被称为功能约束数据 FCD。FCD 中每个数据属性引用（如“PROT/PTRC1.Str.general［ST］”）被称为功能约束数据属性 FCDA。

4）数据对象实例（DOI）。

在分层信息模型中，每个逻辑节点都包含若干数据对象（Data Object），每个数据对象中又包含若干数据属性（Data Attribute）。它们等于建模的模板组件，在对实际设备建模时，我们需要从中选择合适的数据和数据属性，并赋予实例特定值，形成数据实例 DOI（Data Object Instance）和数据属性实例 DAI（Data Attribute Instance）。

清单 3-2 是逻辑节点实例“PDIF1”的片段，限于篇幅只列出了一个数据对象实例“Op”。

在<LN>元素中，“lnClass”属性代表该逻辑节点属于 IEC 61850—7—4 中的哪一种兼容逻辑节点类，“inst”属性是实例号。

“lnType”属性代表该逻辑节点引用了哪一种逻辑节点类型（LNType），如“PDIF1”就引用了“NRR_PDIF_LINE”类型（详细定义如清单 3-3 所示）。“NRR_PDIF_LINE”是“|PDIF1”定义的模板，“PDIF1”中所有的 DOI 都已经在“NRR_PDIF_LINE”中进行了预定义，反过来说，“NRR_PDIF_LINE”中没有的数据（DO）不应该出现在 PDIF1 中。

“desc”属性中含有 SCL 配置文件自带的中文描述信息，是 XML 自描述特性的具体体现。从“desc”中可以看出 PDIF 是“电流差动保护逻辑节点”，Op 是“纵联差动保护动作”信号。在工程实施中各装置厂家应确保 ICD 文件中“desc”信息填写正确、清晰、无歧义，因为系统集成商将根据“desc”确定信号的用途，有的会直接将“desc”信息作为信号的名称导入后台数据库中。

清单 3-2 如下：

```
<LN desc="电流差动保护" lnType="NRR_PDIF_LINE" lnClass="PDIF" inst="1">…
  …
  <DOI name="Op" desc="纵联差动保护动作">
     <DAI name="general" sAddr="DZYJ:B02.TrpLogic1_F0.TR_CD_moni"/>
     <DAI name="dU">
        <Val>纵联差动保护动作</Val>
     </DAI>
  </DOI>
  …
</LN>
```

4. <DataTypeTemplates>部分

<DataTypeTemplates>部分是可实例化的数据类型模板，如图 3-2 所示，它包含 LNodeType（逻辑节点类型）、DOType（数据对象类型）、DAType（数据属性类型）和 EnumType（枚举类型）四个部分。<IED>部分的逻辑节点/数据对象/数据属性实例，就是由<DataTypeTemplates>

实例化后生成的，二者之间是“类”和“实例”的关系。

（1）<LNodeType>部分。

清单 3-3 是逻辑节点类型“NRR_PDIF_LINE”定义的片段。<LNodeType>元素的“id”属性是该 LNType 的名字，“lnClass”属性代表该 LNType 是在哪一种兼容逻辑节点类的基础上扩充的。

清单 3-3 如下：

```
<LNodeType id="NRR_PDIF_LINE" lnClass="PDIF">
    <DO name="Mod" type="CN_INC_Mod" desc="Mode"/>
    …
    <DO name="Str" type="CN_ACD" desc="Start "/>
    <DO name="Op" type="CN_ACT_3P" transient="true" desc="Operate "/>
    <DO name="DifAClc" type="CN_WYE" desc="Differential Current "/>
    …
</LNodeType>
```

<LNodeType>在结构上与 IEC 61850 分层信息模型相对应，每个<LNodeType>都由一系列数据<DO>组成。<DO>元素的“name”属性是数据对象的名字；“desc”属性自带描述信息，用于说明<DO>的用途；“type”属性用于说明该<DO>引用了哪一种数据对象类型（DOType）。如数据“Op”就引用了“CN_ACT_3P”类型（详细定义如清单 3-4 所示）。

（2）<DOType>部分。

清单 3-4 是数据对象类型“CN_ACT_3P”的定义文本。<DOType>元素的 id 属性是该数据类型的名字，该名字与<LNodeType>中<DO name="Op">的“type”属性值相同，用于说明该<DO>引用了哪一种<DOType>。“cdc”属性表示该<DOType>是在 IEC 61850—7—3 中哪一种公用数据类的基础上扩充的。

<DOType>由一系列数据属性<DA>组成。<DA>元素的“name”属性是数据属性的名字；“bType”是该数据属性所属的数据类型；“fc”代表该数据属性属于哪一种功能约束；“dchg/qchg”是该数据属性的触发选项。

清单 3-4 如下：

```
<DOType id="CN_ACT_3P" cdc="ACT">
    <DA name="general" bType="BOOLEAN" dchg="true" fc="ST"/>
    <DA name="phsA" bType="BOOLEAN" dchg="true" fc="ST"/>
    …
    <DA name="t" bType="Timestamp" fc="ST"/>
    <DA name="dU" bType="Unicode255" fc="DC"/>
</DOType>
```

在前文中曾经提到，数据属性所属的类型分为两种，一种是不可再分解的基本类型；另一种是结构体或枚举类型（由若干种基本类型组合而成）。清单 3-5 中的数据属性“setMag”就属于结构体类型，其 bType="Struct"，“type”属性的值就是该结构体类型的名字——“CN_AnalogueValue”。“CN_AnalogueValue”的详细定义位于数据类型模板的<DAType>部分中，见清单 3-8。

清单 3-5 如下：

```
<DOType id="CN_ASG_SG_EX" cdc="ASG">
   <DA name="setMag" bType="Struct" type="CN_AnalogueValue" fc="SG"/>
   <DA name="units" bType="Struct" type="CN_units" fc="CF"/>
   …
</DOType>
```

清单 3-6 中的数据属性“stVal”属于枚举类型，其 bType="Enum"，“type”属性的值就是该枚举类型的名字——“Mod”。“Mod”的详细定义位于数据类型模板的<EnumType>部分中，见清单 3-9。

清单 3-6 如下：

```
<DOType id="CN_INC_Mod" cdc="INC">
   <DA name="stVal" bType="Enum" type="Mod" dchg="true" fc="ST"/>
   <DA name="q" bType="Quality" qchg="true" fc="ST"/>
   <DA name="t" bType="Timestamp" fc="ST"/>
   …
</DOType>
```

IEC 61850 中还有一些特殊的的数据类，它们的组成成员本身还属于数据类（DO），形成了一种嵌套结构。如清单 3-7 中的“CN_WYE”，它的 SDO 成员“phsA”属于“CN_CMV”类型。

清单 3-7 如下：

```
<DOType id="CN_WYE" cdc="WYE">
   <SDO name="phsA" type="CN_CMV"/>
   <SDO name="phsB" type="CN_CMV"/>
   …
</DOType>
<DOType id="CN_CMV" cdc="CMV">
   <DA name="cVal" bType="Struct" type="CN_Vector" dchg="true" fc="MX"/>
   <DA name="q" bType="Quality" qchg="true" fc="MX"/>
   …
</DOType>
```

SDO 实例化以后就形成了 SDI，如图 3-7 中所示。

（3）<DAType>部分。

清单 3-8 是结构体类型的数据属性定义文本。<DAType>元素的属性 id 是该结构体类型的名字。该名字与<DOType>中 struct 类型的<DA>的“type”属性值相同，用于说明该<DA>引用了哪一种<DAType>。

<DAType>由一系列<BDA>成员组成。<BDA>成员本身既可以是基本类型，也可以是结构体类型。如清单 3-8 的“CN_Vector”，其<BDA>成员“ang”的 bType="Struct"，type="CN_AnalogueValue"，表示<BDA>“成员”ang 属于结构体类型。

清单 3-8 如下：

```
<DAType id="CN_AnalogueValue">
   <BDA name="f" bType="FLOAT32"/>
</DAType>
<DAType id="CN_Vector">
   <BDA name="mag" bType="Struct" type="CN_AnalogueValue"/>
   <BDA name="ang" bType="Struct" type="CN_AnalogueValue"/>
</DAType>
```

（4）<EnumType>部分。

清单 3-9 是枚举类型“Mod”的定义文本，其中元素<EnumVal>将可能的取值一一列举出来：“on”、“blocked”、“test”、“test/blocked”和“off”。“Mod”取值只限于列举出来的值范围内。<EnumType>元素的属性 id 是该枚举类型的名字，该名字被清单 3-6 中第一个<DA>元素“stVal”引用，与该<DA>元素的“type”属性值相同，用于说明该<DA>引用了哪一种<EnumType>。

清单 3-9 如下：

```
<EnumType id="Mod">
   <EnumVal ord="1">on</EnumVal>
   <EnumVal ord="2">blocked</EnumVal>
   <EnumVal ord="3">test</EnumVal>
   <EnumVal ord="4">test/blocked</EnumVal>
   <EnumVal ord="5">off</EnumVal>
</EnumType>
```

四、CCD 配置文件的基本结构

1. IED 元素

IED 元素是 CCD 文件的根节点。IED 元素下依次包含 GOOSEPUB（GOOSE 发布）元素、GOOSESUB（GOOSE 订阅）元素、SVPUB（SV 发布）元素、SVSUB（SV 订阅）元素，CRC（校验码）元素。

IED 元素的格式定义参见图 3-12。

```
<?xml version="1.0" encoding="UTF-8"?>
<IED configVersion="V1.01" desc="某线线路保护A" manufacturer="南瑞继保" name="PL2201A" type="PCS-931GMM-D-HD">
    <GOOSEPUB/>
    <GOOSESUB/>
    <SVPUB/>
    <SVSUB/>
    <CRC/>
</IED>
```

图 3-12 IED 元素的格式定义

IED 元素的属性包括 IED 名称、描述、制造厂、装置型号和版本号（都为必选属性，如 SCD 中无此属性则应为空，如 type=""）；在 CRC 校验码计算时应剔除“desc”、“manufacturer”“type、configVersion”属性。

2. GOOSEPUB（GOOSE 发布）元素

GOOSEPUB 元素是从 SCD 文件中提取的装置过程层 GOOSE 输出配置信息，GOOSEPUB 元素下包含按 SCD 文件顺序配置的 GOOSE 控制块。GOOSEPUB 元素的格式定义参见清单

3-10。

清单 3-10 如下：

```
    <GOOSEPUB>
    <!--GOOSE 发送参数,若装置过程层没有 GOOSE 发布配置则无此元素-->
            <GOCBref name="PL2201APIGO/LLN0$GO$gocb0” "
            <!--GOCB1 路径名-->
                <GSEControl ……>
                <!--IED 的 GSEControl 元素参数(含 Private 元素)-->
                    <Private>
                <ConnectedAP ……>
                <!--GOCB1 相关 ConnectedAP 元素参数(含 Private、GSE、PhysConn 元素)-->
                    <Private>
                    <GSE>
                    <!--只提取与 GOCB1 相关的 GSE 元素,其余 GSE 元素不再提取-->
                    <PhysConn>
                    <!--ConnectedAP 包含的 PhysConn 元素应全部提取,即 GOCB1 发送端口应是
相关 ConnectedAP 下全部端口-->
                <DataSet name="dsGOOSE1">
                <!--GOCB1 引用的 DataSet 元素参数(含 Private 元素)-->
                    <Private>
                    <FCDA bType="BOOLEAN"desc="跳 A 相"……>
                    <!--FCDA 元素的 bType 属性是 GOOSE 发送虚端子的数据类型,desc 属性是
GOOSE 发送虚端子的描述,在 CRC 校验码计算时应剔除 desc 属性-->
                        <DAI ……>
                        <!--FCDA 元素下应包含所关联的 DAI 元素,DAI 元素中一般应包含 sAddr
属性,表征内部参量的引用名-->
                    <FCDA bType="Dbpos"desc="A 相位置"……>
                        <DAI ……>
                    <FCDA bType="BOOLEAN"desc=""……>
                        <DAI ……>
```

3. GOOSESUB（GOOSE 订阅）元素

GOOSESUB 元素是从 SCD 文件中提取的装置过程层 GOOSE 输入配置信息，GOOSESUB 元素下包含按 SCD 文件顺序订阅的外部 IED 的 GOOSE 控制块。

GOOSESUB 元素的格式定义参见清单 3-11。

清单 3-11 如下：

```
    <GOOSESUB>
    <!--GOOSE 接收参数,若装置过程层没有 GOOSE 订阅配置则无此元素;外部 GOCB 按 Inputs 元素
中引用外部数据的先后顺序排列,合并重复的外部 GOCB 元素-->
            <GOCBref name="IL2201ARPIT/LLN0$GO$gocb0">
            <!--外部 GOCB1 路径名-->
                <GSEControl ……>
                <!--外部 IED 的 GSEControl 元素参数（不含 Private 元素）-->
                <ConnectedAP ……>
                <!--外部 GOCB1 相关 ConnectedAP 元素参数（不含 Private、PhysConn 元
素);ConnectedAP 包含的 PhysConn 元素不提取,接收端口配置在 ExtRef 元素的 intAddr 属性中配置-->
```

```
            <GSE>
            <!--只提取与外部 GOCB1 相关的 GSE 元素,其余 GSE 元素不再提取-->
        <DataSet name="dsGOOSE1">
        <!--外部 GOCB1 引用的 DataSet 元素参数（不含 Private 元素）-->
            <FCDA bType="BOOLEAN"desc="跳 A 相"……>
            <!--FCDA 元素的 bType 属性是 GOOSE 发送虚端子的数据类型;desc 属性是
GOOSE 发送虚端子的描述;除 bType 属性外,FCDA 元素的其他属性在 CRC 校验码计算时应剔除-->
                <intAddr desc="A 相跳闸" name="1-A:……">
                <!--订阅的 FCDA 元素下应包含所关联的 intAddr 元素,intAddr 元素的
name 属性是 GOOSE 接收虚端子,即 ExtRef 元素的 intAddr 属性,desc 属性是 GOOSE 接收虚端子的
描述,在 CRC 校验码计算时应剔除 desc 属性-->
                    <DAI ……>
                    <!--intAddr 元素下应包含所关联的 DAI 元素, DAI 元素中一般应包
含 sAddr 属性,表征内部参量的引用名-->
            <FCDA bType="BOOLEAN"desc="间隔 1 跳闸"……>
                <intAddr desc="远跳开入" name="1-B:……">
                    <DAI ……>
                <intAddr desc="闭锁重合闸" name="1-B:……">
                <!--订阅相同的 FCDA 元素连接到多个不同的内部地址（intAddr）,在
FCDA 元素下应依次包含多个 intAddr 元素-->
                    <DAI ……>
                    ……
            <FCDA bType="BOOLEAN"desc="启动 A 相失灵"……>
                <intAddr desc="" name="NULL">
                <!--未订阅的 FCDA 元素下也应包含 intAddr 元素,其 name 属性为
NULL,desc 属性为空字符-->
        <GOCBref ……>
        <!--外部 GOCBn 路径名-->
```

4. SVPUB（SV 发布）元素

SVPUB 元素是从 SCD 文件中提取的装置过程层 SV 输出配置信息，SVPUB 元素下包含按 SCD 文件顺序配置的 SV 控制块。

SVPUB 元素的格式定义参见清单 3-12。

清单 3-12 如下：

```
<SVPUB>
<!--SV 发送参数,若装置过程层没有 SV 发布配置则无此元素-->
    <SMVCBref name="MU2201AMU01/LLN0$SV$msvcb0">
    <!--SMVCB1 路径名-->
        <SampledValueControl ……>
        <!--IED 的 SampledValueControl 元素参数(含 Private 元素、SmvOpts 元素)-->
            <Private>
            <SmvOpts>
        <ConnectedAP ……>
        <!--SMVCB1 相关 ConnectedAP 元素参数(含 Private、SMV、PhysConn 元素)-->
            <Private>
            <SMV>
            <!--只提取与 SMVCB1 相关的 SMV 元素,其余 SMV 元素不再提取-->
            <PhysConn>
```

```
                <!--ConnectedAP 包含的 PhysConn 元素全部提取,即 SMVCB1 发送端口应是
相关 ConnectedAP 下全部端口-->
            <DataSet name="dsSV1">
            <!--SMVCB1 引用的 DataSet 元素参数(含 Private 元素)-->
                <Private>
                <FCDA bType="INT32"desc="保护电流 A 相 AD1"……>
                <!--若 FCDA 按 DO.DA 建模,提取规则与 GOOSESUB 相同:bType 属性是 SV 发
送虚端子的数据类型, desc 属性是 SV 发送虚端子的描述,在 CRC 校验码计算时应剔除 desc 属性-->
                    <DAI ……>
                    <!--FCDA 元素下应包含所关联的 DAI 元素, DAI 元素中一般应包含 sAddr
属性,表征内部参量的引用名-->
                <FCDA bType="Quality"desc="保护电流 A 相 AD1"……>
                    <DAI ……>
                <FCDA desc="保护电流 A 相 AD1"……fc="MX"……>
                <!--若 FCDA 按 DO 建模,提取规则应为:FCDA 元素中无 bType 属性, desc 属
性是 SV 发送虚端子的描述,在 CRC 校验码计算时应剔除 desc 属性-->
                    <DOI ……>
                    <!--FCDA 元素下应包含所关联的 DOI 元素,不提取 dU 元素-->
                        <SDI>
                            <DAI ……>
                            <DAI ……>
        <SMVCBref ……>
        <!--SMVCBn 路径名-->
```

5. SVSUB（SV 订阅）元素

SVSUB 元素是从 SCD 文件中提取的装置过程层 SV 输入配置信息，SVSUB 元素下包含按 SCD 文件顺序订阅的外部 IED 的 SV 控制块。

SVSUB 元素的格式定义参见清单 3-13。

清单 3-13 如下：

```
    <SVSUB>
    <!--SV 接收参数,若装置过程层没有 SV 订阅配置则无此元素;外部 SMVCB 按 Inputs 元素中引用
外部数据的先后顺序排列,合并重复的外部 SMVCB 元素-->
        <SMVCBref name="MU2201AMU01/LLN0$SV$msvcb0">
        <!--外部 SMVCB1 路径名-->
            <SampledValueControl ……>
            <!--外部 IED 的 SampledValueControl 元素参数(不含 Private 元素)-->
                <SmvOpts>
            <ConnectedAP ……>
            <!--外部 SMVCB1 相关 ConnectedAP 元素参数(不含 Private、PhysConn 元
素),PhysConn 元素不提取,接收端口配置在 ExtRef 元素的 intAddr 属性中配置-->
                <SMV>
                <!--只提取与外部 SMVCB1 相关的 SMV 元素,其余 SMV 元素不再提取-->
            <DataSet name="dsSV1">
            <!--外部 SMVCB1 引用的 DataSet 元素参数(不含 Private 元素)-->
                <FCDA bType="INT32"desc="保护电流 A 相 AD1"……>
                <!--若 FCDA 按 DO.DA 建模,提取规则与 GOOSEPUB 相同: bType 属性是 SV 发
送虚端子的数据类型,desc 属性是 SV 发送虚端子的描述,除 bType 属性外,FCDA 元素的其他属性在 CRC
校验码计算时应剔除-->
```

```
                    <intAddr desc="A 相电流" name="1-A:……">
                    <!--订阅的 FCDA 元素下应包含所关联的 intAddr 元素，intAddr 元素的
name 属性是 SV 接收虚端子，即 ExtRef 元素的 intAddr 属性，desc 属性是 SV 接收虚端子的描述，在
CRC 校验码计算时应剔除 desc 属性-->
                        <DAI ……>
                        <!--intAddr 元素下应包含所关联的 DAI 元素，DAI 元素中一般应包
含 sAddr 属性，表征内部参量的引用名；订阅相同的 FCDA 元素连接到多个不同的内部地址(intAddr)，
在 FCDA 元素下应依次包含多个 intAddr 元素-->
                <FCDA bType="Quality"desc="保护电流 A 相 AD1"……>
                    <intAddr desc="A 相电流" name="1-A:……">
                        <DAI ……>
                        ……
                <FCDA desc="保护电流 A 相 AD1"……fc="MX"……>
                <!--若 FCDA 按 DO 建模，提取规则应为：FCDA 元素中无 bType 属性；desc 属
性是 SV 发送虚端子的描述；FCDA 元素的全部属性在 CRC 校验码计算时应剔除-->
                    <intAddr desc="A 相电流" nam="1-B:……">
                        <DOI ……>
                        <!--intAddr 元素下应包含所关联的 DOI 元素，不提取 dU 元素-->
                            <SDI>
                                <DAI ……>
                                <DAI ……>
                <FCDA desc="测量电流 A 相"……fc="MX"……>
                    <intAddr desc="" name="NULL">
                    <!--未订阅的 FCDA 元素下也应包含 intAddr 元素，其 name 属性为
NULL，desc 属性为空字符-->
        <SMVCBref ……>
        <!--外部 SMVCBn 路径名-->
```

6. CRC（校验码）元素

CRC 元素是按一定规则计算的 CCD 文件 CRC 校验码信息，在导出 CCD 文件时添加。CRC 元素的格式定义参见清单 3-14。

清单 3-14 如下：

```
<CRC id="0123ABCD" timestamp="1970-01-01 08:00:00"/>
```

若 GOOSEPUB、GOOSESUB、SVPUB、SVSUB 元素都不存在，则无 CRC 元素；计算 CCD 文件 CRC 校验码时不包含 CRC 元素；CRC 元素的 id 属性是按规则计算生成的 32 位 CRC 校验码字符串；“timestamp”属性是生成校验码时刻的本地时间戳（UTC+8），时间格式为“YYYY-MM-DD hh:mm:ss”。

五、SCD 配置工具使用实例

SCD 配置的流程和步骤详见附录 A。

六、CID/CCD 配置文件下装操作实例

CID/CCD 配置文件下装操作实例见附录 B。

第二节　SCL 配置文件测试

配置文件测试源于调试现场的实际需求。在智能变电站工程调试中，IED 的 IEC 61850

通信服务程序一般不做改动，而 IEC 61850 配置文件要在不同厂商之间交换配置信息，经历系统集成商统一组态、装置制造商导出、下载到装置等多个过程。由于各种人为因素有可能出现各种错误，再加上配置文件语法复杂，信息量大，很容易出现一系列的合法性和规范性问题。如果配置文件中的问题无法被及时发现，将直接影响智能变电站的调试进度及投运后的正常运行。

如对于继电保护及相关装置来说，采样虚端子回路、出口跳闸虚端子回路等重要的配置信息都由配置文件定义。如果继电保护装置的出口 GOOSE 虚端子连线错误，则有可能造成保护误跳闸。如果该装置 GOOSE 的 MAC 地址错误或与其他装置的 MAC 地址重复，则该装置的 GOOSE 接收或发布就容易出现问题。如果测试使用的 SCD 文件和保护装置使用的 SCD 文件不是同一个版本，则数字保护测试仪的输出有可能无法被保护装置接收，从而影响调试工作的效率和质量。

一、配置文件测试流程

配置文件测试又称为“模型测试”或“模型校验”，主要依据两个标准，一是 IEC 61850 标准，定义了配置文件的语法结构和装置建模的基本要求；二是国家电网公司颁布的《IEC 61850 工程继电保护应用模型》Q/GDW 1396，规定了模型中可使用的数据类型及其定义，并规定了对象命名原则。

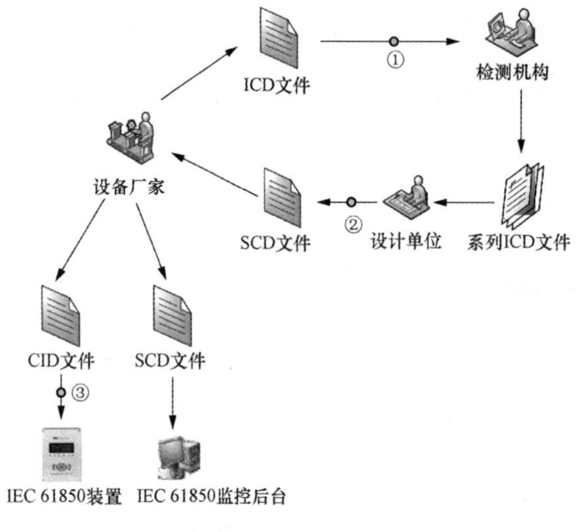

图 3-13 规范化的配置文件测试流程

规范化的配置文件测试流程如图 3-13 所示，分为 3 个校验时间节点进行（图中红色小圆圈代表信息模型校验节点）：

（1）校验节点①，应开展 ICD 文件标准化测试、工程应用模型规范化校验以及不同 ICD 模型文件之间的一致性校验，其目的在于检查待测装置的信息模型及其配置文件是否符合 IEC 61850 标准以及国网公司相关规范的规定和要求。

（2）校验节点②，应开展 SCD 文件标准化校验、工程应用模型规范化校验以及同一工程不同类型模型文件的一致性校验。

（3）校验节点③，应开展模型动态校验、同一工程不同类型模型文件的一致性校验，检查下载到待测装置中的实际模型信息是否与 SCD 文件的定义一致。

配置文件测试（模型校验）项目有多种分类方法，既可以分为语法规则检验、模型静态检验和模型动态检验，也可以划分为 IEC 61850 标准化测试、国内工程应用模型规范化测试、模型动态测试、不同 ICD 文件之间的一致性测试，同一工程不同类型配置文件一致性测试等。

（1）IEC 61850 标准化测试的主要目的是检验装置配置文件及通信服务的实现是否与 IEC 61850 标准中的规定一致，从源头上把关装置的标准化，为各厂家装置之间实现互操作做好基础，提高同一标准下不同厂家装置之间互联成功的概率。该项目是 IEC 61850 一致性测试的一部分。

（2）国内工程应用模型规范化测试是检查配置文件及装置建模是否符合国网公司《IEC 61850 工程继电保护应用模型》Q/GDW 1396、《继电保护信息规范》Q/GDW 11010、《1161 路保护及辅助装置标准化设计规范》Q/GDW 1161、《变压器、高压并联电抗器和母线保护及辅助装置标准化设计规范》Q/GDW 1175、《基于 DL/T 860 标准的变电设备在线监测装置应用规范》Q/GDW 616、《智能变电站信息模型及通信接口技术规范》Q/GDW 695、《变电站一体化监控系统测试及验收规范》Q/GDW 1875 等规范的要求，促进各厂家装置信息建模的标准化、规范化，实现不同厂家、不同装置（或系统）之间的互操作。

（3）模型动态测试是检查下载到装置中的实际配置信息是否与 SCD/CID 文件一致，分为站控层校验和过程层校验两部分内容。

站控层校验，校验软件通过站控层 MMS 通信服务接口联机获取待测装置的动态模型和数据，将获取的动态模型和数据与离线的 CID/SCD 模型和数据进行比对，从而检查两者的一致性。

过程层校验，通过报文分析记录装置或测试仪跟踪记录 IED 发出的 GOOSE/SV 报文，分析各项报文参数是否与 SCD 文件内的预配置信息一致。针对输入虚端子，通过测试仪解析 SCD 文件生成 GOOSE/SV 报文并发送到 IED，观察 IED 的动作行为判断配置是否正确。

（4）不同 ICD 文件之间的一致性校验是指 ICD 文件之间的一致性校验，检查不同 ICD 文件的扩展数据、数据类型模板是否一致，其目的在于减少不同厂家之间建模不统一引起的数据类型冲突，避免因各种数据类型冲突导致的实施困难，保证工程应用中 SCD 集成配置时顺利导入 ICD 文件。

（5）同一工程不同类型配置文件一致性校验，用于检查同一工程应用中的 ICD、SSD、SCD、CID 这几种配置文件的模型信息是否满足相互之间的内容一致性要求，其目的是检查不同厂家之间是否严格按照图 3-2 中的工程配置流程来进行工程实施，保证工程配置流程中各个环节配置文件的同源性。

二、各类配置文件测试项目

1. ICD 文件测试

ICD 文件的测试项目包括 IEC 61850 标准化测试和国内工程应用模型规范化测试，一般由行业内专业检测机构开展。专业检测机构开展的 ICD 文件标准化测试是 IEC 61850 一致性测试的一部分，要求使用经过认证的测试工具。

ICD 文件通过全部检测项目后，由专业检测机构发布检测合格的 ICD 模型文件。当已经通过检测的设备型号未来进行程序版本升级而涉及信息模型变更时，设备厂家应向检测机构重新提交 ICD 模型文件检测。已经由专业检测机构发布的通过一致性测试的 ICD 文件在实际工程调试阶段可以不再进行重复测试。

2. SCD 文件测试

SCD 文件测试项目包括 IEC 61850 标准化测试、国网工程应用模型规范化测试、模型动态测试、同一工程不同类型模型文件的一致性校验。

设计单位负责收集汇总各厂家 ICD 文件，并负责生成初版 SCD 文件。开展集成联调前，设计单位将 SCD 文件交付系统集成调试单位。联调过程中，如 SCD 文件发生变更，系统集成调试单位配合修改 SCD 文件，变更后的 SCD 模型文件须经设计单位确认。调试单位应对变更后的 SCD 文件重新进行校验，并生成变更记录。完成全部调试项目后，调试单位对工程

SCD 模型文件进行全面校验。

3. CID 文件测试

CID 文件从 SCD 文件中导出，并被下载到实际装置中。CID 文件测试的主要目的是确保下载到装置中的实际 CID 配置信息与 SCD 文件一致，以杜绝单装置厂家绕过系统集成商私自修改生成 CID 文件的行为。

CID 文件测试项目主要包括模型动态校验、同一工程 CID 文件与 SCD 文件的一致性校验。

三、测试结果级别划分

配置文件测试结果应按问题严重性进行级别划分，划分为错误（E）、警告（W）、提醒（R）三种，划分原则如下：

（1）模型问题属于与标准、规范明显不符或配置不一致等，应视为错误。

（2）模型问题属于某种程度内可接受但存在未知风险，比如不同标准版本数据类型定义不一致引起的兼容性问题、数据模板重复定义引起的潜在冲突等，应视为警告。

（3）模型问题属于模型信息存在冗余、扩展或自定义等，不影响通信互操作，应视为提醒。

四、配置文件测试项目

下面按照语法规则检验、静态检验和动态检验的分类介绍配置文件测试的项目。

1. 语法规则检验

语法问题分为 XML 语法错误（配置文件不符合 XML 文件格式）和 SCL 语法错误（配置文件不符合 IEC 61850—6 XML schema 的规定）。

IEC 61850 标准语法规则 SCL Schema 共包括 8 个 XML Schema 文件，用于定义 SCL 配置文件的结构，其内容包括定义出现在 SCL 模型文档中的元素、属性及其数据类型、元素之间的层次关系，从而保证配置信息交互格式统一规范（见表 3-1）。

表 3-1 SCL Schema 文件

文件名	描述
SCL.xsd	主 SCL 模式语法定义，定义每个 SCL 文件的根元素
SCL_Enums.xsd	所用可扩展标记语言模式枚举
SCL_BaseSimpleTypes.xsd	被其他部分所用的基本简单类型
SCL_BaseTypes.xsd	被其他部分所用的基本复杂类型定义
SCL_Substation.xsd	变电站有关语法定义
SCL_Communication.xsd	通信有关语法定义
SCL_IED.xsd	智能电子设备有关语法定义
SCL_DataTypeTemplates.xsd	数据类型样本有关语法定义

具体校验内容如下：

（1）模型文档应符合 XML 格式规范，起始标签和结束标签应当匹配。

（2）模型文档中具有唯一性要求的元素必须满足唯一性要求。

（3）模型文档中命名大小写应规范一致，属性名以小写字母开头，元素名以大写字母开头。

（4）元素应当正确嵌套，SCL 模型中每一层嵌套关系应严格符合标准中的规定。

（5）每个元素包含的属性名具有唯一性，不允许重复。

（6）元素有可选属性和必选属性区分，必选属性在模型文档中不可缺失。

（7）在 SCL 标准命名空间下，每一个元素的属性是固定的，不能任意添加其他属性；若需其他私有属性，应定义新的命名空间。

（8）元素内容和属性值不应超过标准的范围约束（包括长度、枚举、正则表达式等约束）。

2. 静态检验

（1）数据类型模板一致性检查。

本项校验内容依据《电力自动化通信网络和系统　第 7-3 部分：基本通信结构公用数据类》DL/T 860.73—2013、《电力自动化通信网络和系统　第 7-4 部分：基本通信结构　兼容逻辑节点类和数据类》DL/T 860.74—2014，对 SCL 模型文件的数据类型模板进行标准一致性检查，适用于 ICD、CID、SCD 模型文件。具体的校验内容见表 3-2。

表 3-2　数据类型模板一致性检查

序　号	测 试 项 目
1	检查标准 LNodeType 的强制（或条件强制）DO 是否存在（E）
2	检查标准 LNodeType 是否存在扩展的 DO 类型（R）
3	标准 LNodeType 的继承性扩展 DO 的数据类型是否与已有标准 DO 数据类型一致（W）
4	检查标准 LNodeType 的扩展 DO 命名空间是否存在或冲突（E）
5	检查标准 LNodeType 的标准 DO 顺序是否正确（E）
6	检查标准 LNodeType 的标准 DO 的数据类型是否正确（E）
7	检查标准 LNodeType 的扩展 DO 与其他 DO 是否冲突（E）
8	检查扩展 LNodeType 的命名空间是否存在（E）
9	检查是否存在扩展的 LNodeType（R）
10	检查扩展 LNodeType 中强制的基本 DO 是否存在（E）
11	检查是否存在扩展的 CDC 类型（R）
12	检查是否存在扩展的 CDC 类型（R）
13	检查扩展 CDC 类型的 cdcNs 和 cdcName 属性是否存在（E）
14	检查 DOType 的强制 DA 元素是否存在（E）
15	检查 DOType 的标准 DA 元素顺序是否正确（E）
16	检查 DOType 的数据类型是否正确（E）
17	检查是否存在扩展 DA（R）
18	检查 DAType 的强制 BDA 元素是否存在（E）
19	检查 DAType 的 BDA 元素顺序是否正确（E）
20	检查 DAType 的数据类型是否正确（E）
21	检查是否存在扩展的 BDA（R）
22	检查标准 EnumType 的类型和值是否正确（E）
23	检查是否存在扩展的 EnumType（R）

（2）数据类型模板重复定义检查。

本项校验内容检查 SCL 模型中数据类型模板<DataTypeTemplates>定义的各种数据类型是否存在内容相同、命名不同的情况。若存在，说明该数据类型模板被重复定义，应进行合并。本校验内容适用于 ICD、CID、SCD 模型文件的检查。具体的校验内容见表 3-3。

表 3-3 数据类型模板重复定义检查

序　号	测 试 项 目
1	LNodeType 是否存在重复定义（W）
2	DOType 是否存在重复定义（W）
3	DAType 是否存在重复定义（W）
4	EnumType 是否存在重复定义（W）

（3）数据类型模板引用检查。

本项校验内容检查 SCL 模型中<DataTypeTemplates>元素内定义的各种数据类型模板是否被模型中其他部分的内容引用，若未被引用，说明该数据类型模板是冗余的。本项校验内容适用于 ICD、CID、SCD 模型文件的检查。具体的校验内容见表 3-4。

表 3-4 数据类型模板引用检查

序　号	测 试 项 目
1	LNodeType 是否被逻辑节点实例引用（W）
2	DOType 是否被 DO 或 SDO 对象引用（R）
3	DAType 是否被 DA 属性引用（R）
4	EnumType 是否被 DA 属性引用（R）

（4）数据集、控制块配置的一致性检查。

本项校验内容检查模型文件中的数据集、控制块配置是否符合内部一致性原则，适用于 ICD、CID、SCD 模型文件的检查。具体的校验内容见表 3-5。

表 3-5 数据集、控制块配置的一致性检查

序　号	测 试 项 目
1	数据集配置的<FCDA>非空的属性值是否指向模型中已存在的数据对象和数据属性（E）
2	数据集配置的<FCDA>实际个数是否小于或等于<ConfDataset>的 maxAttributes 属性值（E）
3	数据集<DataSet>实际个数是否小于或等于<ConfDataset>的 max 属性值（E）
4	报告控制块<ReportControl>实际个数是否小于或等于<ConfReportControl>的 max 属性值（E）
5	日志控制块<LogControl>实际个数是否小于或等于<ConfLogControl>的 max 属性值（E）

（5）模型数据对象实例化配置检查。

本项校验内容检查模型中的实例化对象、实例值与数据类型模板定义的一致性，适用于

ICD、CID、SCD 模型文件的检查。具体校验内容见表 3-6。

表 3-6 模型数据对象实例化配置检查

序 号	测 试 项 目
1	实例化配置 DOI/SDI/DAI 的对象索引是否与数据类型模板定义的数据对象结构一致（E）
2	实例化配置 DOI/SDI/DAI 的实例值是否与数据类型模板定义的该数据对象的数据格式、数据范围一致（E）

（6）通信参数和命名的一致性检查。

本项校验内容检查模型文件中的 IED 通信参数和有关命名是否符合内部一致性原则，若无特别说明，适用于 ICD、SCD、CID 模型文件的检查。具体的校验内容见表 3-7。

表 3-7 通信参数和命名的一致性检查

序 号	测 试 项 目
1	<Communication>下<ConnectedAP>的 apName 属性值是否指向已存在的 IED 访问点（E）
2	<Communication>下<ConnectedAP>的 iedName 属性值是否指向已存在的 IED（E）
3	<Communication>下<GSE>的 cbName、ldInst 属性值是否指向已存在的 IED 控制块（E）
4	<Communication>下<SMV>的 cbName、ldInst 属性值是否指向已存在的 IED 控制块（E）
5	SCD 文件中<Communication>下<GSE>的 MAC-Address 的值是否全局唯一（E）
6	<Communication>下<SMV>的 APPID 的值是否为 4 位 16 进制值，是否在 4000～7FFF 取值范围内且不可为 0（E）
7	<Communication>下<GSE>的 APPID 的值是否为 4 位 16 进制值，是否在 0000 到 3FFF 取值范围内（E）
8	<Communication>下<SMV>和<GSE>的 VLAN-ID 是否为 3 位 16 进制值（E）
9	模型中配置的<AccessPoint>元素和<Server>元素是否一一对应（E）
10	SCD 文件中 IED 的 IP 地址是否全局唯一（E）
11	SCD 文件中 IED 的命名是否全局唯一（E）
12	SCD 文件中<GSEControl>的 appID 的值、<SampledValueControl>的 smvID 的值是否全局唯一（E）
13	ICD 文件中 IED 命名是否为“TEMPLATE”（E）

（7）虚端子连线配置检查。

本项校验内容检查 SCD 模型文件中 GOOSE、SV 虚端子连线配置的对象索引是否有效、数据类型是否一致或兼容，适用于 SCD 模型文件的检查。具体的校验内容见表 3-8。

表 3-8 虚端子连线配置检查

序 号	测 试 项 目
1	SCD 文件中 GOOSE 虚端子连线的对象索引是否有效（E）
2	SCD 文件中 GOOSE 虚端子连线的对象数据类型收发双方是否一致或兼容（E）
3	SCD 文件中存在 GOOSE 订阅关系的虚端子，对应 GOOSE 发送控制块的通信参数配置是否存在（E）
4	SCD 文件中 SV 虚端子连线的对象索引是否有效（E）

续表 3-8

序　　号	测 试 项 目
5	SCD 文件中 SV 虚端子连线的对象数据类型收发双方是否一致或兼容（E）
6	SCD 文件中存在 SV 订阅关系的虚端子，对应 SV 发送控制块的通信参数配置是否存在（E）

（8）工程应用模型规范化校验。

1）应用类装置建模实例标准化检查。

本项校验内容依据 Q/GDW 1396、Q/GDW 616 和 Q/GDW 695 等规范对不同应用类装置的建模规范化要求对模型文件中的逻辑设备、逻辑节点实例进行标准化校验，适用于 ICD、CID、SCD 模型文件。具体的校验内容见表 3-9。

表 3-9　应用类装置建模实例标准化检查

序　　号	测 试 项 目
1	模型中 IED 的逻辑设备是否符合规范应用类装置的逻辑设备建模的原则和要求（E）
2	模型中 IED 的逻辑节点实例是否符合规范应用类装置逻辑节点类实例化建模的原则和要求（E）

2）数据类型模板一致性检查。

本校验内容依据有关模型规范定义的数据模板（参见 Q/GDW 396 附录 A、附录 B、附录 C、附录 D；Q/GDW 616 附录 A、附录 B；Q/GDW 695 附录 A、附录 B、附录 C、附录 D），检查模型中的数据类型模板是否符合规范定义的统一逻辑节点类和扩充公共数据类要求。具体的校验内容如见 3-10。

表 3-10　数据类型模板一致性检查

序　　号	测 试 项 目
1	LNodeType 的内容是否符合规范的范围（W）
2	DOType 的命名和内容是否与规范完全一致（E）
3	DAType 的命名和内容是否与规范是否完全一致（E）
4	EnumType 的命名和内容是否与规范是否完全一致（E）

3）工程配置规范化检查。

本校验内容依据有关模型规范对工程化配置的要求，检查模型文件的配置内容是否正确，适用于 ICD、CID、SCD 模型文件的检查。具体的校验内容见表 3-11。

表 3-11　工程配置规范化检查

序　　号	测 试 项 目
1	逻辑节点实例的前缀命名是否符合规范中的命名要求（E）
2	逻辑设备、访问点、数据集和报告的命名是否符合规范中的命名要求（E）
3	LD 和 LN 实例的“desc”属性值是否非空（E）
4	实例化 DOI 元素的“desc”属性值与“dU”属性值是否非空且两者一致（E）
5	GOOSE 和 SV 配置的<ExtRef>内部 intAddr 的值是否符合规范中的命名格式要求，规范格式应为“LD/LN.DO.DA”（Q/GDW396—2009）或“n—A:LD/LN.DO.DA”（Q/GDW396—2012）（E）

续表 3-11

序号	测试项目
6	GOOSE 和 SV 配置的<ExtRef>内部 intAddr 的值在 IED 范围内是否唯一（E）
7	<Communication>下<SubNetwork>的子网命名是否符合规范中的命名要求（W）
8	<Communication>下<PhysConn>配置的物理端口插头类型、端口号、接口类型等是否符合规范中的命名要求（E）
9	数据集配置的<FCDA>实际个数是否小于或等于<ConfDataset>的 maxAttributes 属性值，且不超过 256（E）
10	模型中定值实例化内容是否包含相关数据属性如“units”、“stepSize”、“minVal”和“maxVal”等配置实例（R）
11	SCD 文件中是否存在 IED 过程层虚端子 CRC32 校验码和全站过程层虚端子 CRC32 校验码（R）
12	SCD 文件中的 IED 过程层虚端子 CRC32 校验码和全站过程层虚端子 CRC32 校验码是否正确（R）

4）同一工程不同类型模型文件的一致性检查。

本校验内容用于检查同一工程应用中的 ICD、SSD、SCD、CID 这几种模型文件的模型配置信息是否满足相互之间的内容一致性要求，保证工程模型配置流程中各个环节模型文件的同源性。具体内容见表 3-12。

表 3-12 同一工程不同类型模型文件的一致性检查

序号	测试项目
1	SCD 文件与 ICD 文件的相关内容是否一致（E）： SCD 文件中数据类型模板<DataTypeTemplates>应包含 ICD 文件中定义的全部数据类型 SCD 文件中指定 IED 的逻辑设备<LDevice>、逻辑节点<LN>等模型节点的定义内容（desc 属性值、DOI/SDI/DAI 的配置内容除外）应与 ICD 文件中对应的内容应保持一致
2	SCD 文件与 CID 文件的相关内容是否一致（E）： SCD 文件中数据类型模板<DataTypeTemplates>应包含 CID 文件中定义的全部数据类型 SCD 文件中通信<Communication>下指定 IED 的访问点<ConnectedAP>的内容、<IED>的内容（包括实例化配置 DOI/DAI/SDI 和虚端子配置信息等）应与 CID 文件中对应的内容应保持一致
3	SCD 文件与 SSD 文件的相关内容是否一致（E）： SSD 文件中变电站接线图拓扑部分定义的内容如<VoltageLevel>、<PowerTransformer>、<Voltage>、<Function>等与 SCD 文件中的变电站配置<Substation>下的对应内容应保持一致 SSD 文件中有关一、二次 LN 节点关联部分实例化信息与 SCD 文件中<IED>实例化模型信息应保持一致

3. 动态检验

本校验内容通过 IEC 61850 通信服务接口联机获取运行装置的动态模型和数据，将获取的动态模型和数据与离线的 CID/SCD 模型和数据进行比对，确保两者的一致性。具体的校验内容见表 3-13。

表 3-13 模型动态校验

序号	测试项目
1	比对两者模型中各个数据对象是否完全一致（E）
2	比对两者模型中各个数据属性的数据类型是否完全一致（E）

续表 3-13

序　　号	测 试 项 目
3	比对两者模型中数据集是否完全一致（E）
4	比对两者模型中实例化数据属性初始值是否完全一致（E）

第三节　配置文件比对与虚回路校核

SCL 文件本身具有结构性、自描述性的特点，是贯穿设计、组态配置、调试、运行维护全过程的重要技术资料。目前在智能变电站实际工程调试中，由于装置程序不断升级、设计经常出现变更、用户提出地方性特殊需求等各种原因，修改装置模型、更换配置文件的现象仍然存在。如果管理失控会造成配置文件版本众多，内容混乱。另外，还有的单装置厂商私自修改 ICD 生成 CID 文件，造成下载到装置中的 CID 文件和导入后台系统中的 SCD 文件信息版本不一致，最终导致信号错位、通信服务访问出错等问题。因此在变电站调试过程中需要对各装置的配置文件及时存档，必要时从现场装置中召回配置文件。如图 3-14 所示，将存档的配置文件和召回的配置文件进行比对，检查是否存在差异。

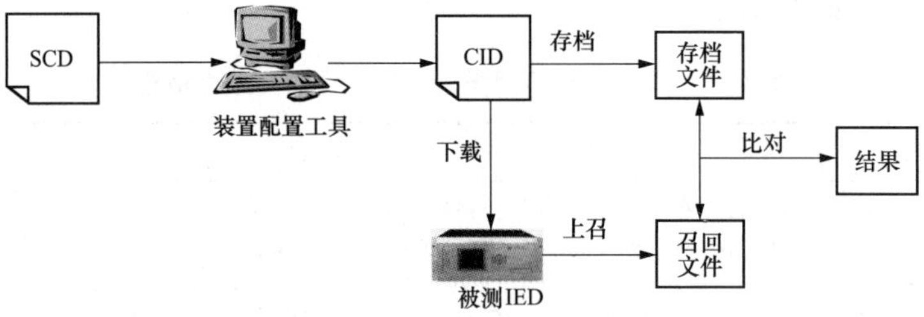

图 3-14　配置文件比对流程

另一方面，在智能变电站改扩建工程中，需要将新增加 IED 的 ICD 文件导入旧版本 SCD 文件中，在旧版本 SCD 文件基础上修改，在此过程中应确保新导入的 ICD 文件不会对旧版本 SCD 中原有的部分造成破坏，因此同样需要检查新旧版本 SCD 文件差异，审核是否误修改了与扩建部分无关的运行设备的配置参数，保证 SCD 文件的的修改与实际改扩建设备的一致性。

比对、检查修改前后两个版本配置文件的差异是智能变电站工程调试中经常进行的工作。在实际操作时，调试人员需要使用软件工具来完成此项工作。如厂家更改 ICD 文件后，利用软件工具比对 ICD 文件的更改内容，如果过程层部分的配置没有变动，在 SCD 文件中可以仅替换本类型 IED 的站控层部分模型，随后的试验可对更改的部分有针对性地开展，这解决了由于 ICD 文件频繁更换导致的调试周期长的问题。

一、配置文件文本比对软件

常用的软件有文本比对软件 Beyond Compare，如图 3-15 所示。

Beyond Compare 软件操作界面及使用方法比较简单，软件打开后，在弹出的图 3-16 所示的对话框中，分别选择待比对的两个版本的配置文件，然后点击“OK”按钮即可。

Beyond Compare 软件比对结果输出界面如图 3-16 所示，红色字体代表有差异的配置文件文本。Beyond Compare 软件采用逐字符比较的方式，优点是两个版本配置文件的任何差异细节软件均能准确显示，是现场调试人员进行配置文件比对、管控的有力助手。但是由于配置文件本身语法复杂、可读性不强，利用 Beyond Compare 软件文本比对难以清晰化、结构化地显示配置文件的差异。另一方面，高电压等级变电站 IED 数量多（含有上百个 IED），而且 SCD 配置文件容量相当大（例如含有几百个 IED 元素），利用文本符比较软件对各个配置文件逐一进行比对存在效率低、易出错的问题。

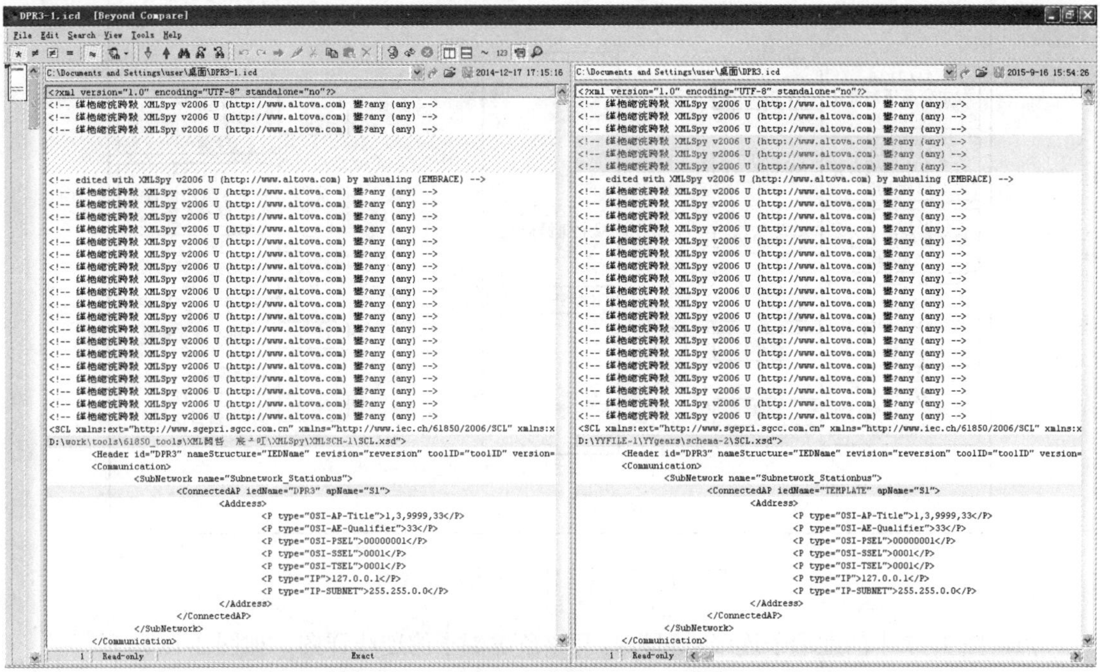

图 3-15　Beyond Compare 文本比对软件

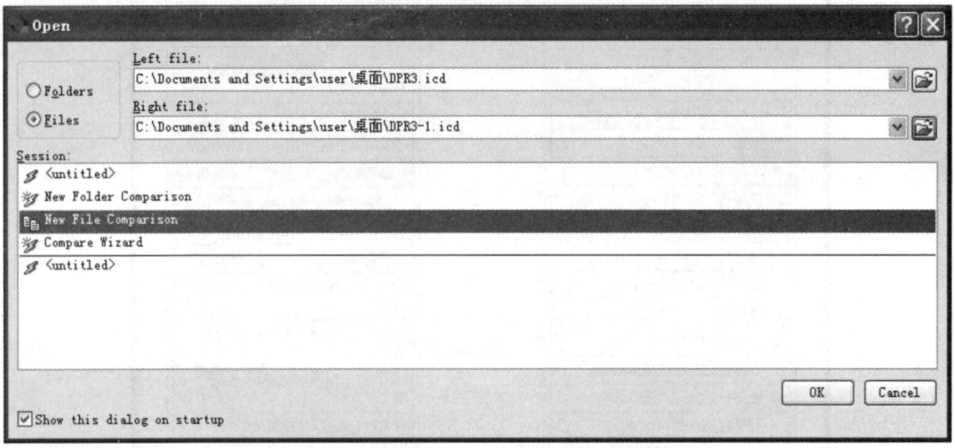

图 3-16　Beyond Compare 软件操作界面

基于上述原因，SCL 配置文件的可视化、图形化比对成为发展趋势，也成为行业内的迫切需求。

二、配置文件可视化比对软件

SCD 配置文件可视化软件能够将 SCD 文件中描述的信号关系通过各种直观的虚拟二次

回路图进行展示，完成抽象且不易理解的 SCL 语言到清晰直观的图形转化，实现变电站内智能装置之间的互操作关系能够被清晰、直观地展示。

目前市场上已经出现了多种 SCL 可视化软件。如图 3-17 所示是一款 SCD 文件可视化软件的截图，该软件能够以图形化方式表达 IED 之间的虚端子连接信号并实现画面导航。

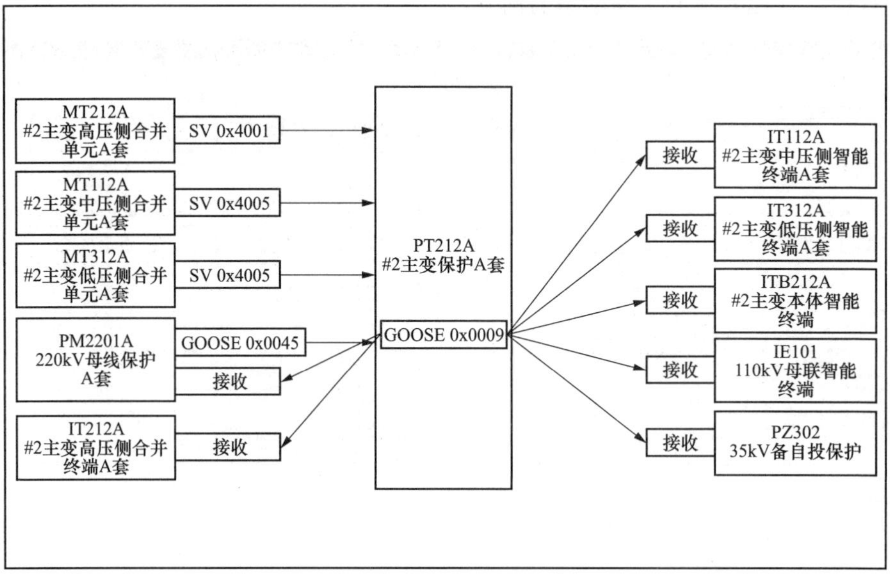

图 3-17　配置文件可视化软件截图

点击图 3-17 中的虚端子连线，可以打开该条虚端子的连线详图，如图 3-18 所示。

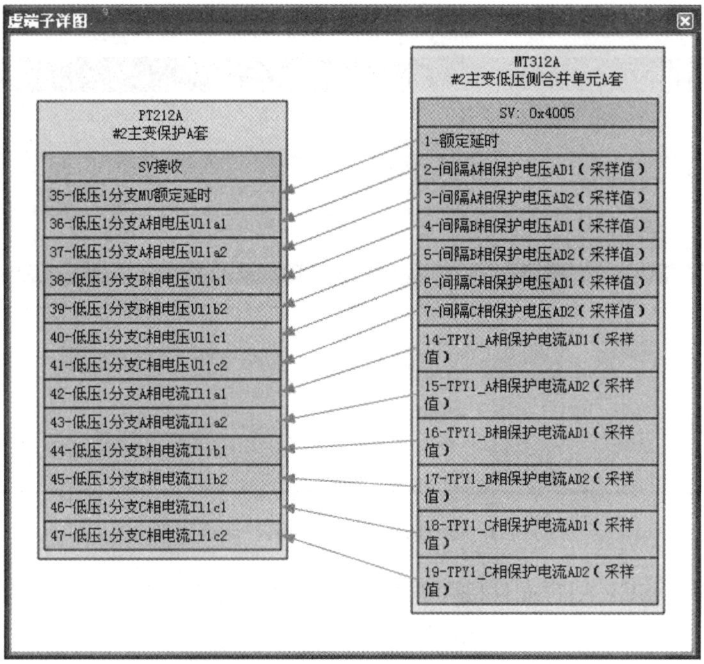

图 3-18　配置文件虚端子详图

在 SCD 文件可视化的基础上，可以增加比对模块实现 SCD 文件图形化比对功能，如图 3-19 所示。

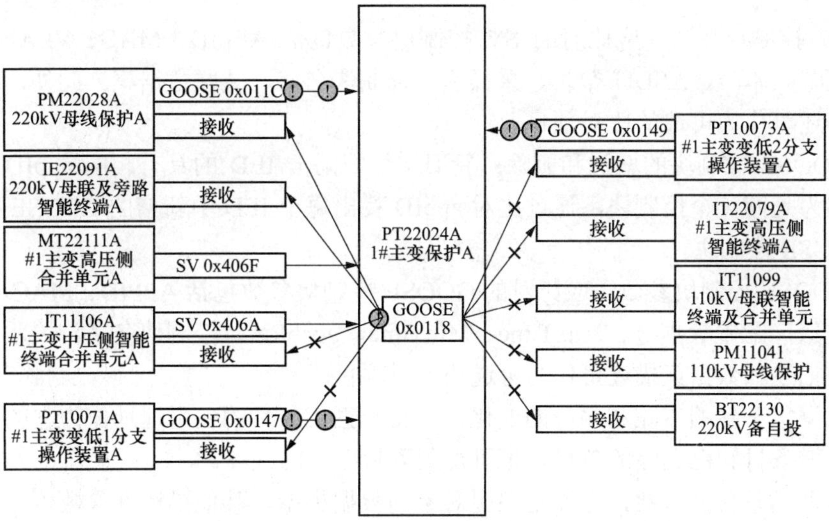

图 3-19 图形化 SCD 文件比对软件

导入一个基准的 SCD 文件，再导入一个待比对 SCD 文件，比对模块可以输出两个版本 SCD 文件的差异，以不同的标注符号显示结果。各符号所代表含义见表 3-14。

若 SCD 文件发生改变，只需对带有标注的 IED 设备进行测试即可，未带有标注设备未发生变化，不需要重新测试。

表 3-14 各符号含义说明表

符号	说明	备注
	新增 IED 设备	第一版 SCD 文件无此 IED 设备，待比较 SCD 文件中新增此 IED，有 CRC 校验码，常用于变电站扩建新增间隔
	无效 IED 设备	待比较 SCD 文件有此 IED 设备，但校验码无效，常用于已有 IED 设备停运，无法读取该 IED 设备 CID 文件
	校验码错 IED 设备	待比较 SCD 文件与第一版 SCD 文件比对，其校验码不一一致
	SV 或 GOOSE 控制块变化	表示该 IED 设备中 SV 或 GOOSE 控制块有变化

详细的配置文件对比项目如下：

（1）IED 增加和删除：IED 的“name”属性作为 IED 的全局标识必须是全站唯一的，如果在新文件中发现某个 IED 的“name”属性在旧文件中不存在，该 IED 应视为新增 IED。反之，在旧文件中发现某个 IED 的“name”属性在新文件中不存在，该 IED 应视为已删除的 IED。

（2）IED 参数：IED 的描述、设备型号、厂家等参数对虚端子连线影响大的，可以作为可选的比对项目，默认时不进行比对。

（3）SV 控制块的增加和删除：新旧文件中同一 IED 的具有相同 smvID 的 SV 控制块被认为是同一个 SV 控制块，通过比对 smvID 找出每个 IED 中新增的 SV 控制块和已删除的 SV 控制块；

（4）SV 控制块参数：应比对的 SV 控制块参数包括 APPID、MAC、VLANID、VLAN 优先级、配置版本号、ASDU 数目、采样率、控制块名字，关联数据集。此外，控制块描述和数据集描述可作为可选的比对项目。

（5）GOOSE 控制块的增加和删除：新旧文件中同一 IED 的具有相同 appID 的 GOOSE 控制块被认为是同一个控制块，通过比对 appID 找出每个 IED 中新增的 GOOSE 控制块和已删除的 GOOSE 控制块。

（6）GOOSE 控制块参数：应比对的 GOOSE 控制块参数包括 APPID、MAC、VLANID、VLAN 优先级、配置版本号、MaxTime、MinTime、gocbRef、控制块名字，关联数据集。此外，控制块描述和数据集描述可作为可选的比对项目。

（7）数据集条目的增减和序号的变化：可将数据集条目的参引地址作为它的标识，可根据它找出新增条目和已删除的条目，也可得到条目序号的改变。

（8）数据集条目的参数：主要是参引对象的数据类型，其他描述性参数可作为可选比对项目，比如 LN 的描述，DOI 的描述等。

（9）数据输入的增减：根据数据输入（Inputs 节点）的地址，找出新增的数据输入和已删除的数据输入。数据输入的地址组成为“访问点/逻辑设备/逻辑节点”。

（10）外部引用的增减和条目序号的改变：新旧文件中同一数据输入的具有相同内部短地址的外部引用被认为是同一个外部引用，通过比对内部短地址可找出新增条目和已删除的条目，也可得到条目序号的改变。

（11）外部引用的外部地址：外部地址描述了引用的是哪个 IED 的哪个 SV/GOOSE 的哪个数据集条目，这对建立虚端子连线至关重要。

对以上各项目进行勾选，设置是否参与 SCD 文件的比对，设置界面如图 3-20 所示。

图 3-20　比对项目设置

分 4 个层次进行比对并业显示比对结果，包括 IED 设备层、IED 关联图层、虚端子图层、虚端子表层。同时采用图标对比对结果进行，分类与表示：

“✚”标示新增项，表示旧文件中不存在而新文件中存在的项目。比如新增 IED、新增 SV/GOOSE 控制块、新增数据集条目等。

“✖”标示删除项，表示旧文件中存在而新文件中不存在的项目。比如被删除的 IED、SV/GOOSE 控制块等。只能在旧文件标签页中查看已删 IED 的虚端子连线图。

“❗”标示修改项，表示新旧文件中都存在但有修改的项目。比如新旧文件中都有 IED “CG22002”，但该 IED 的“GOOSE 发送”和“数据输入”都有变化。

虚端子图层比对：点击关联图中的连线，可弹出虚端子图，如图 3-21 所示。对发生变化的虚端子进行标注显示。

虚端子表层比对：如图 3-22 所示，以虚端子表的方式，显示所选 IED 设备的 SV 发送、GOOSE 发送、SV 接收，GOOSE 接收等详细比对信息，包括虚端子的增减、APPID、MAC 地址、数据集条目、DOI.DU，外部引用地址的变化等。

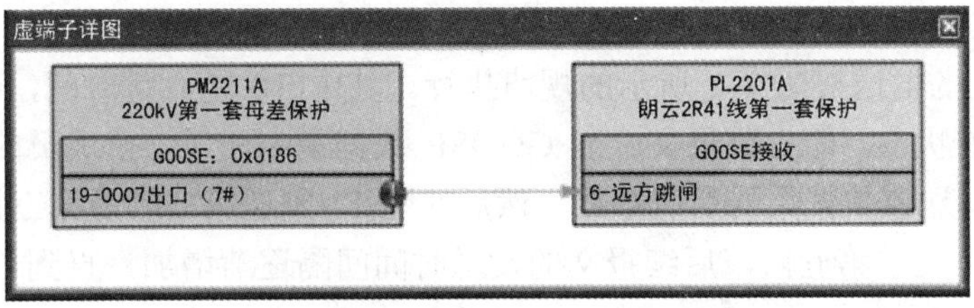

图 3-21 虚端子图比对

图 3-22 虚端子表比对示例

第四章　GOOSE、SV 技术介绍

第一节　GOOSE 技术介绍

GOOSE（Generic Object Oriented Substation Event）是面向通用对象的变电站事件的简称，它是 IEC 61850 中的一种快速报文传输机制，用于传输变电站内 IED 之间重要的实时性信号。

GOOSE 采用网络信号代替了常规变电站装置之间硬接线的通信方式，大大简化了变电站二次电缆接线，而且通过通信过程的不断自检，克服了传统电缆回路故障无法自动发现的缺点，实现了装置间二次回路监测的智能化。目前 GOOSE 通信机制在智能变电站中得到了广泛的应用，如保护、测控装置跳合闸命令的输出、不同保护之间的闭锁、启动失灵，监控系统不同间隔之间的联，闭锁等。

一、GOOSE 传输机制简介

GOOSE 报文的发送按图 4-1 所示的规律执行。其中 T0 是心跳时间，装置平时每隔 T0 时间发送一次当前状态，即心跳报文。当 GOOSE 数据集中任何一个成员的数据值发生变化时，装置会马上发送该数据集的所有数据，然后间隔 T1 发送第二帧及第三帧，间隔 T2 发送第四帧，间隔 T3 发送第五帧，后续报文的发送时间间隔逐渐增加，直到最后报文间隔恢复为心跳时间。

GOOSE 报文心跳时间间隔为图 4-1 中的 T0。按照国内 IEC 61850 实施规范的要求，报文允许生存时间（Time Allow to Live）为 2T0，如果接收端超过 2T0 时间内没有收到报文则判断报文丢失；在报文允许生存时间（Time Allow to Live）的 2 倍时间内没有收到下一帧 GOOSE 报文即判断为通信中断，判出中断后装置发出 GOOSE 断链报警。因此在通信过程中，GOOSE 通过不断自检实现了装置间回路通断的智能化监测，克服了传统电缆回路故障无法自动发现的缺点，提高了变电站二次回路的可靠性，因此具有推广应用的价值。

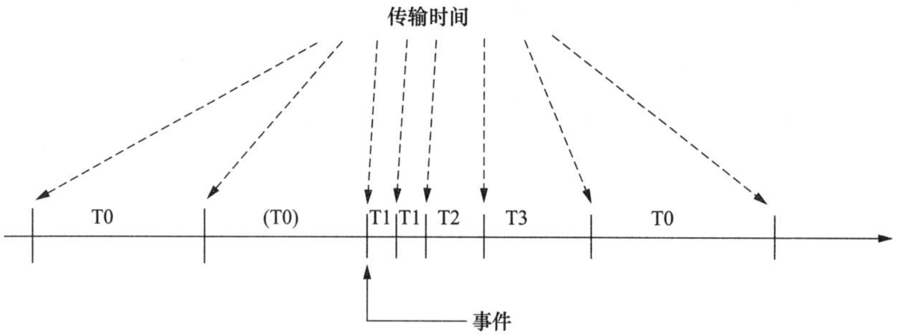

图 4-1　GOOSE 发送过程（一）

T0—稳定条件（长时间无事件）下重传；（T0）—稳定条件下的金额能被事件缩短

T1—时间发生后，最短的传输时间；T2，T3——直到获得稳定条件的重传时间

IEC 61850 第一版中对于 GOOSE 报文重发的具体时间间隔值和重发次数并没有做出明确说明。按照目前国内大部分工程实施的习惯，T0 一般设置成 5000ms，T1 设置成 2ms，T2 设置为 2 倍 T1 的时间（2×T1），T3 为 2 倍 T2 的时（2×T2）。所以变位报文的 4 次重传时间间隔为：第一次重传间隔 2ms，第二次重传间隔 2ms，第三次重传间隔 4ms，第四次重传间隔 8ms。经过四次重传后 GOOSE 报文恢复为心跳报文。

图 4-2 是利用 MMS Ethreal 软件捕获到的一组 GOOSE 报文。图 4-2 中从第 28 号直至第 316 号的 5 帧报文为心跳报文，相邻两个报文的时间间隔为 T0（5ms）。随后发生了事件变化，装置立即发送第一帧变位报文，即第 331 号报文。第一帧报文发出后装置以最短时间间隔 T1（2ms）快速重发两次变位报文，即第 332、333 号报文。在两次重发完成后，装置分别以 T2（4ms）和 T3（8ms）时间间隔发出第 334 号报文和第 335 号报文。之后 GOOSE 再次进入稳态传输过程，以 T0 时间间隔循环发送 GOOSE 心跳报文。

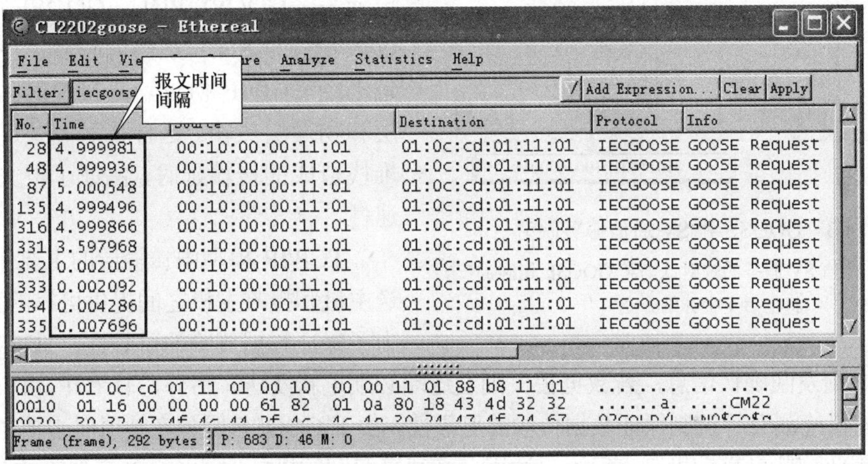

图 4-2　GOOSE 发送过程（二）

如图 4-2 所示，GOOSE 报文中携带有 StNum 参数和 SqNum 参数。StNum 为状态序号，用于记录 GOOSE 数据总共的变位次数。GOOSE 数据集成员的值每改变一次，StNum 加 1。SqNum 为顺序号，用于记录稳态情况下发出报文的帧数，装置每发出一帧 GOOSE 报文，SqNum 应加 1；当有 GOOSE 数据变位时，该值归 0，从头开始重新计数。因此 StNum 和 SqNum 值的变化有严格的规律。

表 4-1 是图 4-2 中十帧 GOOSE 报文的 StNum 和 SqNum 变化规律。表中从第 28 号至第 316 号的 5 帧报文为心跳报文，StNum 不变，SqNum 依次加 1。第 331 号报文为第一帧变位报文，StNum 加 1 变成“28”，SqNum 归 0，从头开始重新计数。如果没有 GOOSE 变位，后续报文会再次进入稳态传输过程，StNum 保持不变，SqNum 依次加 1。

表 4-1　状态号和序列号变化规律

序号	28	48	87	135	316	331	332	333	334	335
StNum	27	27	27	27	27	28	28	28	28	28
SqNum	238	239	240	241	242	0	1	2	3	4

二、GOOSE 通信的实现

1. GOOSE 服务的映射

采用 GOOSE 传输保护跳闸等重要的实时性报文，应满足继电保护“可靠性、速动性”的要求，因此 GOOSE 在 IEC 61850 中属于快速报文传输服务。IEC 61850 对 GOOSE 传输的实时性要求非常高，如规定 GOOSE 报文传输的延迟应在 4ms 以内。为了降低报文处理过程的延时，保证数据传输的实时性，IEC 61850 在定义 GOOSE 服务实现机制时，对原有的 TCP/IP 协议栈进行了裁剪，去掉了网络层和传输层，如图 4-3 所示。

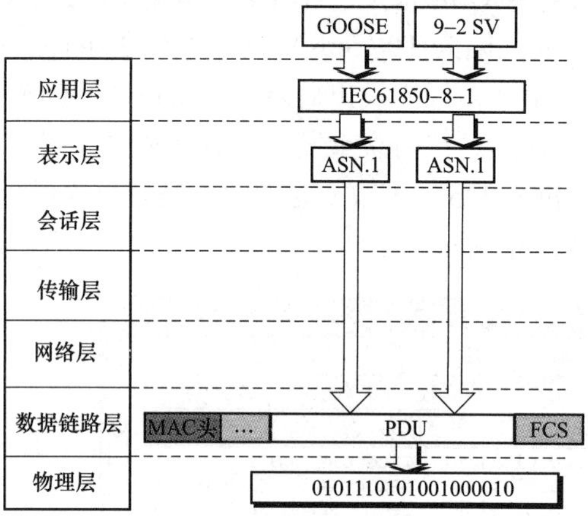

图 4-3 GOOSE 和 SV 通信服务映射

注：采样值 SV 服务的映射规则和 GOOSE 相同，将在后文中详细介绍。

IEC 61850—8—1 采用 ASN.1 语法规则定义了 GOOSE 服务的应用层协议数据单元——GOOSE PDU。GOOSE PDU 在经过表示层 ASN.1 规则编码后，生成的数据包不经 TCP/IP 协议，直接映射到数据链路层和物理层传输。这种映射方式避免了通信堆栈造成的传输延时，保证了报文传输的快速性。

TCP/IP 模型中传输层的主要作用是在发送主机和接收主机之间提供可靠的数据传输。为了保证数据传输的可靠性，TCP/IP 协议规定接收端必须发回确认信息，若数据丢失则发送端必须重新发送。另外，TCP/IP 协议还有“按序交付、差错检测”等机制保证数据传输的可靠性。由于 GOOSE 服务在映射时去掉了传输层和网络层，因此这些可靠性机制也已不再适用，必须采取别的措施保证 GOOSE 传输的可靠性。

IEC 61850 在应用层采取了诸多措施保证 GOOSE 传输的可靠性，主要有以下几点：

（1）快速重发机制。

如图 4-1 所示，当数据集成员发生变位后，装置会立刻发出第一帧 GOOSE 变位报文，随后在很短的时间内，装置会补发第二帧、第三帧报文……这样即使第一帧报文发出后丢失，也会有第二帧报文及时抵达接收端，从而保证了 GOOSE 传输的可靠性。

另外，出于可靠性考虑，报文重发的时间间隔逐渐被拉长，这有效地避免了网络负载过重，达到了可靠性和网络流量的平衡。

（2）Time Allowed to Live 参数。

如图 4-7 所示，GOOSE 报文中携带有“Time Allowed To Live（报文存活时间）”参数。如前文所述，如果接收端在“Time Allowed to Live”时间内未收到任何报文，则接收端会判断报文丢失；在“Time Allowed to Live”的 2 倍时间内没有收到下一帧 GOOSE 报文，即判断为通信中断。因此在通信过程中，GOOSE 实际上是在不断地进行链路通断的自检，由此提高了变电站二次回路的可靠性。

（3）事件顺序号 SqNum 和状态序号 StNum。

StNum 和 SqNum 值的变化有严格的规律。GOOSE 接收方通过 StNum 和 SqNum 的变化规律，能够判断报文是否有丢帧、是否有错序、是否有重复等。

如 GOOSE 接收方能够通过 StNum 和 SqNum 变化的连续性，判断 GOOSE 报文是否丢帧。如果 StNum 和 SqNum 不连续，则说明报文有丢帧。

GOOSE 报文错序是指由于网络传输时延影响，后发的报文比先发的报文先到达装置，GOOSE 接收方能够依据 StNum 和 SqNum 依次递增的特点，检查 GOOSE 报文是否错序，以此判断网络是否异常。

GOOSE 报文重复是指发送方连续发送两帧 StNum 和 SqNum 序号完全相同的报文，GOOSE 接收方通过检查两帧报文的序号是否相同，能够判断报文是否重复。

2. GOOSE PDU 的结构定义

清单 4-1 是 IEC 61850—8—1 对 GOOSE PDU 结构的定义，采用 ASN.1 语句表示。

清单 4-1 如下：

```
 IEC 61850 DEFINITIONS ::= BEGIN
 IMPORTS Data FROM ISO-IEC-9506-2
 IEC 61850-8-1 Specific Protocol::=CHOICE
{
   gseMngtPdu      [APPLICATION 0]     IMPLICIT GSEMngtPdu,
   goosePdu        [APPLICATION 1]     IMPLICIT IECGoosePdu,
  …
}
 IECGoosePdu::=SEQUENCE
{
   gocbRef              [0]     IMPLICIT VISIBLE-STRING,
   timeAllowedtoLive    [1]     IMPLICIT INTEGER,
   datSet               [2]     IMPLICIT VISIBLE-STRING,
   goID                 [3]     IMPLICIT VISIBLE-STRING OPTIONAL,
   t                    [4]     IMPLICIT UtcTime,
   StNum                [5]     IMPLICIT INTEGER,
   SqNum                [6]     IMPLICIT INTEGER,
   test                 [7]     IMPLICIT BOOLEAN DEFAULT FALSE,
   confRev              [8]     IMPLICIT INTEGER,
   ndsCom               [9]     IMPLICIT BOOLEAN DEFAULT FALSE,
   numDatSetEntries     [10]    IMPLICIT INTEGER,
   allData              [11]    IMPLICIT SEQUENCE OF Data,
   security             [12]    ANY OPTIONAL,----保留位,用于数字签名加密
}
 UtcTime ::= OCTETSTRING
  …
END
```

对清单 4-1 的简要分析如下：

（1）由 DEFINITIONS 可知本模块的名称是“IEC 61850”。

（2）IMPORTS 关键字指出，此模块引用了 ISO/IEC 9506—2 中 Data 参数。下面 IECGoosePdu 在定义第 12 个成员“allData”时就引用了 Data。

（3）第一层结构“IEC 61850—8—1 Specific Protocol”为 CHOICE 类型，对于 GOOSE 报文传输应选择 goosePdu，其标签值为［APPLICATION 1］，属于结构类型 IECGoosePdu。

（4）IECGoosePdu 一共含有 13 个成员，由关键字“SEQUENCE”可知，这些成员的排

列有固定的先后顺序，在报文中出现的顺序应与清单 4-1 中的顺序相同。

（5）所有成员均属于上下文相关类，“[ ]”中的值为被声明类型的实际 Tag 值。

（6）由第 13 个成员后面的关键字“OPTIONAL”可知，security 是可选项，可以不出现在报文之中。security 用于对 GOOSE 报文进行加密，以保证信息传输的安全。由于加密、解密算法会耗费相当多的 CPU 时间，因此有可能会对 GOOSE 报文传输的实时性造成影响。

（7）第 12 个成员 allData 为结构类型，在定义时引用了 ISO/IEC 9506—2 中的参数 Data。Data 的详细结构如清单 4-2 所示，在定义时也采用了 ASN.1 语句描述。Data 中包含丰富的数据类型，例如布尔型、位串型和整型等。在组建 GOOSE PDU 时，上述数据类型可由用户自由选择。由此可知，GOOSE 不仅可以传输状态量信息，而且可以传输模拟量信息，甚至可以传输时间信息，所以其应用范围很广。

清单 4-2 如下：

```
Data ::= CHOICE
{
    array              [1]    IMPLICIT SEQUENCE OF Data,
    structure          [2]    IMPLICIT SEQUENCE OF Data,
    boolean            [3]    IMPLICIT BOOLEAN,
    bit-string         [4]    IMPLICIT BIT STRING,
    integer            [5]    IMPLICIT INTEGER,
    unsigned           [6]    IMPLICIT INTEGER,
    floating-point     [7]    IMPLICIT FloatingPoint,
    octet-string       [9]    IMPLICIT OCTET STRING,
    visible-string     [10]   IMPLICIT VisibleString,
    generalized-time   [11]   IMPLICIT GeneralizedTime,
    binary-time        [12]   IMPLICIT TimeOfDay,
    bcd                [13]   IMPLICIT INTEGER,
    booleanArray       [14]   IMPLICIT BIT STRING,
    objId              [15]   IMPLICIT OBJECT IDENTIFIER,
    ...,
    mMSString          [16]   IMPLICIT MMSString
    utc-time           [17]   IMPLICIT NULL
}
```

3. GOOSE 数据帧的结构

GOOSE PDU 在映射到数据链路层后，采用 ISO/IEC 8802—3 版本的以太网数据帧，如图 4-4 所示是数据帧的具体结构。

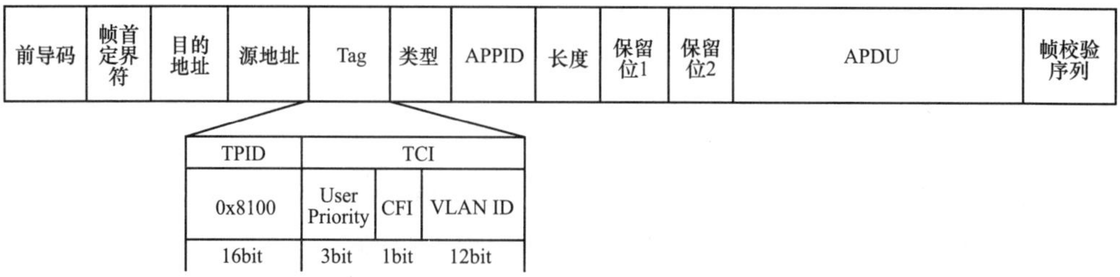

图 4-4 ISO/IEC 8802—3 数据帧的结构

ISO/IEC 8802—3 数据帧中各个字段的含义在第二章第四节中已做过详细阐述，下面仅对

IEC 61850—8—1 中有关的补充定义进行介绍。

（1）目的地址。

目的地址长度为 6 个字节。IEEE（美国电气和电子工程师协会）规定，对于 GOOSE 和 9-2 SV 报文的目的地址，前三个字节固定为“01—0C—CD”，第四个字节为“01”时代表 GOOSE，为“04”时代表 9-2 SV 报文。IEC 61850 建议的组播地址取值范围见表 4-2。

表 4-2 组播地址取值范围

服务类型	起始地址	结束地址
GOOSE 报文	01—0C—CD—01—00	01—0C—CD—01—FF
采样值 SV 报文	01—0C—CD—04—00	01—0C—CD—04—FF

变电站中 IED 的网卡接收到组播报文后，应根据设置好的组播地址过滤算法来判断是否是该组成员，如果是则接收并传给应用程序，如果不是则丢弃报文。

（2）以太网类型值。

IEC 61850 中各种报文的以太网类型值已经由 IEEE 的著作权注册机构进行了注册，是独一无二的。其中 GOOSE 报文的以太网类型值是 0x88b8，9-2 采样值 SV 报文的以太网类型值被注册为 0x88ba。见表 4-3。

表 4-3 以太网类型值的分配范围

服务类型	以太网类型值	APPID 类型
GOOSE 报文	88—b8	00
9-2 采样值 SV 报文	88—ba	01

（3）APPID。

应用标识 APPID（Application Identifier）长度为 2 个字节。对于网卡接收上来的每一帧数据，应用程序会判断 APPID 的值，如果和 CID 文件中预先配置的值一致才继续解析报文，如果不一致则丢弃报文。

APPID 值由“APPID 类型”加“实际 ID 值”两个部分组成，APPID 类型占据最高的两个 Bit 位，见表 4-3。IEC 61850 为 GOOSE 分配的 APPID 取值范围是 0x0000—0x3FFF，为 9-2 采样值 SV 报文分配的 APPID 取值范围是 0x4000—0x7FFF。IEC 61850 建议每一个报文的 APPID 值应全站唯一。

（4）长度。

长度字段占 2 个字节，它的值是从 APPID 开始到 APDU 结束的全部字节数，即“APPID+长度+保留位 1+保留位 2+APDU”五个字段的长度。

（5）保留位。

保留位 1 和保留位 2 供将来扩展使时用，共占有 4 个字节，默认值为 0。

（6）APDU。

如图 4-3 所示，GOOSE PDU 在经过表示层 ASN.1 规则编码后，生成的数据包就是 APDU。

三、GOOSE 报文的编解码

图 4-5 是利用 MMS Ethereal 软件在现场捕捉到的一个 GOOSE 报文截图。下面以图 4-5

为例，介绍 GOOSE 报文的具体编、解码方法。

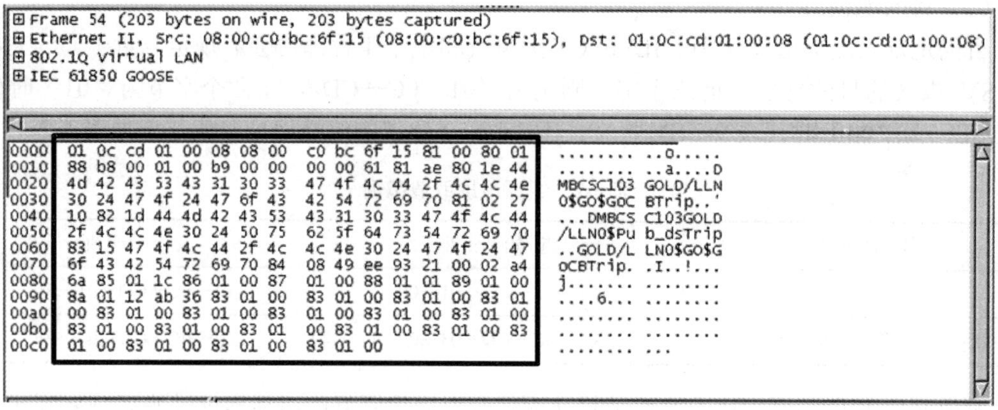

图 4-5　GOOSE 报文截图

1. 报文头部分

按照图 4-4 中 ISO/IEC 8802—3 数据帧的结构，可以对图 4-5 黑色矩形框中的十六进制编码进行分解。

（1）首先分离出 6 个字节的目的地址“01 0c cd 01 00 08”和 6 个字节的源地址“08 00 c0 bc 6f 15”。

（2）地址字段后面是 4 个字节的 Tag 标签头信息“81 00 80 01”。“81 00”是 TPID 的固定值；“8001”换算成二进制数为“1000000000000001”，它包括三个部分的内容，用户优先级占据前三个 Bit 位“100”，CFI 占第四个 Bit 位“0”，VLAN ID 占最后十二个 Bit 位“000000000001”，换算成十进制数后可以看出优先级为 4，VLAN ID 为 1。

（3）Tag 标签头后是以太网类型值“88 b8”，代表该数据帧是一个 GOOSE 报文。

（4）紧接着是应用标识 APPID“00 01”，该值全站唯一。

（5）APPID 后面是长度字段“00 b9”，换算成十进制数为 185，表示数据帧从 APPID 开始到 APDU 结束的部分共有 185 个字节。

（6）保留位 1 和保留位 2 共占有 4 个字节，默认值为“00 00 00 00”。

如图 4-6 所示是 MMS Ethereal 软件对上述字段的解码结果。

2. PDU 部分

保留位后面就是 GOOSE PDU 部分，其编、解码符合 ASN.1 语法规则。

（1）清单 4-1 是 IEC 61850 对 GOOSE PDU 结构的定义。在第一层结构中，对于 GOOSE 报文，应选择第二个成员 goosePdu，由标签值［APPLICATION 1］可知，它属于应用类，而且它还属于 IECGoosePdu 结构类型。按照表 4-5 的规则，它的 Tag 值采用二进制编码为“01100001”，换算成十六进制为“61”。

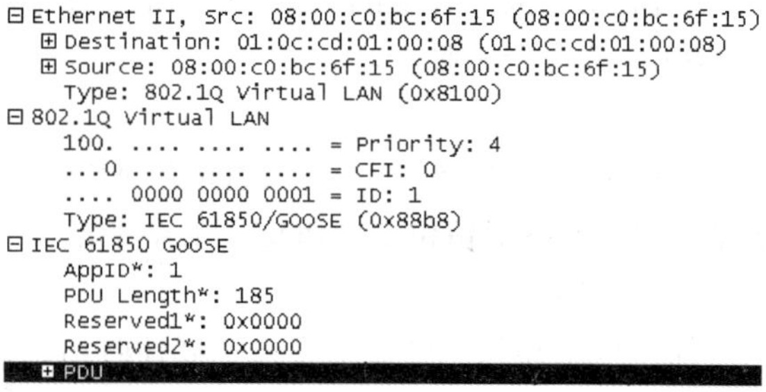

图 4-6　GOOSE 报文截图

（2）在 Tag—Length—Value 编码规则中，如果 Value 所含字节数大于 127，则 Length 字

段采用长格式编码，第一个字节的 Bit7 位固定为 1，Bit6— Bit0 表示后继长度字节的个数，因此由 Length 字段“81”（换算成二进制编码为“10000001”）可知，后面还有一个代表实际长度的字节。该字节为“ae”，表示 Value 部分实际含有 174 个字节。

（3）从“80”开始，后面的编码均为 IECGoosePdu 的内容。依照清单 4-1 的定义，gocbRef 成员为上下文简单类型，[] 中的值为“0”，因此 Tag 的二进制编码为“10000000”，转换成十六进制为“80”。“1e”为长度 Length，表示后面的内容 Value 部分长度为 30 个字节， 即“44 4d 42 43 53 43 31 30 33 47 4f 4c 44 2f 4c 4c 4e 30 24 47 4f 24 47 6f 43 42 54 72 69 70”，这组编码是字符串的 ASCII 码值（十六进制），翻译成字符串为“DMBCSC103GOLD/LLN0GOGoCBTrip”。

后面的“81”是“Time Allowed to Live”的 Tag 值，“02”是长度，“27 10”是 Value 值，转换成十进制为 10000。

“82”是数据集名字 datSet 的 Tag 值，“1d”是长度，表示后面的内容 Value 部分含有 29 个字节，即“44 4d 42 43 53 43 31 30 33 47 4f 4c 44 2f 4c 4c 4e 30 24 50 75 62 5f 64 73 54 72 69 70”，这组编码同样是十六进制的 ASCII 码值，翻译成字符串为“DMBCSC103GOLD/LLN0$Pub_Trip”。

“83”是 GOOSE 标识 goID 的 Tag 值，“15”表示表示后面的 Value 部分含有 21 个字节，即“47 4f 4c 44 2f 4c 4c 4e 30 24 47 4f 24 47 6f 43 42 54 72 69 70”，翻译成字符串为“GOLD/LLN0GOGoCBTrip”。

“84”是时间 t 的 Tag 值，“08”表示表示后面的 Value 部分含有 8 个字节，前 7 个字节“49 ee 93 21 00 02 a4”代表当前时刻与“1970 年 1 月 1 日 00:00:00”的时间差值，以“s”为单位，最后一个字节“6a”代表时间品质。

“85”是 StNum 的 Tag 值，“01”表示表示后面的 Value 部分含有 1 个字节，其值为“1c”，翻译成十进制数为 28。

“86”是 SqNum 的 Tag 值，“01”表示后面的 Value 部分含有 1 个字节，其值为“08”，翻译成十进制数为 8。

“87”是检修位 Test 的标签 Tag 值，“01”表示后面的 Value 部分含有 1 个字节，其值为“00”，由于 Test 为布尔量，因此其值为 FALSE。

“88”是配置版本号 confRev 的标签 Tag 值，“01”表示后面的 Value 部分含有 1 个字节，其值为 1。

“89”是 ndsCom 的 Tag 值，“01”表示后面的 Value 部分含有 1 个字节，其值为“00”，由于 ndsCom 为布尔量，因此其值为 FALSE。

“8a”是 numDatSetEntries 的 Tag 值，“01”表示后面的 Value 部分含有 1 个字节，其值为“12”，翻译成十进制数为 18，表示 GOOSE 数据集中含有 18 个成员。

“ab”是 allData 的 Tag 值，由于 allData 为上下文结构类型，“[]”中的值为 11，按照表 4-5 的中的规则，它的 Tag 值采用二进制编码应为“10101011”，换算成十六进制为“ab”。“36”表示后面的 Value 部分含有 54 个字节。

按照清单 4-2 中的定义，“83”代表布尔类型的数据，因此可以看出，54 个字节中包含 18 个布尔类型的变量，其值均为 FALSE。

图 4-7 是 MMS Ethereal 软件对 GOOSE PDU 的解码结果。

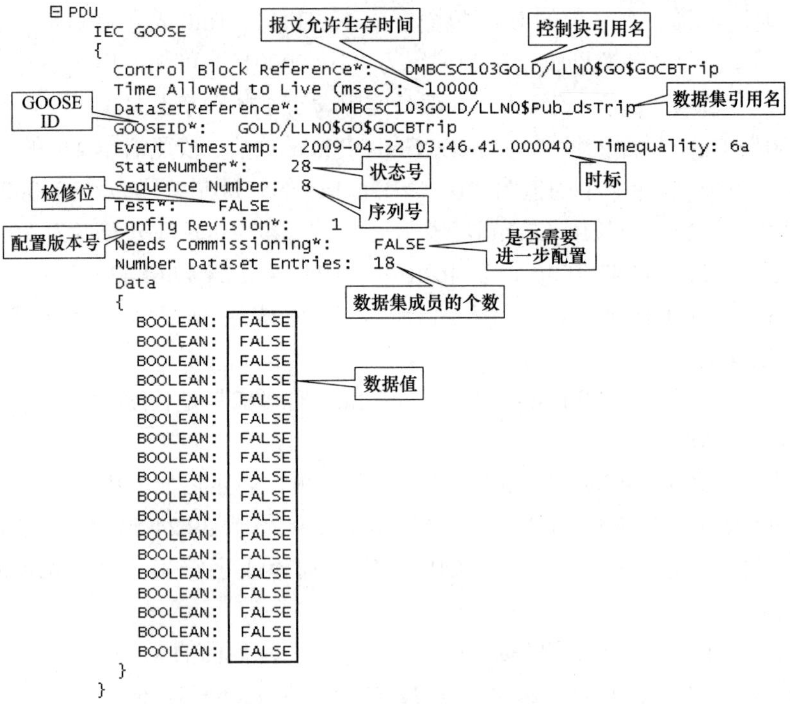

图 4-7 GOOSE 报文的 PDU 部分

表 4-4 是对图 4-5 黑色矩形框中的十六进制编码进行分解的最终结果。

表 4-4 GOOSE 编码分解结果

报文十六进制编码	说 明
01 0c cd 01 00 08	目的地址
08 00 c0 bc 6f 15	源地址
81 00 80 01	优先级标记， 优先级=4 VID=1
88 b8	GOOSE 报文以太网类型
00 01	APPID
00 b9	长度为 185 个字节
00 00	保留位 1
00 00	保留位 2
61 81 ae	goosePDU
80 1e 44 4d 42 43 53 43 31 30 33 47 4f 4c 44 2f 4c 4c 4e 30 24 47 4f 24 47 6f 43 42 54 72 69 70	gocbRef
81 02 27 10	Time Allowed to Live
82 1d 44 4d 42 43 53 43 31 30 33 47 4f 4c 44 2f 4c 4c 4e 30 24 50 75 62 5f 64 73 54 72 69 70	datSet
83 15 47 4f 4c 44 2f 4c 4c 4e 30 24 47 4f 24 47 6f 43 42 54 72 69 70	goID
84 08 49 ee 93 21 00 02 a4 6a	t
85 01 1c	StNum

续表 4-4

报文十六进制编码	说　明
86 01 08	SqNum
87 01 00	test
88 01 01	confRev
89 01 00	ndsCom
8a 01 12	numDatSetEntries
ab 36 83 01 00 83 01 00 83 01 00 83 01 00 83 01 00 83 01 00 83 01 00 83 01 00 83 01 00 83 01 00 83 01 00 83 01 00 83 01 00 83 01 00 83 01 00 83 01 00 83 01 00 83 01 00	allData

3. PDU 各参数的含义

图 4-7 中各参数的含义如下：

（1）Control Block Reference：即 GOOSE 控制块引用，由分层模型中的逻辑设备名、逻辑节点名、功能约束和控制块名级联而成。

（2）Time Allowed to Live：即报文允许生存时间，该参数值一般为心跳时间 T0 值的 2 倍，如果接收端超过 2T0 时间内没有收到报文则判断报文丢失，在 4T0 时间内没有收到下一帧报文即判断为 GOOSE 通信中断，判出中断后装置发出 GOOSE 断链报警。

（3）Data Set Reference：即 GOOSE 控制块所对应的 GOOSE 数据集引用名。报文中 Data 部分传输的就是该数据集的成员。

（4）GOOSE ID：该参数是每个 GOOSE 报文的唯一性标识，属于可视字符串类型，长度不能超过 65 个字节。该参数的作用和目的地址、APPID 的作用类型。接收方对目的地址、APPID 和 GOOSE ID 等参数进行检查，判断是否是其所订阅的报文。其默认值是 GOOSE 控制块引用。

（5）Event Time Stamp：即事件时标，其值为 GOOSE 数据发生变位的时间，而非装置发出本条报文的时间。

（6）State Number：即状态序号 StNum，用于记录 GOOSE 数据总共的变位次数。值的范围是 1～4294967295，当装置上电时，第一帧报文的 StNum 等于 1，GOOSE 数据集成员的值每改变一次，StNum 应加 1。

（7）Sequence Number：即顺序号 SqNum，值的范围是 0～4294967295，用于记录稳态情况下报文发出的帧数，装置每发出一帧 GOOSE 报文，SqNum 应加 1；当有 GOOSE 数据变化时，该值归 0，从头开始重新计数。

按照国内 IEC 61850 工程实施规范的要求，装置上电时发出的第一帧 GOOSE 报文中，StNum=1，SqNum=1。

（8）TEST：即检修标识，用于表示发出该 GOOSE 报文的 IED 是否处于检修状态。当装置检修连接片投入时，IED 发出的 GOOSE 报文中 TEST 标识应为 TRUE。GOOSE 接收端 IED 应将接收的 GOOSE 报文中的 TEST 位与自身的检修连接片状态进行比对，只有当两者一致时才将信号作为有效处理或动作。

（9）配置版本号：Config Revision 是一个计数器，代表 GOOSE 数据集配置被改变的次数。当对 GOOSE 数据集成员进行重新排序、删除等操作时，GOOSE 数据集配置被改变。配置每改变一次，配置版本号应加 1。

（10）Needs Commissioning：该参数是一个布尔型变量，用于指示 GOOSE 是否需要进一步配置。例如，如果参数 DataSetReference（数据集引用名）为空，则 Needs Commissioning 值应变为 TRUE，表示 GOOSE 控制块需要进一步配置；如果 GOOSE 数据集成员的个数超过了 SCSM 规定的范围，Needs Commissioning 值也为 TRUE，表示数据集成员需要进行删减。

（11）Number DataSet Entries：即数据集条目数，图中其值为“18”，代表 GOOSE 数据集中含有 18 个成员，相应地报文 Data 部分含有 18 个数据条目。

（12）Data：该部分是 GOOSE 报文所传输的数据当前值。Data 部分各个条目的含义、先后次序和所属的数据类型都是由配置文件中的 GOOSE 数据集定义的，清单 4-4 中列出了数据集部分成员的定义。

清单 4-3 是配置文件中 GOOSE 报文的网络地址参数，位于配置文件的<Communication>→<SubNetwork>→<ConnectedAP>中。从中可以看出，除了 MAC 地址、APPID、优先级和 VLAN ID 等参数外，MinTime 是 GOOSE 数据变位后立即补发的时间间隔，即图 4-4 中的 T1；MaxTime 是心跳时间 T0。

清单 4-3 如下：

```
<ConnectedAP apName="G1" iedName="DMBCSC103">
  <GSE cbName="GoCBTrip" ldInst="GOLD">
    <Private type="PROCESS"/>
    <Address>
      <P type="MAC-Address">01-0c-cd-01-00-08</P>
      <P type="APPID">0001</P>
      <P type="VLAN-PRIORITY">4</P>
      <P type="VLAN-ID">1</P>
    </Address>
   <MinTime unit="s" multiplier="m">2</MinTime>
   <MaxTime unit="s" multiplier="m">5000</MaxTime>
  </GSE>
</ConnectedAP>
```

清单 4-4 是 GOOSE 报告控制块和 GOOSE 数据集内容，位于配置文件的<IED>→<AccessPoint>→<Server>→<LDevice>→<LN0>中。

清单 4-4 如下：

```
<LN0 inst="" desc="General" lnClass="LLN0" lnType="SF_CSC103DE_GOLD/LLN0">
  …
   <GSEControl  appID="GOLD/LLN0$GO$GoCBTrip"  name="GoCBTrip"  datSet=
"Pub_dsTrip"
    confRev="1"/>
   <DataSet name="Pub_dsTrip" desc="跳闸">
    <FCDA  ldInst="GOLD"  lnInst="1"  lnClass="PTRC"  doName="Str"  daName=
"general" fc="ST"/>
    <FCDA  ldInst="GOLD"  lnInst="2"  lnClass="PTRC"  doName="Tr"  daName=
"general" fc="ST"/>
    <FCDA  ldInst="GOLD"  lnInst="3"  lnClass="PTRC"  doName="Tr"  daName=
"general" fc="ST"/>
    <FCDA  ldInst="GOLD"  lnInst="4"  lnClass="PTRC"  doName="Tr"  daName=
"general" fc="ST"/>
    <FCDA  ldInst="GOLD"  lnInst="5"  lnClass="PTRC"  doName="Tr"  daName=
"general" fc="ST"/>
```

```
      <FCDA ldInst="GOLD" lnInst="6" lnClass="PTRC" doName="Tr" daName="
general" fc="ST"/>
      <FCDA ldInst="GOLD" lnInst="7" lnClass="RBRF" doName="Str" daName="
general" fc="ST"/>
      …
    </DataSet>
  …
  </LN0>
```

四、GOOSE 虚端子

1. GOOSE 虚端子的由来

在传统变电站中，保护屏柜内设有开入、开出、出口等端子排，微机保护装置的各开关量、跳合闸出口等都一一对应于具体的端子。在设计保护回路时，通过端子到端子的电缆来实现保护装置之间的配合，以及保护装置至一次设备的跳合闸出口。

在智能变电站中，各保护装置之间的信息交互、跳合闸出口均采用 GOOSE 方式实现。原有传统的端子不复存在，取而代之的是基于网络传输的数字信号。因此 GOOSE 的应用改变了传统二次设计和实施的方式。采用 GOOSE 技术以后，二次电缆的设计和接线变成了 GOOSE 通信组态和 GOOSE 配置文件的下载工作。

由于继电保护原理并没有因为采用 GOOSE 而改变，对于每一台保护装置而言，其 GOOSE 输入输出与传统端子排之间仍然存在对应的关系。如果 ICD 文件对应整台装置，则 GOOSE 数据集可以看作是屏柜上的端子排。GOOSE 输出数据对应着传统装置的开关量输出端子，GOOSE 输入数据对应着传统装置的开关量输入端子。

目前，国内在智能变电站的设计中引入了 GOOSE 输入“虚端子”的概念。

2. GOOSE 输入虚端子的定义

如清单 4-5 所示，在定义 GOOSE 输入虚端子时，需要在 ICD 文件中预定义以“GOIN”为前缀的逻辑节点 GOINGGIO，并在逻辑节点实例中定义 DOI 信号。这些 DOI 信号与 GOOSE 外部输入虚端子一一对应，它们的描述（desc）或 dU 中含有中文描述信息，以作为 GOOSE 连线的依据。

清单 4-5 如下：

```
  <LN desc="GOOSE 输入 1" lnType="XXX_GGIO_DPC" lnClass="GGIO" inst="1" prefix=
"GOIN">
     …
     <DOI name="DPCSO1" desc="开关 1A 相跳闸位置">
        <DAI name="stVal" sAddr="Bstring2:B02.BinInput_F0.GO_twja,NULL"/>
        <DAI name="dU">
           <Val>开关 1A 相跳闸位置_GOOSE</Val>
        </DAI>
     </DOI>
     <DOI name="DPCSO2" desc="开关 1B 相跳闸位置">
        <DAI name="stVal" sAddr="Bstring2:B02.BinInput_F0.GO_twjb,NULL"/>
        <DAI name="dU">
           <Val>开关 1B 相跳闸位置_GOOSE</Val>
        </DAI>
     </DOI>
     …
  </LN>
```

图 4-8 是某变电站 220kV 线路保护装置 GOOSE 虚端子示意图。参照传统装置，GOOSE

虚端子可以分为输入虚端子和输出虚端子两大类。图左边是该保护装置的输入虚端子 IN01—IN10，图右边是保护装置的输出虚端子 OUT01—OUT08。

每个虚端子都有中文描述，中文描述用于说明该虚端子所代表信号的确切含义，是 GOOSE 连线的依据。另外，每个虚端子都有各自的内部引用地址。引用地址是代表该虚端子的 DOI 实例在 ICD 文件中的引用名。由于按照国内 IEC 61850 实施规范的要求，GOOSE 发送和接收的数据应采用数据属性 DA，因此内部引用地址应级联到 DA 一级，其格式为“LD/LN.DO.DA”。如图 4-8 所示中的第一个开入虚端子 IN01，其中文名称为“开关 A 相位置（双位置）”，其内部引用地址为“PI1/GOINGGIO01.DPCS01.stVal”。

3. GOOSE 连线的实现

引入虚端子的概念后，二次设备厂家可以根据传统设计规范设计并提供出其装置的 GOOSE 输入输出虚端子定义；设计院根据该定义设计 GOOSE 连线，以表格等方式提供；系统集成商通过系统配置工具和设计院的设计文件，生成包含 GOOSE 连接信息的全站 SCD 文件。

SCD 文件中，每个装置的 LLN0 的 Inputs 部分中含有该装置的 GOOSE 连线信息。GOOSE 连线包含装置内部输入虚端子信号和外部装置的输出信号，每一个内部输入虚端子与每个外部装置输出信号为一一对应的关系。

清单 4-6 就是某变电站 220kV 断路器智能终端的 GOOSE 连线信息<Inputs>，它位于 SCD 文件中该智能终端的 LLN0 中。<Inputs>由若干个<Extref>元素组成，每一个<Extref>代表一个 GOOSE 虚端子连线。<Extref>中的 intAddr 属性值就是智能终端 GOOSE 输入虚端子的内部引用地址，如“RPIT/GOINGGIO01.SPCSO01.stVal”；其余属性，如 daName、doName、iedName 等，级联后就是外部线路保护装置的 GOOSE 输出信号“PL2222BPI1/Break1PTRC1.Tr.phsA”。由此可知，本条<Extref>包含的是线路保护装置动作后跳 A 相断路器的 GOOSE 逻辑连线。

清单 4-6 如下：

```
    <LN0 desc="General" inst="" lnClass="LLN0" lnType="LLN0_DBU8000">
    …
    <Inputs>
        <ExtRef daName="phsA" doName="Tr" iedName="PL2222B" ldInst="PI1" lnClass=
"PTRC" lnInst="1" prefix="Break1" intAddr="RPIT/GOINGGIO01.SPCS01.stVal"/>
        <ExtRef daName="phsB" doName="Tr" iedName="PL2222B" ldInst="PI1" lnClass=
"PTRC" lnInst="1" prefix="Break1" intAddr="RPIT/GOINGGIO01.SPCS05.stVal"/>
        <ExtRef daName="phsC" doName="Tr" iedName="PL2222B" ldInst="PI1" lnClass=
"PTRC" lnInst="1" prefix="Break1" intAddr="RPIT/GOINGGIO01.SPCS09.stVal"/>
        <ExtRef daName="general" doName="Op" iedName="PL2222B" ldInst="PI1"
lnClass="RREC" lnInst="1" prefix="" intAddr="RPIT/GOINGGIO1.SPCSO41.stVal"/>
    …
      </Inputs>
      …
    <LN0>
```

图 4-9 是线路保护装置与该间隔的断路器智能终端之间的 GOOSE 连线示意图，该图更直观地反映了装置之间的 GOOSE 联系。

系统集成商完成全站 GOOSE 连线后，单装置厂家使用各自的装置配置工具从 SCD 文件中提取 GOOSE 连线配置信息，并下发到装置，由调试人员进行测试。因此引入虚端子概念将使现有二次设计规范的改变最小。

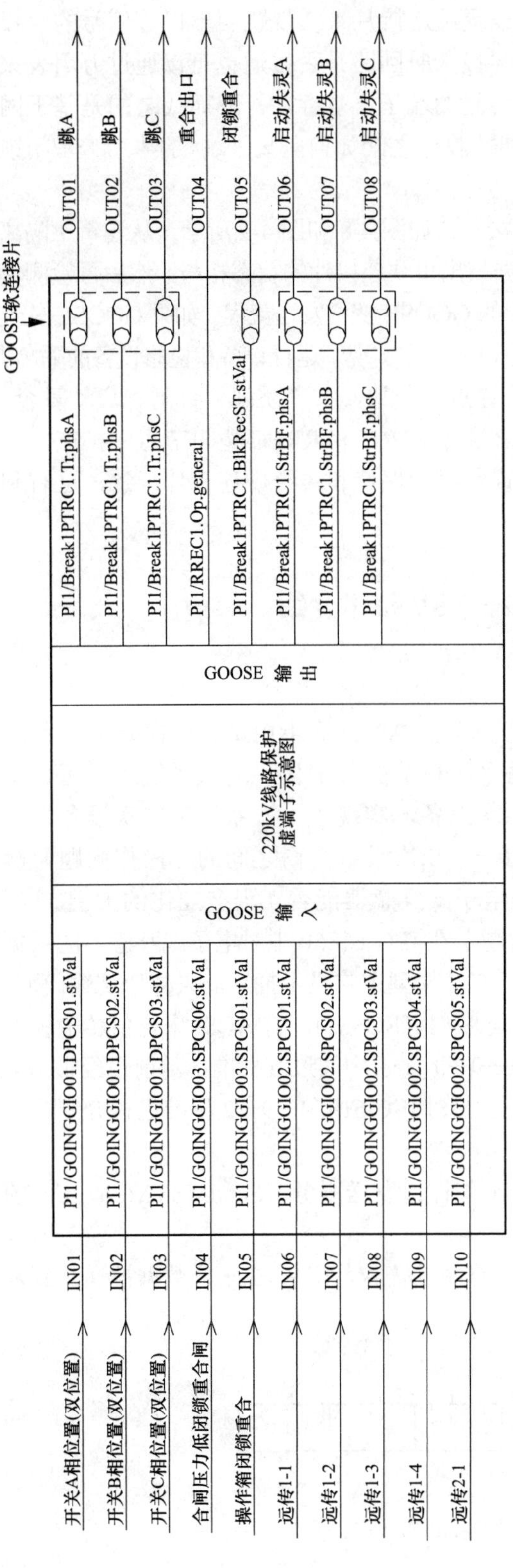

图 4-8　线路保护装置虚端子示意图

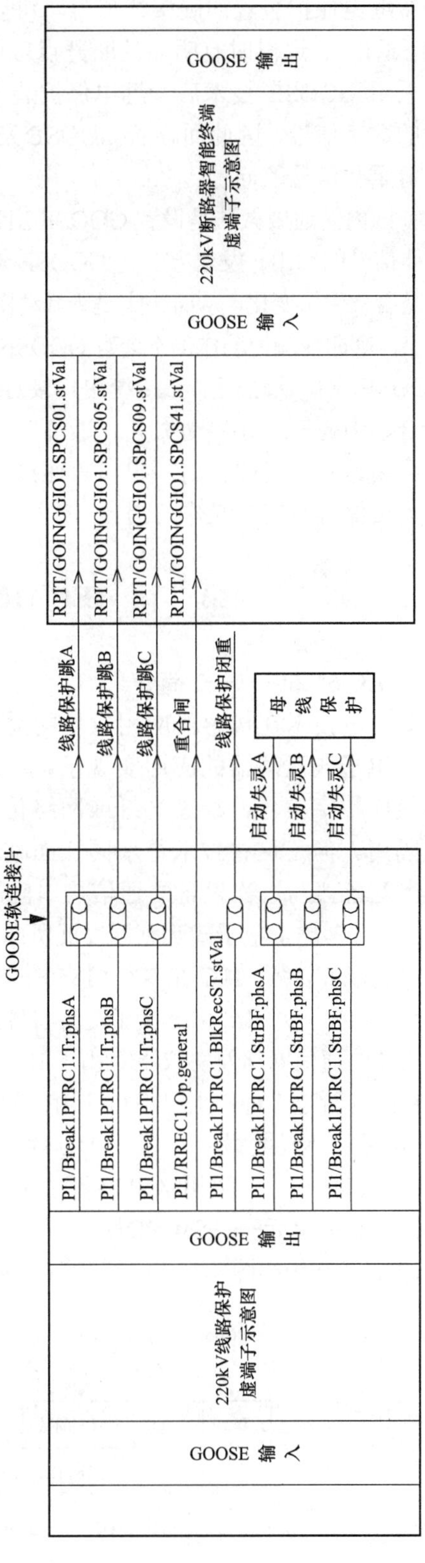

图 4-9　线路保护与智能终端的虚端子连线示意图

4. GOOSE 出口软连接片

传统继电保护装置的硬接线信号，可以通过设置硬连接片来实现跳闸出口等信号的“投入”和“退出”，退出时有明显的断开点可以检查，投入时回路是否接通也可以通过万用表来检查。采用 GOOSE 技术后，继电保护装置原有传统的端子不复存在，取而代之的是基于网络传输的数字信号，因此面临着 GOOSE 发送方和接收方之间如何隔离“跳/合闸、启动/闭锁重合”等重要信号的问题。

目前国内的通用做法是设置 GOOSE 出口软连接片，如图 4-8 和图 4-9 所示，从逻辑上隔离这些重要信号的输出。发送方会将 GOOSE 输出数据与出口软连接片的状态相与，然后再检测输出数据是否发生了变化，从而决定是否启动图 4-1 中的 GOOSE 变位发送流程。如果 GOOSE 软连接片退出，则即使保护动作也不会有 GOOSE 变位出口，从而实现了运行设备和检修设备的隔离。

GOOSE 出口软连接片与传统出口硬连接片设置点应一致，按“跳闸、合闸、启动重合、闭锁重合、沟通三跳、启动失灵、远跳”等重要信号在 PTRC 和 RREC 逻辑节点中扩充，从逻辑上隔离这些信号的输出。出口软连接片的设置点尽量保持和传统硬连接片一致，这有利于运行人员保持原来的操作习惯。

第二节 IEC 61850—9—2 SV 技术介绍

一、IEC 61850—9—2 简介

随着光电技术在传感器应用领域的突破，电子式互感器已逐步由试验阶段走向工程应用阶段。电子式互感器的应用实现了电气量数据采集环节的数字化，一次系统的电压、电流被转换成数字信号，经过光纤或网络传递给二次设备，实现了一次系统和二次设备之间的电气隔离。但是这种技术革新同样面临着不同一、二次设备厂商之间的互操作问题。解决电子式互感器与二次设备的通信接口问题，是电子式互感器能否实现产业化的关键。

IEC 充分考虑了电子式互感器发展所面临的问题，在 IEC 61850 中对电子式互感器的数据输出接口进行了规范。IEC 在 IEC 61850—7—2 的 ACSI 模型中定义了抽象的采样值传输模型，并在 IEC 61850—9—1/2 中定义了两种特殊通信服务映射（SCSM），将 ACSI 采样值传输模型映射到具体的通信网络及协议上。由于 IEC 61850—9—1 属于中间过渡标准，目前已经被 IEC 废除，在国内新建工程中也已不再应用，因此本节主要对 IEC 61850—9—2 标准进行介绍。

1. 应用层协议数据单元 Sav PDU 的定义

IEC 61850—9—2 采用 ASN.1 语法规则定义了采样值发送服务（SendMSVMessage）的应用层协议数据单元——Sav PDU。

SavPdu 的结构如图 4-10 所示。为了适应不同采样率的需求，在 9—2 采样数据被递交到发

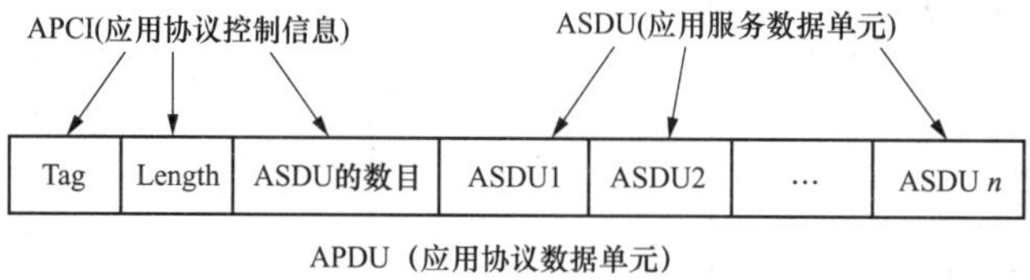

图 4-10 9—2 采样值报文的 APDU 格式

送侧缓冲区之前，应用层可以将若干个 ASDU 链接到一个 APDU 之中。APDU 所包含的 ASDU 的数目与采样率有关，可以由用户根据需要进行灵活配置。

清单 4-7 是 IEC 61850—9—2 对 Sav PDU 的定义，采用 ASN.1 语句表示。

清单 4-7 如下：

```
IEC 61850 DEFINITIONS ::= BEGIN
IMPORTS Data FROM ISO-IEC-9506-2
IEC 61850-9-2 Specific Protocol::=CHOICE
{
   9-1-Pdu          [0]                 IMPLICIT OCTET STRING,
   savPdu           [APPLICATION 0]     IMPLICIT SavPdu,
   …
}
 SavPdu::=SEQUENCE
{
   noASDU           [0]     IMPLICIT INTEGER(1..65535),
   security         [1]     ANY OPTIONAL,
   asdu             [2]     IMPLICIT SEQUENCE OF ASDU
}
 ASDU::=SEQUENCE
{
   svID             [0]     IMPLICIT VisibleString,
   datset           [1]     IMPLICIT VisibleString OPTIONAL,
   smpCnt           [2]     IMPLICIT OCTET STRING(SIZE(2)),
   confRev          [3]     IMPLICIT OCTET STRING(SIZE(4)),
   refrTm           [4]     IMPLICIT UtcTime OPTIONAL,
   smpSynch         [5]     IMPLICIT BOOLEAN DEFAULT FALSE,
   smpRate          [6]     IMPLICIT OCTET STRING(SIZE(2)),
   sample           [7]     IMPLICIT SEQUENCE OF Data
}
   …
END
```

对清单 4-7 的简要分析如下：

（1）由 DEFINITIONS 可知本模块的名称是“IEC 61850”。

（2）IMPORTS 关键字指出，此模块引用了 ISO/IEC 9506—2 中的参数 Data。下面 ASDU 在定义第 7 个成员“sample”时就引用了 Data。

（3）第一层结构“IEC 61850—9—2 Specific Protocol”为 CHOICE 类型，对于 9-2 报文传输应选择 savPdu。savPdu 的标签值为［APPLICATION 0］，属于应用类，而且还属于结构类型 SavPdu。按照表 4-5 的规则，它的 Tag 值采用二进制编码为“01100000”，换算成十六进制为“60”。

（4）SavPdu 一共含有 3 个成员，由关键字“SEQUENCE”可知，这些成员的排列有固定的先后顺序。3 个成员均属于上下文相关类，“[ ]”中的值为被声明类型的实际 Tag 值。第 1 个成员 noASDU 和第 2 个成员 security 均属于上下文简单类型，按照表 4-5 的规则，它们的 Tag 值采用二进制编码为“10000000”和“10000001”，换算成十六进制为“80”和“81”。

由第 2 个成员“security”后面的关键字“OPTIONAL”可知，security 是可选项，可以不出现在报文之中。security 用于对报文进行加密，以保证信息传输的安全，但是加密、解密算法有可能会对报文传输的实时性造成影响。

由关键字“SEQUENCE OF”可知，第 3 个成员“asdu”为嵌套的结构体，由一个或多个“ASDU”类型的成员组成。asdu 本身为上下文结构类型，按照表 4-5 的规则，其 Tag 值采用二进制编码为“10100010”，换算成十六进制为“A2”。asdu 内部的成员 ASDU 属于通用 SEQUENCE 结构类型，由表 4-5 的规则可知，它的 Tag 值采用二进制编码为“00110000”，换算成十六进制为“30”。

（5）结构体 ASDU 共包含 8 个成员，前 7 个成员是 MSVCB 控制块的各个属性，第 8 个成员 sample 是采样值数据集。

8 个成员均属于上下文相关类，“[ ]”中的值为被声明类型的实际 Tag 值。前 7 个成员均属于上下文简单类型，按照表中的规则，它们的 Tag 值采用十六进制编码分别为“80”—“86”。

sample 在定义时引用了 ISO/IEC 9506—2 中的参数 Data。由清单 4-2 中的定义可知，Data 包含丰富的数据类型，如布尔型、位串型和整型等。因此从广义上讲，IEC 61850—9—2 不仅可以传输模拟量，也可以传输开关量等多种类型的数据，用户可以根据应用需要自由选择数据类型。

与 GOOSE 数据集成员的编码方式不同，sample 内各个数据成员不再按照 ASN.1 中的 Tag—Length—Value 规则编码，而是直接按照表 4-5 中的规则进行转换。sample 内不再含有“T—L—V”结构，因此仍被视为简单类型的数据，按照表 4-5 的规则，它的 Tag 值为“87”，其内部的成员均被编码到 Value 字段中。

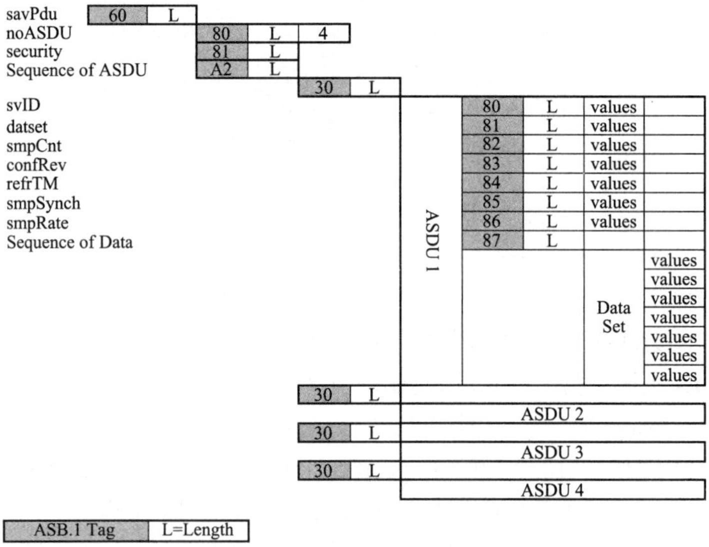

图 4-11　采用 ASN.1 编码的 APDU 结构

图 4-11 以图形化的方式展示了 SavPdu 的 ASN.1 编码结构，其中的 APDU 由 4 个 ASDU 组成。基本数据类型的编码见表 4-5。

表 4-5　基本数据类型的编码

数 据 类 型	编　　码	备　　注
BOOLEAN	8 位，置 0 为 FALSE，其他为 TRUE	
INT8	8 Bit Big Endian	有符号整数

续表 4-5

数据类型	编　码	备　注
INT16	16 Bit Big Endian	有符号整数
INT32	32 Bit Big Endian	有符号整数
INT128	128 Bit Big Endian	有符号整数
INT8U	8 Bit Big Endian	无符号整数
INT16U	16 Bit Big Endian	无符号整数
INT24U	24 Bit Big Endian	无符号整数
INT32U	32 Bit Big Endian	无符号整数
FLOAT32	32 位 IEEE 浮点数	
FLOAT64	64 位 IEEE 浮点数	
ENUMERATED	32 Bit Big Endian	
CODED ENUM	32 Bit Big Endian	
OCTET STRING	20 字节 ASCII 文本，以 Null 结束	
VISIBLE STRING	35 字节 ASCII 文本，以 Null 结束	
UNICODE STRING	20 字节 ASCII 文本，以 Null 结束	
ObjectName	20 字节 ASCII 文本，以 Null 结束	
ObjectReference	20 字节 ASCII 文本，以 Null 结束	
TimeStamp	IEC 61850-8-1 部分所定义的 64 位时标	
Entry Time	IEC 61850-8-1 部分所定义的 48 位时标	
BITSTRING	32 Bit Big Endian	

提示：Big endian 和 Little endian 是描述数据在计算机内存中存储模式的术语。Big endian 是指计算机内存低地址存放数据的最高有效字节（MSB），而 Little endian 则是指内存低地址存放数据的最低有效字节（LSB）。

如果我们将十六进制数“0x1234abcd”写入到以“0x0000”开始的内存中，不同方式下的结果见表 4-6。

表 4-6　Big endian 和 Little endian 的描述

内存 \ 存储模式	Big endian	Little endian
0x0000	0x12	0xcd
0x0001	0x34	0xab
0x0002	0xab	0x34
0x0003	0xcd	0x12

2. 采样值数据帧的结构

Sav PDU 在经过表示层 ASN.1 基本编码规则 BER 编码后，生成的数据包不经 TCP/IP 协议，直接映射到数据链路层。和 GOOSE 一样，IEC 61850—9—2 采样值在数据链路层也采用 ISO/IEC 8802—3 版本的以太网数据帧，其结构如图 4-4 所示，此处不再重复介绍。

二、IEC 61850—9—2LE 简介

1. IEC 61850—9—2LE 的由来

从上文可以看出，IEC 61850—9—2 完全支持 IEC 61850—7—2 中定义的采样值传输模型及相关 ACSI 服务，既可以通过 XML 配置文件进行配置，也支持通过通信服务动态配置；另外，9—2 采样值数据集的内容可以根据工程需要灵活定义，采样率和数据帧结构也可以灵活配置。因此与之前的 IEC 60044—8 和 IEC 61850—9—1 相比，IEC 61850—9—2 的应用配置更加灵活，适应性也更强。但是 IEC 61850—9—2 灵活配置的特点也为实际应用带来了诸多问题：

（1）配置复杂，工作量大，调试时间长；

（2）采样率规格太多，不利于互联互通；

（3）不同厂家的采样值数据建模不一致，可能存在冲突。

针对上述问题，在结合实际应用需要和简化配置的指导思想下，来自 ABB、SIMENS、ARVEA、OMICRON 等国际知名公司的专家，联合起草了 IEC 61850—9—2 的工程应用指南，即 IEC 61850—9—2 LE（Lite Edition）。

2. IEC 61850—9—2 LE 的主要内容

IEC 61850—9—2 LE 可以看作是 IEC 61850—9—2 的简化版本，主要内容包括：

（1）明确了合并单元只需支持采样值发送 SendMSVMessage 服务，去掉了 GetMSVCBValues 和 SetMSVCBValues 服务，由此合并单元不需要支持 MMS 协议栈。

（2）提供了一个合并单元的 IEC 61850 建模实例，对合并单元模型中的逻辑设备、逻辑节点、数据集和采样值控制块的内容进行了实例化定义，并给出了一个 MU 的 ICD 配置文件示例，为实际应用提供了参考。

（3）采样率统一为 80 点/周波和 256 点/周波两种。当采样率为 80 点/周波时，采样值报文中每一个 APDU 配置一个 ASDU；当采样率为 256 点/周波时，每一个 APDU 配置八个 ASDU。

（4）对采样数据帧的格式进行了进一步细化，对清单 4-7 中的可选项进行了裁剪，去掉了 Sav PDU 中的成员 security，去掉了 ASDU 中的成员 datset（数据集名）、refrTm（刷新时间）和 smpRate（采样率）。

（5）对采样数据模型（公用数据类“SAV”及其成员）中的可选项进行了统一规范，具体内容见下文。

（6）对合并单元采样同步的实现方式作了补充规范，约定了各种工况下合并单元的行为。

作为 IEC 61850—9—2 的工程应用配套规范，由于结合实际工程应用做了明确定义，IEC 61850—9—2 LE 在实际应用中的工程配置和互操作的协调工作量比 IEC 61850—9—2 大幅减少。

3. IEC 61850—9—2LE 对采样数据集的细化定义

表 4-7 是 IEC 61850—9—2 LE 中定义的采样值数据集实例“PhsMeas1”。从表 4-7 中可以看出，“PhsMeas1”位于逻辑设备“xxxxMUnn”的逻辑节点零 LLN0 中。该数据集包含 8 个 FCD 成员，前 4 个是电流量，后 4 个是电压量，功能约束为“MX”。电流量建模使用了逻辑节点“TCTR”，电压量建模使用了逻辑节点“TVTR”。

表 4-7 SV 数据集“PhsMeas1”

属性名	值	备注
数据集名	PhsMeas1	

续表 4-7

属　性　名	值	备　注
数据集索引	xxxxMUnn/LLN0$PhsMeas1	xxxx 是前缀；nn 是实例号
数据集成员	InnATCTR1.Amp［MX］ InnBTCTR2.Amp［MX］ InnCTCTR3.Amp［MX］ InnNTCTR4.Amp［MX］ UnnATVTR1.Vol［MX］ UnnBTVTR2.Vol［MX］ UnnCTVTR3.Vol［MX］ UnnNTVTR4.Vol［MX］	nn 是实例号

“PhsMeas1”中的数据成员，无论是 TCTR 中的 Amp 还是 TVTR 中的 Vol，均属于公共数据类 SAV。表 4-8 是 IEC 61850—7—3 对 SAV 的定义。

表 4-8　公用数据类 SAV 定义

公用数据类 SAV					
数据属性名	属 性 类 型	FC 测 量 值	TrgOp	值/值域	M/O/C
instMag	AnalogueValue	MX			M
q	Quality	MX	qchg		M
t	TimeStamp	MX			O
配置、描述和扩充					
units	Unit	CF			O
sVC	ScaledValueConfig	CF			AC_SCAV
min	AnalogueValue	CF			O
max	AnalogueValue	CF			O
d	VISIBLE STRING255	DC	Text		O
dU	UNICODE STRING255	DC			O
cdcNs	VISIBLE STRING255	EX			AC_DLNDA_M
cdcName	VISIBLE STRING255	EX			AC_DLNDA_M
dataNs	VISIBLE STRING255	EX			AC_DLN_M
服务					
…					

从表 4-8 中可以看出，SAV 包含多个数据属性，除必选数据属性 instMag（采样瞬时值）和 q（品质）外，SAV 还包含多个可选数据属性供各个厂商自行选择。

采样瞬时值 instMag 属于 AnalogueValue 类型。由表 4-9 中 AnalogueValue 的定义可以

表 4-9　AnalogueValue 类型定义

属　性　名	属 性 类 型	值/值域	M/O/C
i	INT32	整数值	GC_1
f	FLOAT32	浮点值	GC_1

看出，instMag 既可以用浮点型数据 *f* 表示，也可以用整型数据 *i* 表示，二者之间的换算公式为：

$$instMag=f\times 10^{units.multiplier}=(i\times scaleFactor)+offset$$

instMag 采用整型数据表示时，需要用到 *scaleFactor*（比例因子）和 *offset*（偏移量）。*scaleFactor* 和 *offset* 是表 4-8 中的数据属性 sVC 的两个成员。由表 4-8 可以看出，sVC 属于 ScaledValueConfig 类型。表 4-10 是 IEC 61850—7—3 对 ScaledValueConfig 类型的定义。

表 4-10　ScaledValueConfig 类型定义

属性名	属 性 类 型	值/值域	M/O/C
scaleFactor	FLOAT32	整数值	GC_1
offset	FLOAT32	浮点值	GC_1

为了减少各厂家实现的不一致，保证互操作性，IEC 61850—9—2 LE 对上述可选项进行了统一规范，见表 4-11。

（1）首先对公用数据类 SAV 中的数据属性进行了筛选，只保留了 instMag、q 和 sVC。

（2）第二，明确了采样瞬时值 instMag 用整型数据表示。当表示电流值时，比例因子 *scaleFactor* 为 0.001；当表示电压值时，*scaleFactor* 为 0.01。偏移量 *offset* 总是为 0。

（3）第三，对品质 q 的属性进行了裁剪，仅使用表 4-11 基本类型 Quality 中的 validity 和 test；另外，对 Quality 类型进行了扩充定义，增加了属性 derived。

如果采样数据不是通过互感器实际测量出的量，而是通过计算得到的，则 derived 标志应置为 TRUE。如对于零序电流 I_n，如果它是通过零序电流互感器实际测量出的，则 derived 应置为 FALSE；如果它是通过 A、B、C 三相电流合成的（$I_a+I_b+I_c$），则 derived 应置为 True。

表 4-11　IEC 61850—9—2LE 对 SAV 的细化定义

属　性　名	属 性 类 型	备　　注
instMag.i	INT32	
q	Quality	仅使用 validity、test 和 derived 三个属性
sVC. *scaleFactor*	FLOAT32	电流为 0.001；电压为 0.01
sVC. *offset*	FLOAT32	总是为 0

“PhsMeas1”数据集按照表 4-5 中的规则编码后，生成的数据帧格式如图 4-12 所示。限于篇幅，图 4-12 中只列出了数据集“PhsMeas1”中的部分成员。

按照 IEC 61850—7—4 中的定义，逻辑节点 TCTR 和 TVTR 中的 Amp 是针对电网的一次电流和一次电压建模的，因此采样数据集中的 InnATCTR1.Amp.instMag.i 和 UnnNTVTR4.Vol. .instMag.i 反应的是一次电流值和一次电压值。

三、IEC 61850—9—2LE 采样值报文的编解码

图 4-13 是利用 WireShark 软件在现场捕捉到的一个 IEC 61850—9—2LE 报文截图。下面以该图中的报文为例，介绍 9-2 采样值报文的具体编、解码方法。

字节 \ Bit位	8	7	6	5	4	3	2	1
1								
2				InnATCTR1.Amp.instMag.i				
3								
4								
5				InnATCTR1.Amp.q				
6								
7	—	—	derived	—	Test	—	—	
8			—				validity	
9								
10				Inn BTCTR2.Amp.instMag.i				
11								
12								
13								
14				Inn BTCTR2.Amp.q				
15								
16								
17								
18				Inn CTCTR3.Amp.instMag.i				
19								
20								
21								
22				Inn CTCTR3.Amp.q				
23								
24								
…				…				
57								
58				UnnNTVTR4.Vol. .instMag.i				
59								
60								
61								
62				UnnNTVTR4.Vol.q				
63								
64								

图 4-12　数据帧中采样数据集部分的结构

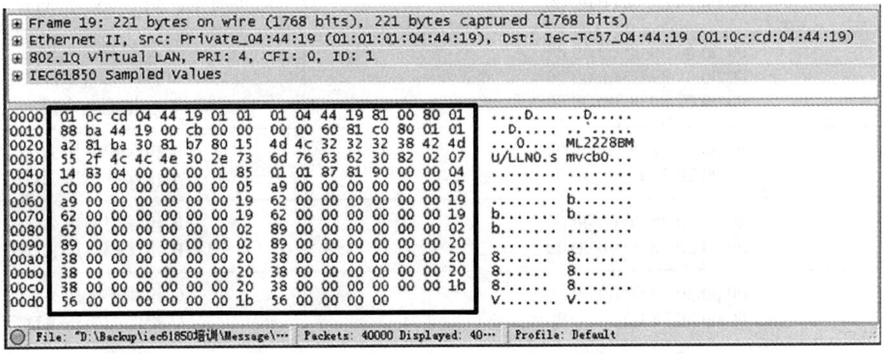

图 4-13　IEC 61850—9—2 LE 报文截图

按照图 4-4 中 ISO/IEC 8802—3 数据帧的结构，可以对图 4-13 黑色矩形框中的十六进制编码进行分解。表 4-12 是分解的结果。

表 4-12 IEC 61850—9—2LE 编码分解结果

报文十六进制编码	说　明
01 0c cd 04 44 19	目的地址
01 01 01 04 44 19	源地址
81 00 80 01	优先级标记， 优先级=4 VID=1
88 ba	9-2 SV 报文以太网类型
44 19	APPID
00 cb	长度，为 185 个字节
00 00	保留位 1
00 00	保留位 2
60 81 c0	SavPDU
80 01 01	noASDU
a2 81 ba	Sequence of ASDU
30 81 b7	ASDU
80 15 4d 4c 32 32 32 38 42 4d 55 2f 4c 4c 4e 30 2e 73 6d 76 63 62 30	svID
82 02 07 14	smpCnt
83 04 00 00 00 01	confRev
85 01 01	smpSynch
87 81 90	Sequence of Data（Datset）
00 00 04 c0 00 00 00 00	电子式互感器的额定延迟时间
00 00 05 a9 00 00 00 00 00 00 05 a9 00 00 00 00	A 相保护电流 AD1 A 相保护电流 AD2
00 00 19 62 00 00 00 00 00 00 19 62 00 00 00 00	B 相保护电流 AD1 B 相保护电流 AD2
00 00 19 62 00 00 00 00 00 00 19 62 00 00 00 00	C 相保护电流 AD1 C 相保护电流 AD2
00 00 02 89 00 00 00 00 00 00 02 89 00 00 00 00 00 00 02 89 00 00 00 00	A 相测量电流 B 相测量电流 C 相测量电流
00 00 20 38 00 00 00 00 00 00 20 38 00 00 00 00	A 相保护电压 AD1 A 相保护电压 AD2
00 00 20 38 00 00 00 00 00 00 20 38 00 00 00 00	B 相保护电压 AD1 B 相保护电压 AD2
00 00 20 38 00 00 00 00 00 00 20 38 00 00 00 00	C 相保护电压 AD1 C 相保护电压 AD2
00 00 1b 56 00 00 00 00 00 00 1b 56 00 00 00 00	抽取电压 1 抽取电压 2

1. 报文头部分

首先分离出6个字节的目的地址"01 0c cd 04 44 19"和6个字节的源地址"01 01 01 04 44 19"。根据IEC 61850的规定，目的地址的第四个字节为"01"时代表GOOSE，为"04"时代表9-2 SV报文。

地址字段后面是4个字节的Tag标签头信息"81 00 80 01"。该字段的含义在前面解释GOOSE报文编解码时已经做过介绍，不再重复。

Tag标签头后是以太网类型值"88 ba"，代表该数据帧是一个9—2采样值报文。

紧接着是应用标识APPID"44 19"，该值全站唯一。

APPID后面是长度字段"00 cb"，换算成十进制数为203，表示数据帧从APPID开始到APDU结束的部分共有203个字节。

保留位1和保留位2共占有4个字节，默认值为"00 00 00 00"。

图4-14是WireShark软件对该上述字段的解码结果。

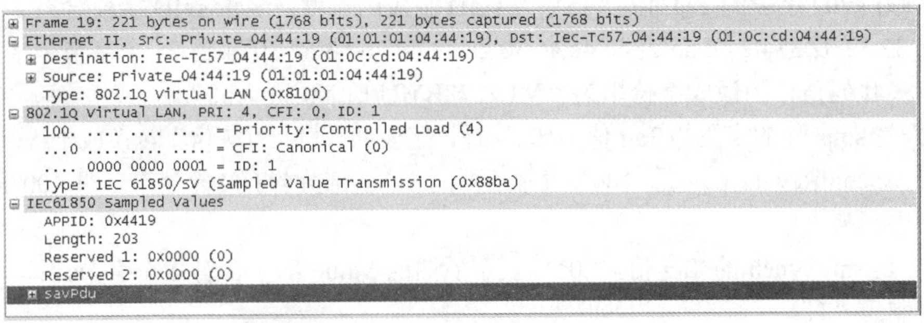

图4-14 IEC 61850—9—2 LE报文截图

清单4-8是合并单元的XML配置文件对采样值报文网络地址参数的定义，位于<Communication>→<SubNetwork>→<ConnectedAP>中。从中可以看出，MAC地址为"01—0C—CD—04—44—19"，APPID为"4419"。

清单4-8如下：

```
<ConnectedAP apName="M1" desc="" iedName="ML2228B">
  <SMV cbName="smvcb0" ldInst="MU">
    <Address>
      <P type="MAC-Address">01-0C-CD-04-44-19</P>
      <P type="VLAN-ID">001</P>
      <P type="VLAN-PRIORITY">4</P>
      <P type="APPID">4419</P>
    </Address>
  </SMV>
</ConnectedAP>
```

2. SavPDU部分

保留位后面就是9—2 SavPDU部分，其编、解码符合ASN.1语法规则。参照图4-11中SavPdu的ASN.1编码结构，对该部分编码分解如下：

“60”是 SavPdu 的 Tag 值，“81 c0”是 SavPdu 的 Length 长度值。

在 Tag—Length—Value 编码规则中，如果 Value 所含字节数大于 127，则 Length 字段采用长格式编码，第一个字节的 Bit7 位固定为 1，Bit6—Bit0 表示后继长度字节的个数，因此由 Length 字段“81”（换算成二进制编码为“10000001”）可知，后面还有一个代表实际长度的字节。该字节为“c0”，表示 Value 部分实际含有 192 个字节。

从“80”开始，后面的编码均为 SavPdu 的内容 Value 部分。

“80”为 noASDU 字段的 Tag 值，“01”为 noASDU 字段的 Length 值，noASDU 字段的 Value 值也为“01”，表示 SavPdu 中含有一个 ASDU。

“a2”为 asdu 字段的 Tag 值，“81 ba”是 asdu 字段的长度 Length（采用了长格式编码），表示含有 186 个字节。

“30”为 asdu 内部的成员 ASDU SEQUENCE 的 Tag 值，“81 b7”是 asdu 字段的长度 Length（采用了长格式编码），表示 ASDU SEQUENCE 字段含有 183 个字节。

“80”为 svID 字段的 Tag 值，“15”为 svID 字段的长度，表示 svID 字段含有 21 个字节，即“4d 4c 32 32 32 38 42 4d 55 2f 4c 4c 4e 30 2e 73 6d 76 63 62 30”。这 21 个字节是字符串的十六进制 ASCII 码值，翻译成字符串为“ML2228BMU/LLN0.smvcb0”。

“82”是 smpcnt 的字段的 Tag 值，“02”是该字段的长度，“07 14”转换成十进制为 1812。

“83”是 confRev 的 Tag 值，“04”表示后面的 Value 部分含有 4 个字节，即“00 00 00 01”，转换成十进制为“1”。

“85”是 smpSynch 的 Tag 值，“01”表示后面的 Value 部分含有 1 个字节，即“01”，转换成十进制为“1”。

Sequence of Data 字段就是采样数据集的各个成员的编码。“87”是 Sequence of Data 字段的 Tag 值，“81 90”是该字段的长度 Length（采用了长格式编码），表示 Sequence of Data 的 Value 部分含有 144 个字节。

“00 00 04 c0 00 00 00 00”是第一个通道的十六进制编码。按照图 4-13 的结构，前 4 个字节“00 00 04 c0”是瞬时值，转换成十进制为“1216”；后 4 个字节“00 00 00 00”为该通道品质值。第一个通道为电子式互感器的额定延迟时间，其值为 1216μs。

“00 00 05 a9 00 00 00 00”是第二个通道的十六进制编码。同样前 4 个字节“00 00 05 a9”是瞬时值，转换成十进制为“1449”。如果继续转换成实际值，还需要乘以比例因子 *scaleFactor*。按照表 4-11 的定义，如果该通道是电流量需要乘以 0.001，如果是电压量需要乘以 0.01。由于该通道是 A 相保护电流，因此实际值为 1.449A。

第三个通道仍然是“00 00 05 a9 00 00 00 00”。它是 A 相电子式互感器第二个 AD 采集到的保护电流，其实际值也是 1.449 安。

其余通道的编、解码过程与此类似，不再赘述。

3. PDU 各参数的含义

图 4-15 是 Wireshark 软件对 SavPdu 部分的解码结果。

图中各参数的含义如下：

（1）svID。

即采样值控制块标识，由合并单元模型中的逻辑设备名、逻辑节点名和控制块名级联组成，如清单 4-9 所示。

（2）smpCnt。

采样计数器 smpCnt 用于检查数据内容是否被连续刷新，合并单元每发出一个新的数据 smpCnt 应加 1。smpCnt 应在（0，采样率–1）的范围内按顺序增加。图 4-15 中的报文采样频率为 4000Hz（每周波采样 80 点），因此 smpcnt 在（0，3999）范围内按顺序增加。smpcnt 不应跳变或越限。合并单元采用秒脉冲进行同步时，每个同步秒脉冲到达后应将 smpCnt 翻转置 0。

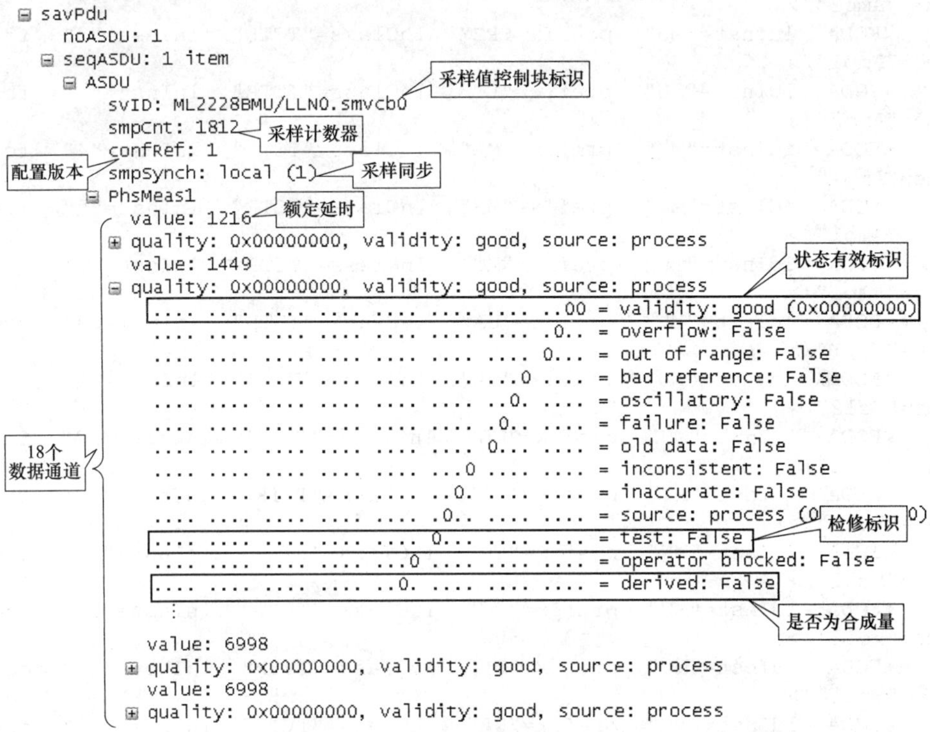

图 4-15　IEC 61850—9—2 LE 报文截图

（3）confRef。

配置版本号 confRef 的含义与 GOOSE 报文中的 Config Revision 类似。它是一个计数器，用于反映配置改变的次数。当对采样值数据集成员进行重新排序、删除等操作时，配置被改变。配置每改变一次，配置版本号应加 1。

（4）smpSync。

同步标识位 smpSync 用于反映合并单元的同步状态。当同步脉冲丢失后，合并单元先利用内部晶振进行守时。当守时精度能够满足同步要求时，smpSync 应为 True；当守时精度不能够满足同步要求时，smpSync 应变为 FALSE。

（5）PhsMeas1。

“PhsMeas1”中各个通道的含义、先后次序和所属的数据类型都是由配置文件中的采样数据集定义的，清单 4-9 中列出了图 4-15 中报文所对应的数据集 dsSV 的定义。

清单 4-9 如下：

```
<LN0 lnType="XXXX_LLN0" lnClass="LLN0" inst="">
  <DataSet name="dsSV">
    <FCDA ldInst="MU" lnClass="LLN0" fc="MX" doName="DelayTRtg"/>
```

```
        <FCDA  ldInst="MU"  prefix="PA"  lnClass="TCTR"  lnInst="1"  fc="MX" 
doName="Amp1"/>
        <FCDA  ldInst="MU"  prefix="PA"  lnClass="TCTR"  lnInst="1"  fc="MX" 
doName="Amp2"/>
        <FCDA  ldInst="MU"  prefix="PB"  lnClass="TCTR"  lnInst="2"  fc="MX" 
doName="Amp1"/>
        <FCDA  ldInst="MU"  prefix="PB"  lnClass="TCTR"  lnInst="2"  fc="MX" 
doName="Amp2"/>
        <FCDA  ldInst="MU"  prefix="PC"  lnClass="TCTR"  lnInst="3"  fc="MX" 
doName="Amp1"/>
        <FCDA  ldInst="MU"  prefix="PC"  lnClass="TCTR"  lnInst="3"  fc="MX" 
doName="Amp2"/>
        <FCDA  ldInst="MU"  prefix="MA"  lnClass="TCTR"  lnInst="4"  fc="MX" 
doName="Amp1"/>
        <FCDA  ldInst="MU"  prefix="MB"  lnClass="TCTR"  lnInst="5"  fc="MX" 
doName="Amp1"/>
        <FCDA  ldInst="MU"  prefix="MC"  lnClass="TCTR"  lnInst="6"  fc="MX" 
doName="Amp1"/>
        <FCDA  ldInst="MU"  prefix="UA"  lnClass="TVTR"  lnInst="9"  fc="MX" 
doName="Vol1"/>
        <FCDA  ldInst="MU"  prefix="UA"  lnClass="TVTR"  lnInst="9"  fc="MX" 
doName="Vol2"/>
        <FCDA  ldInst="MU"  prefix="UB"  lnClass="TVTR"  lnInst="10"  fc="MX" 
doName="Vol1"/>
        <FCDA  ldInst="MU"  prefix="UB"  lnClass="TVTR"  lnInst="10"  fc="MX" 
doName="Vol2"/>
        <FCDA  ldInst="MU"  prefix="UC"  lnClass="TVTR"  lnInst="11"  fc="MX" 
doName="Vol1"/>
        <FCDA  ldInst="MU"  prefix="UC"  lnClass="TVTR"  lnInst="11"  fc="MX" 
doName="Vol2"/>
        <FCDA  ldInst="MU"  prefix="UL"  lnClass="TVTR"  lnInst="12"  fc="MX" 
doName="Vol1"/>
        <FCDA  ldInst="MU"  prefix="UL"  lnClass="TVTR"  lnInst="12"  fc="MX" 
doName="Vol2"/>
      </DataSet>
      <SampledValueControl confRev="1" datSet="dsSV" desc="" multicast="true" 
name="smvcb0" nofASDU="1" smpRate="4000" smvID="ML2228BMU/LLN0.smvcb0">
        <SmvOpts      refreshTime="false"      sampleSynchronized="true" 
sampleRate="false" security="false" dataRef="false"/>
      </SampledValueControl>
    …
    </LN0>
    …
    <DOType id="CN_SAV" cdc="SAV">
      <DA name="instMag" bType="Struct" type="CN_AnalogueValue_I" fc="MX"/>
      <DA name="q" bType="Quality" qchg="true" fc="MX"/>
      <DA name="units" bType="Struct" type="CN_units" fc="CF"/>
      <DA name="sVC" bType="Struct" type="CN_ScaledValueConfig" fc="CF"/>
      <DA name="min" bType="Struct" type="CN_AnalogueValue_I" fc="CF"/>
      <DA name="max" bType="Struct" type="CN_AnalogueValue_I" fc="CF"/>
      <DA name="dU" bType="Unicode255" fc="DC"/>
    </DOType>
```

提示：按照 Q/GDW396—2009 的规定，合并单元采样值数据集应支持 DO 方式。从清单 4-9 中可以看出，dsSV 数据集的成员均采用了功能约束数据 FCD。由于 dsSV 所引用的数据均属于数据类“CN_SAV”，因此这些 FCD 经功能约束 MX 过滤后，由清单 4-9 可知，将只保留 instMag 和 q 两个数据属性。

清单 4-9 中第 1 个 FCDA 成员 DelayTRtg 为互感器的额定延迟时间值。第 2 个至第 18 个成员为电流、电压值。

在 9—2LE 报文中，每一个通道都由瞬时值和品质值两部分组成。瞬时值折算成实际值时，电压量需要乘以比例因子 0.01；电流量需要乘以比例因子 0.001。

品质值中 3 个标志位的含义如下：

1）状态有效标志 validity。

如果一个电子式互感器内部发生故障（如传感元件损坏），则相应通道的状态有效标志位应置为无效。此时保护装置需要针对状态有效标志位增加相应的处理内容，如线路保护装置，当保护电压通道无效时，应闭锁与电压相关的保护（如距离保护），退出方向元件等。

2）检修标志位 test。

检修位用于表示发出该采样值报文的合并单元是否处于检修状态。当装置检修连接片投入时，合并单元发出的采样值报文中的检修位应为 TRUE。接收端 IED 应将接收的采样值报文的 test 位与自身的检修连接片状态进行比对，只有当两者一致时才将信号作为有效处理或动作。

3）derived。

derived 标志用于反映该通道的电压电流是否为合成量。

四、采样值虚端子

与 GOOSE 类似，目前国内在智能变电站的实施中引入了采样值输入“虚端子”的概念。

1. 采样值输入虚端子的定义

如清单 4-10 所示，在定义采样值输入虚端子时，需要在 ICD 文件中预定义以“SVIN”为前缀的逻辑节点 SVINGGIO，并在逻辑节点实例中定义 DOI 信号。这些 DOI 信号与采样值外部输入虚端子一一对应，它们的描述 desc 或 dU 中含有中文描述信息，以作为采样值连线的依据。

清单 4-10 如下：

```
    <LN prefix="SVIN" lnClass="GGIO" lnType="XXX_GGIO_SAV" inst="1" desc="额定延时">
        …
        <DOI name="SAVSO1" desc="通道延时 1">
           <SDI name="instMag">
                <DAI name="i" sAddr="C:DELAY_TIME"/>
           </SDI>
           <DAI name="q" desc=""/>
           <DAI name="dU">
               <Val>互感器额定延时</Val>
           </DAI>
        </DOI>
    </LN>
    <LN prefix="SVINPA" lnClass="TCTR" lnType="XXX_TCTR" inst="1" desc="A 相电流">
        …
        <DOI name="Amp" desc="保护电流 A 相">
          <SDI name="instMag">
             <DAI name="i" sAddr="P:B02.GetOrigSmpl_F0.ipa_prm"/>
          </SDI>
```

```
      <DAI name="q" desc=""/>
      <DAI name="dU">
        <Val>保护电流A相</Val>
      </DAI>
    </DOI>
    <DOI name="AmpChB" desc="启动电流A相">
      <SDI name="instMag">
          <DAI name="i" sAddr="P:B03.GetOrigSmpl_F0.iqa_prm"/>
    </SDI>
    <DAI name="q" desc=""/>
      <DAI name="dU">
        <Val>启动电流A相</Val>
    </DAI>
  </DOI>
</LN>
```

另外，有的厂家也通过 TCTR 和 TVTR 逻辑节点接收外部采样值输入，如清单 4-10 就预定义了以“SVINPA”为前缀的逻辑节点 TCTR 接收 A 相电流。SVINPATCTR1 中含有两个接收电流的 DOI 数据实例“Amp”和“AmpChB”，对应着电子式互感器输出的双 AD。

2. 采样值连线的实现

采样值虚端子的连线和 GOOSE 也十分类似。在生成 SCD 文件时，一般在每个装置的 LLN0 的 Inputs 部分定义该装置的采样值输入连线信息。每一个采样值连线包含装置内部输入虚端子信号和外部装置的输出信号，每一个内部输入虚端子与每个外部装置输出信号为一一对应关系。

清单 4-11 就是某变电站线路保护装置的采样值连线信息<Inputs>。<Inputs>由若干个<Extref>元素组成，每一个<Extref>代表一个采样值虚端子连线。

<Extref>中的 intAddr 属性值就是保护装置内部采样值输入虚端子的引用“SVLD1/SVINGGIO1.SAVSO1.instMag.i”；其余属性，如 daName、doName、iedName 等，级联后就是外部合并单元的采样值输出信号“ML2222BMU/LLN0. DelayTRtg. instMag.i”。

清单 4-11 如下：

```
  <Inputs>
      <ExtRef iedName="ML2228B" ldInst="MU" prefix="" lnClass="LLN0" lnInst=""
doName="DelayTRtg"  daName="instMag.i"  intAddr="SVLD1/SVINGGIO1.SAVSO1.instMag.
i"/>
      <ExtRef  iedName="ML2228B"  ldInst="MU"  prefix=""  lnClass="LLN0"
lnInst="" doName="DelayTRtg" daName="q" intAddr="SVLD1/SVINGGIO1.SAVSO1.q"/>
      <ExtRef iedName="ML2228B" ldInst="MU" prefix="" lnClass="TCTR" lnInst= "1"
doName="Amp1" daName="instMag.i" intAddr="SVLD1/SVINPATCTR1.Amp.instMag.i"/>
      <ExtRef iedName="ML2228B" ldInst="MU" prefix="" lnClass="TCTR" lnInst="1"
doName="Amp1" daName="q" intAddr="SVLD1/SVINPATCTR1.Amp.q"/>
      <ExtRef iedName="ML2228B" ldInst="MU" prefix="" lnClass="TCTR" lnInst= "1"
doName="Amp2" daName="instMag.i" intAddr="SVLD1/SVINPATCTR1.AmpChB.instMag.i"/>
      <ExtRef iedName="ML2228B" ldInst="MU" prefix="" lnClass="TCTR" lnInst=
"1" doName="Amp2" daName="q" intAddr="SVLD1/SVINPATCTR1.AmpChB.q"/>
    …
  </Inputs>
```

图 4-16 是线路保护装置与该间隔合并单元之间的采样值连线示意图，该图更直观地反映了采样值虚端子的含义。

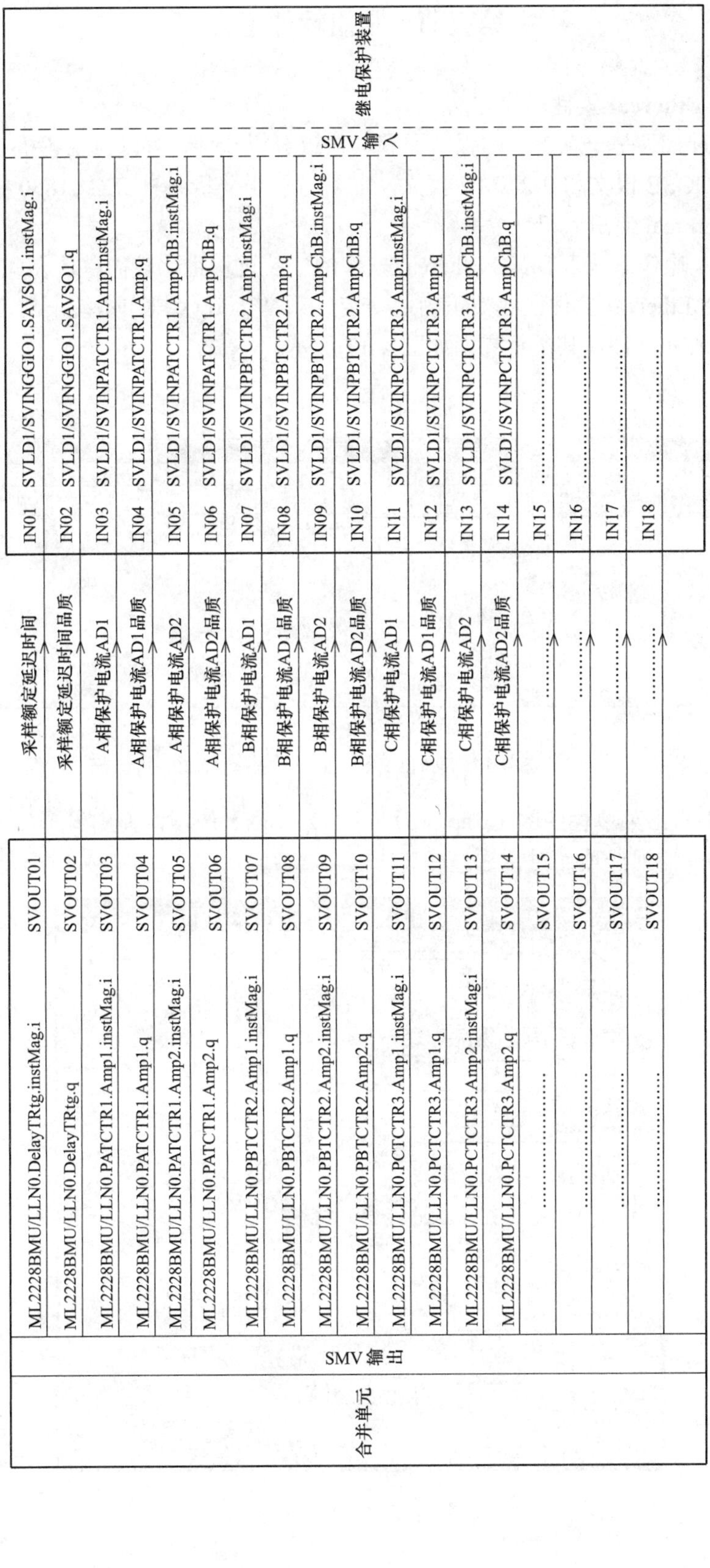

图 4-16　线路保护与合并单元的采样虚端子连线示意图

第三节　常用软件工具

一、MMS Ethereal 软件

“MMS Ethereal”是一款著名的报文捕获与协议分析软件，可以自动解析 IEC 61850 中的 MMS 报文、GOOSE 报文和 9-2 SMV 报文，非常方便于分析各种 IEC 61850 报文。

1. MMS Ethreal 使用入门

在 Windows 操作系统下 MMS Ethereal 软件的安装过程也比较简单，在此不再赘述。

假设 MMS Ethereal 软件已经被正确地安装。从 Windows 操作系统下的【开始】菜单中启动 MMS Ethereal 软件，其运行界面如图 4-17 所示。

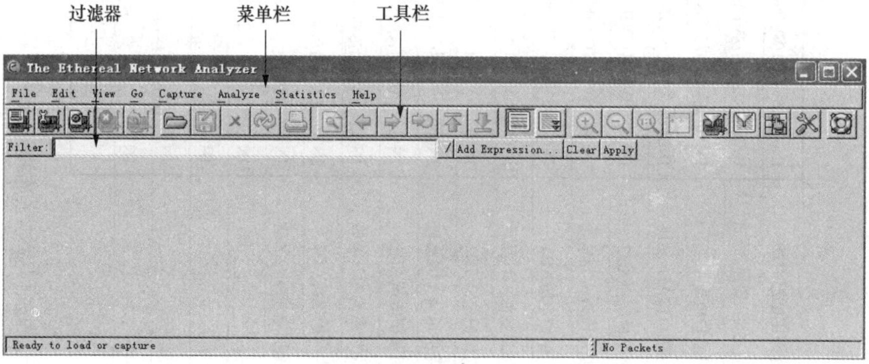

图 4-17　MMS Ethereal 软件启动界面

在主界面中点击菜单栏中的【Capture】→【Options】选项，弹出一个如图 4-18 所示的 Capture Options（捕捉选项）对话框。

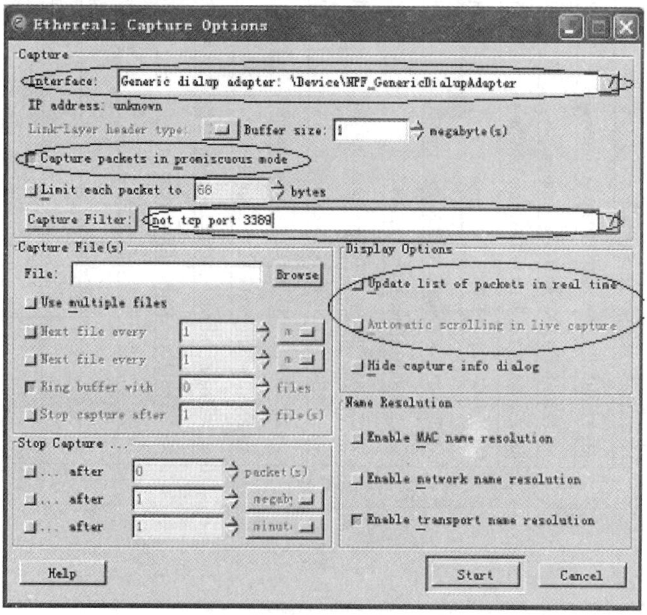

图 4-18　Capture Options 对话框

在这个对话框中，主要选项的含义如下：

（1）Interface：是一个下拉式列表框，列表框选项中含有主机各个网卡的标识。目前许多个人计算机（尤其是手提式电脑）都拥有多个网卡，如图 4-19 所示。在开始捕捉前，应该注意在此处选择正确的网卡，如果网卡选择不当可能就捕捉不到数据包。

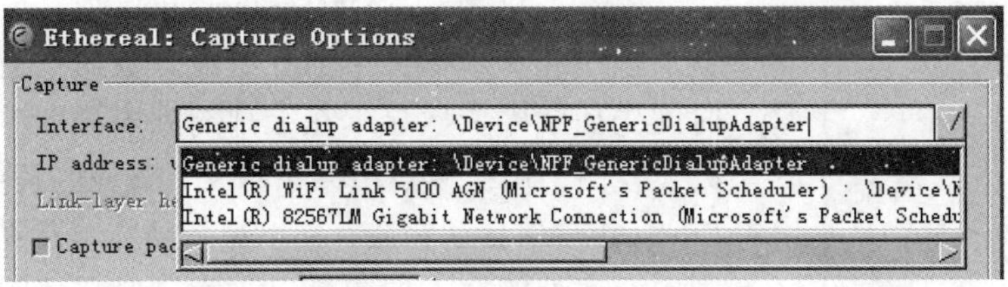

图 4-19　Interface 下拉列表框

（2）Capture packets in promiscuous mode：该选项是一个复选框，用于设置是否打开网卡的混杂模式。如果选中，则网卡处于混杂模式，将捕捉所有路过的数据包，这种模式常用于监听（嗅探）网上的各种报文；如果没有选中，则只捕捉本网卡发出或收到的数据包。在进行 IEC 61850 报文捕获时，将网卡设为混杂模式是一个更方便的选择。

（3）Capture Filter：过滤器，用于设置报文过滤的条件。当 Capture Filter 的背景是绿色时，说明输入的过滤条件符合规定；如果背景是红色，表明输入的过滤条件是无效的。

要捕获特定类型的数据包，实际上有两种方式可供选择：一是在开始捕捉之前就先定义好过滤器，再开始捕捉，这样 MMS Ethreal 就只抓到预先设定的那种类型的数据包；二是不设过滤条件直接开始捕捉，这样会把各种类型的数据包都抓下来，然后再使用过滤器过滤，只让 MMS Ethereal 显示那些指定类型的数据包。实际中一般都使用第二种方式。

（4）Update list of packets in real time：该选项也是一个复选框。选中后主窗口中将实时显示捕获到的数据包；否则只有当捕获停止后，在主窗口中才能显示被捕获的数据包。

（5）Automatic scrolling in live capture：当前面的【Update list of packets in real time】被选中后，此复选框才可用。被选中后主窗口中将滚动显示最新捕获到的数据包，或者说主窗口将自动刷新，如图 4-20（a）所示。如果没有选中此复选框的话，主窗口将不会随着数据包的捕获进程而自动刷新，如图 4-20（b）所示。

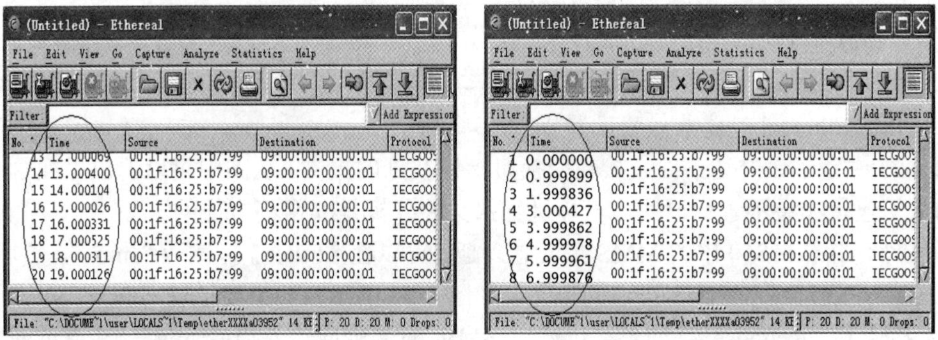

（a）自动刷新的主窗口　　（b）不自动刷新的主窗口

图 4-20　主窗口显示状态

当正确设置完 Capture Options 对话框中的相关选项后，通过单击它的【Start】按钮就可以开始报文捕捉，捕捉到的数据包在软件中的显示如图 4-22 所示；同时弹出一个如图 4-21 所示的统计信息显示窗口。该窗口中动态显示各种类型的数据包所占的百分比。当捕获开始后可以将该对话框最小化到任务栏，如果将其关闭或点击【Stop】按钮均会终止报文捕捉进程。

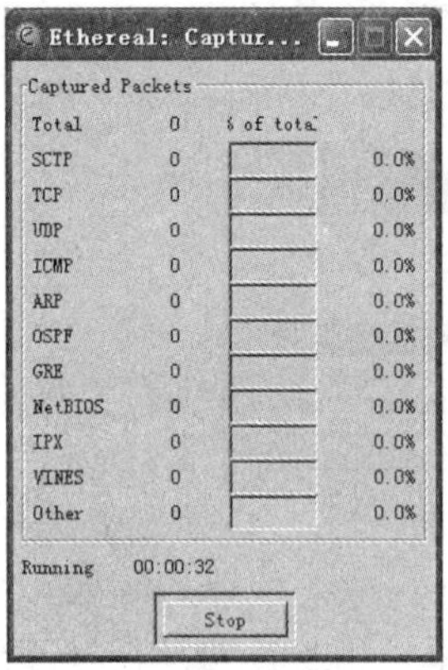

图 4-21 数据包统计信息显示窗口

如图 4-22 所示，MMS Ethereal 软件主界面由列表视图、树形视图和文本框三个部分组成。数据包被捕获后会按照时间先后顺序依次显示在上部的列表视图中。如果我们在列表视图中用鼠标点击某条报文，对应的解析将会由 MMS Ethereal 软件自动完成，并以树形结构显示在中部的树形视图中。底部的文本框中是以十六进制显示的每条报文的具体编码。

在主界面中点击菜单栏中的【File】→【Save】选项，在弹出的对话框中输入一个名称再单击【Save】按钮，可以将当前捕捉的数据包保存至文件，方便以后再次打开分析。单击【File】→【Exit】选项可以退出程序。

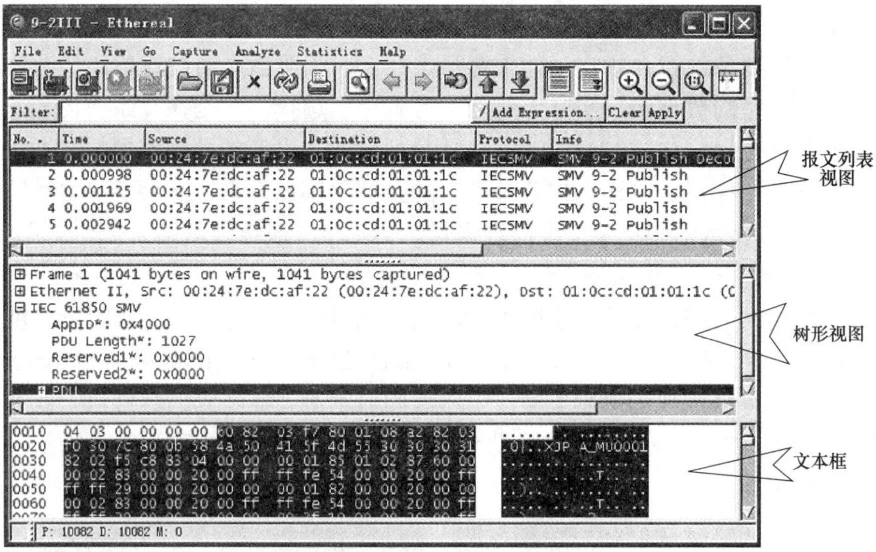

图 4-22 MMS Ethereal 软件运行主界面

2. MMS Ethereal 过滤条件的设置

图 4-23 中是不设过滤条件直接在交换机上捕获到的报文。从图中可以看出里面含有各种类型的数据包。如果不进行过滤，直接进行报文的分析是非常不方便的。

如果只对 IEC 61850 中的 MMS 报文感兴趣，可以在【Filter】栏输入“mms”，然后回车，MMS Ethereal 就只显示 MMS 协议的报文，如图 4-24 所示。如果要过滤 GOOSE 报文则应在【Filter】栏输入“iecgoose”，如果要过滤出 SMV 报文则应输入“iecsmv”。注意过滤器栏对大小写敏感，上述三个过滤条件均应是小写字母。如果过滤条件输入正确则【Filter】栏底色为绿色，否则【Filter】栏底色为红色。

如果想在图 4-24 的基础上做进一步过滤，如只显示 IP 地址为 172.20.220.36 的装置发出或收到的 MMS 报文，可以在过滤器栏输入下列表达式：

```
(mms)&& (ip.src == 172.20.220.36||ip.dst == 172.20.220.36)
```

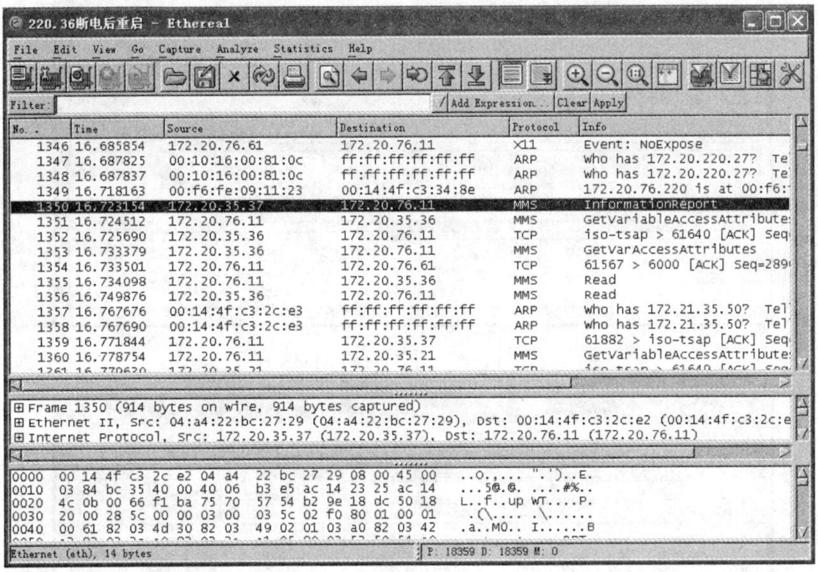

图 4-23　过滤之前的报文

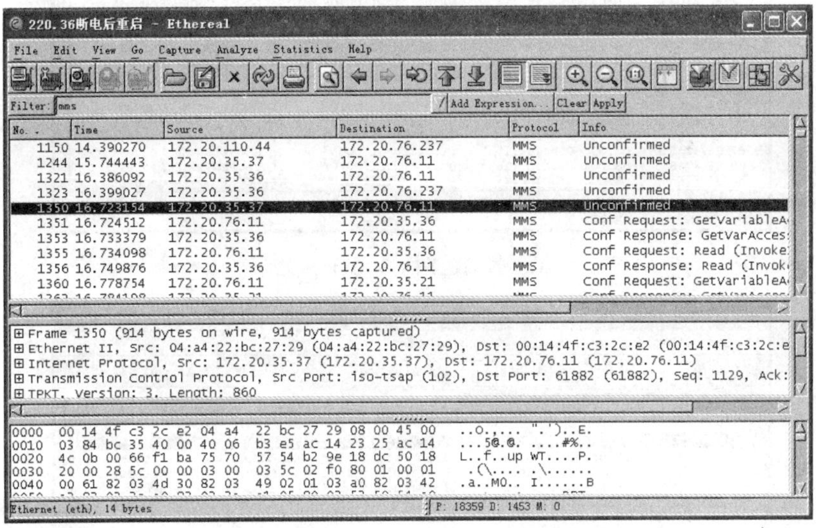

图 4-24　经“mms”过滤后的报文

在表达式中，“&&”是逻辑与操作符，“||”是逻辑或操作符，“ip.src”代表发送 IP 地址，“ip.dst”代表目的 IP 地址。

经过上述表达式过滤后的报文如图 4-25 所示。

同样，如果想在图 4-26（a）中过滤出目的地址为 01:0c:cd:01:00:07 的 GOOSE 报文，可以在过滤器栏输入下列表达式：

```
(iecgoose)&& (eth.dst == 01:0c:cd:01:00:07)
```

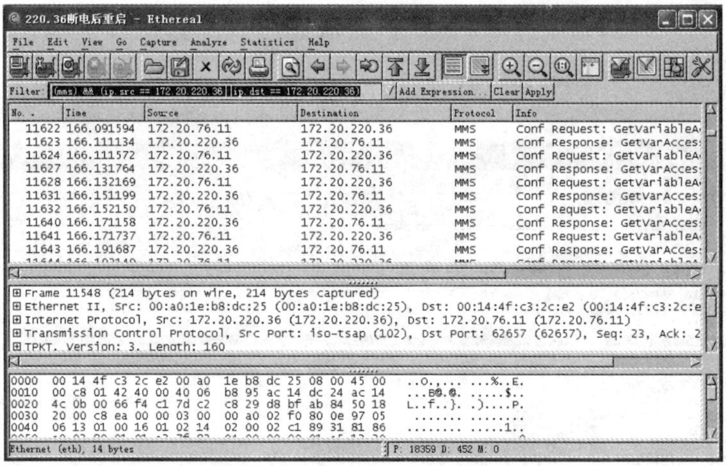

图 4-25 进一步过滤后的 MMS 报文

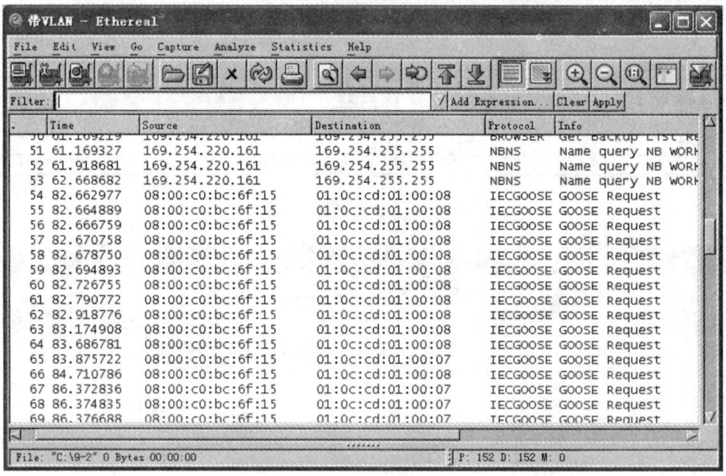

（a）过滤之前的 GOOSE 报文

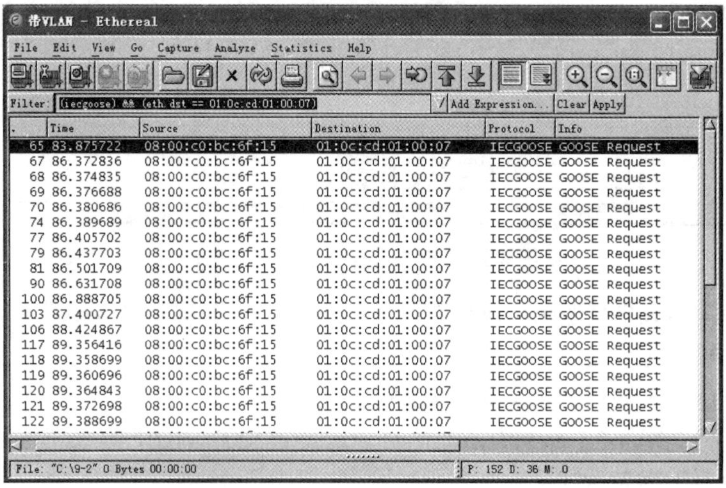

（b）过滤之后的 GOOSE 报文

图 4-26 过滤之前和之后的 GOOSE 报文

二、Wireshark 软件

Wireshark 也是一款常用的 IEC 61850 报文捕获与解析软件。图 4-27 是该软件 1.4.0 版本启动后的主界面。

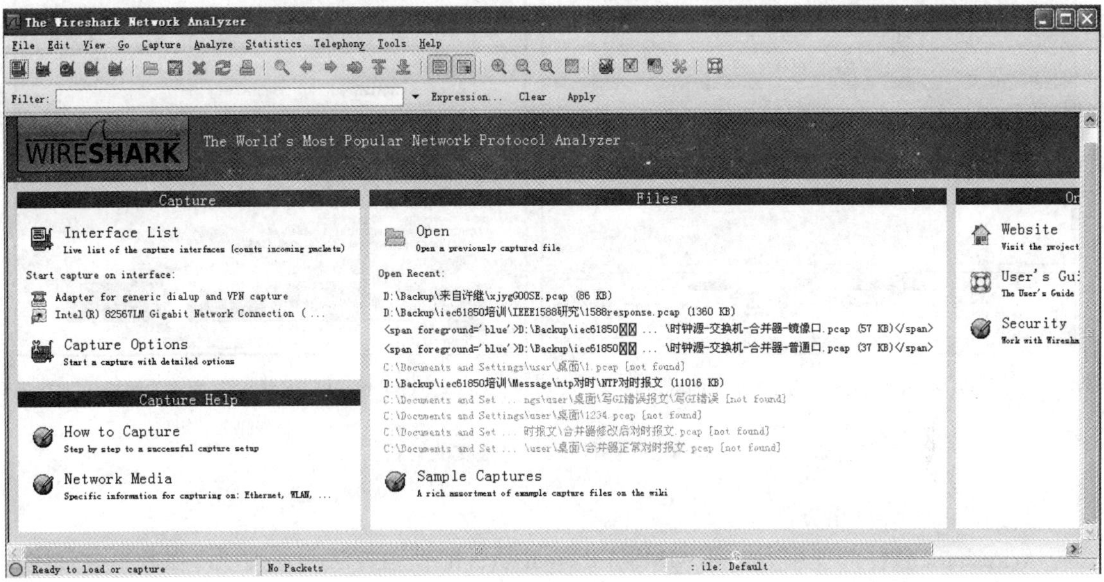

图 4-27　Wireshark 软件启动界面

MMS Ethereal 软件和 Wireshark 软件捕获保存的报文文件格式是兼容的，均为 pcap 格式。利用 Wireshark 能够打开 MMS Ethereal 软件捕获的报文，反过来也一样。

与 MMS Ethereal 相比，Wireshark 对 IEC 61850—9—2 采样值报文和 IEEE 1588 对时报文有更强的解析功能。如图 4-28 所示，Wireshark 能够解析出 9—2 报文采样值数据集中各个通道的数据值和品质值，而 MMS Ethereal 无法做到这一点。另外，如图 4-29 所示，Wireshark 能够解析各种类型的 IEEE 1588 对时报文，而 MMS Ethereal 不能解析 IEEE 1588 报文。

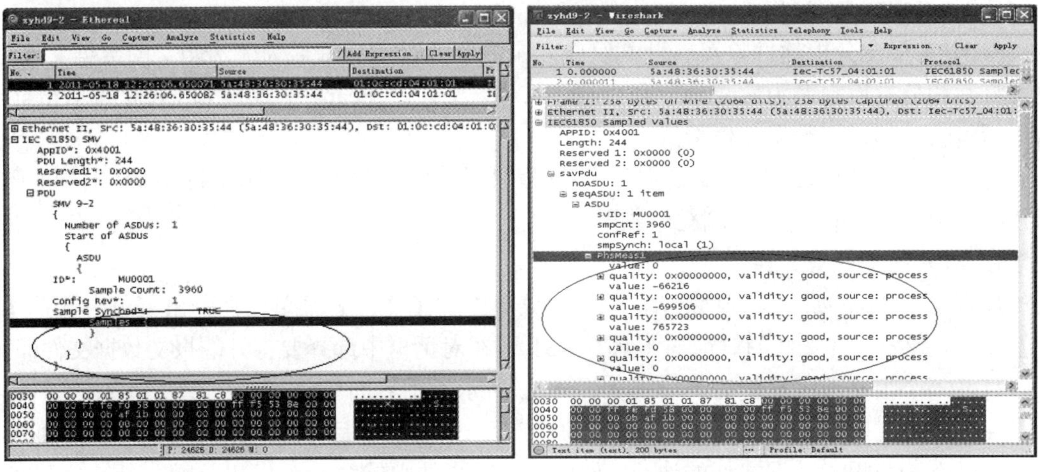

（a）MMS Ethereal 对 9—2 报文的解析　　（b）WireShark 对 9—2 报文的解析

图 4-28　两种软件的报文解析

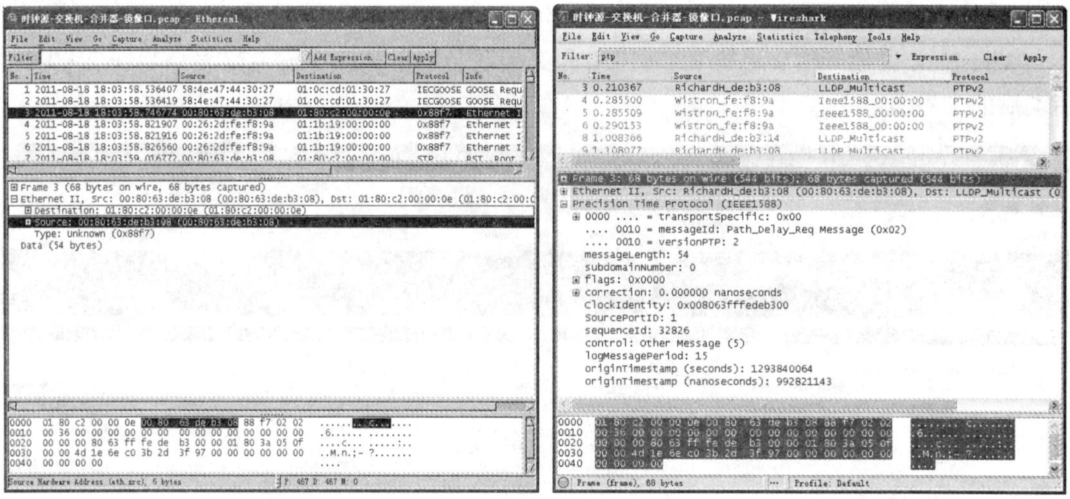

（a）MMS Ethereal 对 9—2 报文的解析　　（b）WireShark 对 9—2 报文的解析

图 4-29　两种软件对报文的解析

1．Wireshark 使用方法

Wireshark 软件的使用方法和 MMS Ethereal 软件的使用方法非常类似，在此不再赘述，读者在使用时可参考本节第二部分的内容。

2．Wireshark 过滤条件的设置

Wireshark 过滤条件的设置与 MMS Ethereal 类似，在软件的【Filter】栏输入代表过滤条件的字符，然后按回车键或者点击“Apply”即可进行报文显示过滤。

如果要过滤 IEC 61850 中的 MMS 报文，则应在【Filter】栏输入“mms”，然后回车，MMS Ethreal 就只显示 MMS 协议的报文。如果要过滤 GOOSE 报文则应在【Filter】栏输入“goose”，如果要过滤出 SMV 报文那么应输入“sv”，如果要过滤出 IEEE 1588 对时报文则应输入“ptp”。Wireshark 软件的过滤器栏对字母大小写同样敏感，上述几个过滤条件均应是小写字母。

三、ZHNPA 软件使用

ZHNPA 报文分析软件除可打开武汉中元录波器专有的后缀名为“.zpkt”的数据文件外，还可打开和分析后缀名为“.pcap” 和“.rrp”的数据文件。“.pcap”格式是 Ethereal 和 Wireshark 网络抓包软件的通用数据文件格式。

另外，ZHNPA 软件可以根据采样值报文绘制出波形，并且支持将绘制的波形以 COMTRADE 1999 格式和 csv 格式导出。

1．打开报文数据文件

运行 ZHNPA，如图 4-30 所示，选择主菜单中的【文件】菜单，在弹出菜单中选择【打开】菜单会弹出打开文件的对话框（见图 4-31），在对话框中选择要打开的报文数据文件即可。

打开一个报文数据文件后，出现如图 4-32 所示的主界面。

在分析报文时，技术人员往往需要同时查看一个包的前后几个包进行综合分析，如果一个包正好在一个报文数据文件的边缘（如报文数据文件中的第一个包和最后一个包），则要查看它前面或后面的几个包就还需要打开一个数据文件，如果一个视图中只能显示一个数据文件的包，就需要在两个视图间来回切换，使用很不方便。ZHNPA 报文分析软件可以在

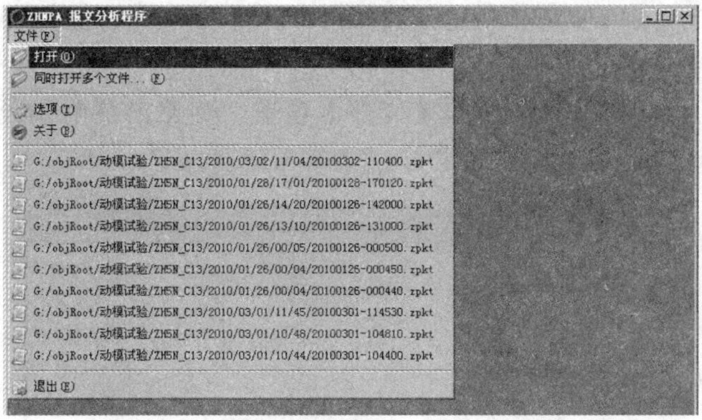

图 4-30 ZHNPA 软件中的【文件】菜单

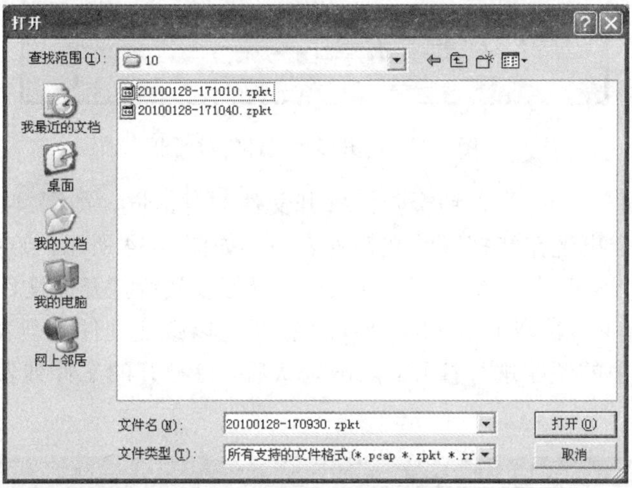

图 4-31 文件打开对话框

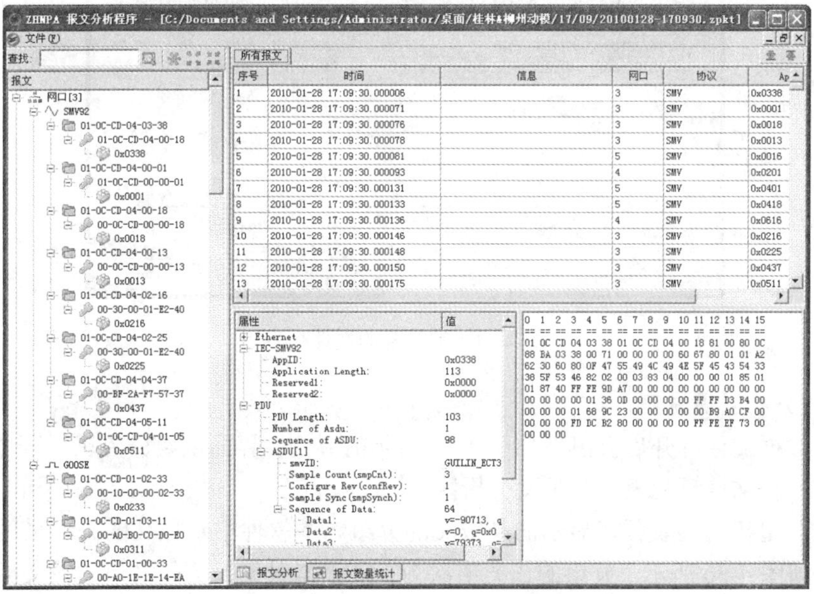

图 4-32 ZHNPA 软件中的主界面

一个视图中将多个报文数据文件中的包按照数据文件排列的顺序组合成一组连续的数据在一个视图中打开，方便用户查看。

如图 4-30 所示，选择主菜单中的【文件】菜单，在弹出菜单中选择【同时打开多个文件…】，菜单会弹出打开多个文件的对话框如图 4-33 所示。

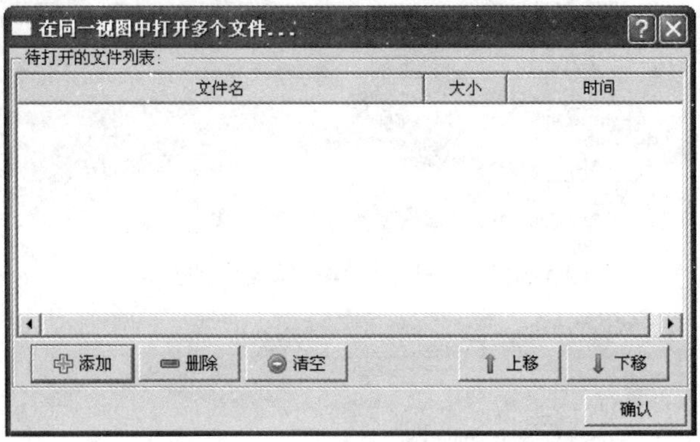

图 4-33　打开多个文件的对话框

在对话框中点击〖添加〗按钮会弹出打开文件的对话框，如图 4-33 所示，选择文件后，待打开的文件会出现在待打开的文件列表中，如图 4-34 所示。点击〖添加〗按钮可以继续添加文件，〖删除〗按钮和〖清空〗按钮可以从待打开的文件列表中删除一个文件和清空文件列表，〖上移〗按钮和〖下移〗按钮可以改变文件在列表中的顺序，文件打开时按文件在列表中的顺序进行打开。点击确认后，待打开的文件列表中的文件将在一个视图中打开。

图 4-34　待打开的文件列表

2. 报文分析界面说明

当报文数据文件打开后会出现如图 4-35 所示的界面，界面主要分为三个区域：报文分组树形列表区、报文信息列表区和报文分析区。

在报文分组树形列表区，显示的是报文的分组。本软件中对报文的分组采用渐进的树状分组方式。如图 4-36 所示，分组的依据依次为：采集器采集报文的网口→报文类型→报文目标地址→报文源地址→报文数据集的 AppId。

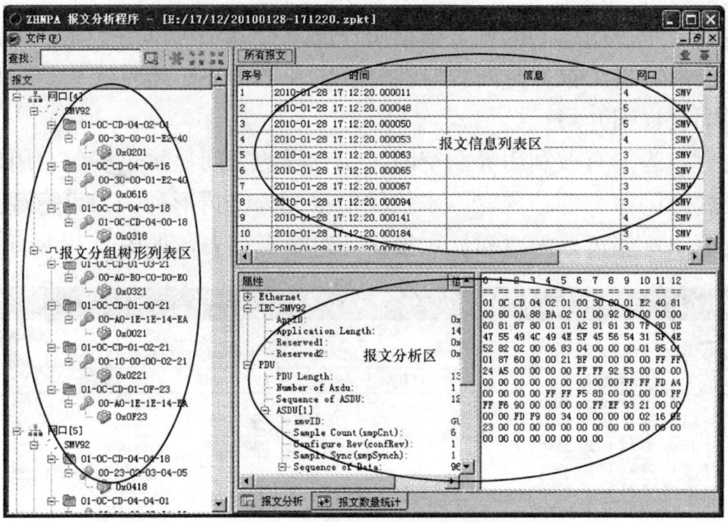

图 4-35　ZHNPA 软件主界面功能分区

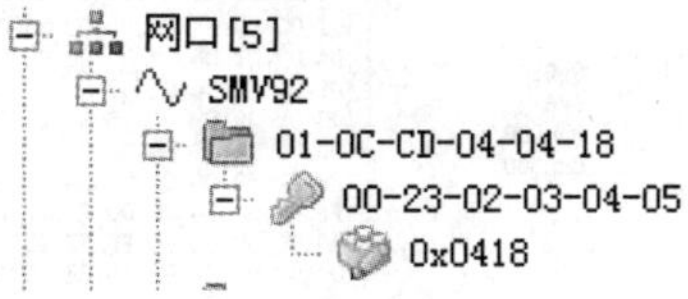

图 4-36　报文的树状分组方式

在报文信息列表区，显示的是报文的信息。刚打开数据文件时默认显示的是这个报文数据文件中所有的报文信息，“所有报文”是默认的分组，选择分组后只列出这个分组中的报文信息。根据报文分组选择的不同，报文信息列表中显示的报文信息也会做相应的改变。报文信息列表区可以打开多个分组，如图 4-37 所示，点击列表区上的分组标签可以方便地切换分组，对于已经打开的分组不会重复打开。不论打开多少个分组，系统内存的开销都非常小，且打开和切换的时间开销也非常小。

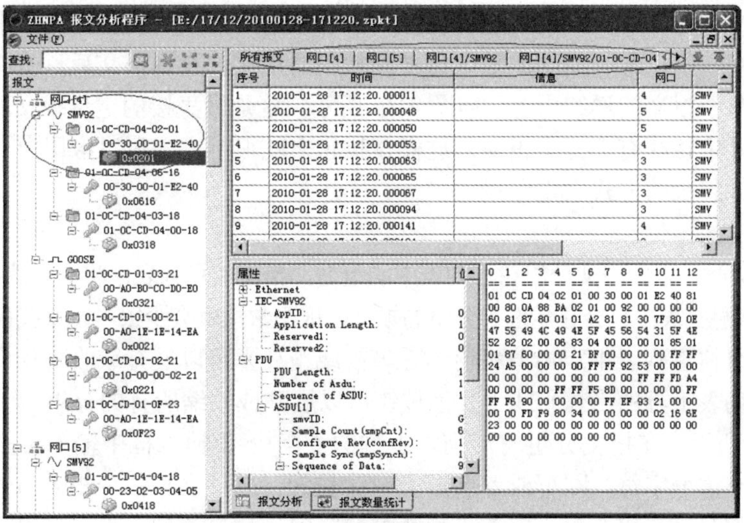

图 4-37　报文信息列表区的多个分组

报文分析区是一个多用途的区域，根据用户的选择分别可以用于显示报文的详细内容、报文数量统计、波形分析、报文时间均匀性分析以及 GOOSE 事件序列等。这个区域在各种情况的用途在后面会详细介绍。

在分析报文时，为了有效利用界面空间，让有限的空间显示更多的有用信息，软件能够根据用户的需要暂时隐藏一部分内容。本软件中报文分组树形列表为可隐藏区域，双击报文信息列表区上的分组标签可以隐藏和显示报文分组树形列表，如图 4-38 所示。

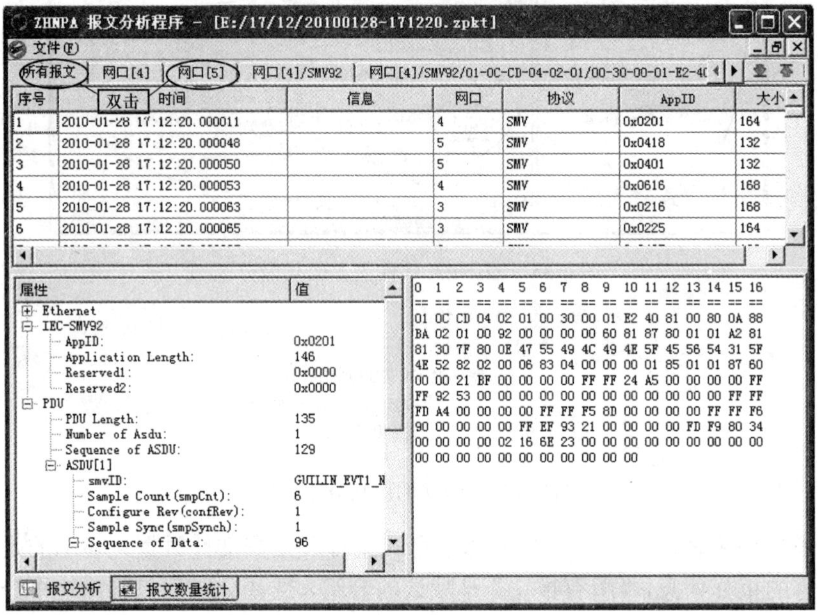

图 4-38　报文分组树形列表的隐藏和显示方法

3. 报文分析方法

（1）报文直接定位。

报文数据文件打开时，报文信息列表区列出了数据文件中的所有报文。用户可以直接根据报文接收时间、网口号、AppId 等信息找到相应的报文，找到报文后点击相应的行，在报文分析区即可显示报文的详细内容，如图 4-39 所示。这是最直接的定位报文的方法，但是一个报文数据文件中往往有上万个报文，这样查找起来就很困难，所以应用中一般采用与下面的两种方法结合起来的方式来定位报文。

（2）分组过滤定位。

在定位报文时，点击报文分组树形列表中的组名，报文信息列表中将会过滤掉其他分组的报文，这样报文信息列表中只会显示选中分组的报文，报文数量就会少很多，查找报文也就更容易。

在报文分组树形列表中点击分组前的〖⊞〗或〖⊟〗可以展开或收缩相应的分组。点击报文分组树形列表上方的〖 〗或〖 〗按钮可以展开或收缩所有的分组。

如图 4-40 所示，在报文分组树形列表上方的【查找：】输入框中输入要查找的分组的组名或者组名的一部分字符，回车或者点击〖 〗按钮，软件会查找分组名与输入字符串相匹配或分组名的部分字符串与输入字符串相匹配的分组。如果找到，将会在报文信息列表区中打开找到分组中的报文信息，如果有多个分组符合条件，再回车或者点击〖 〗按钮会打开下一个符合条件的分组。

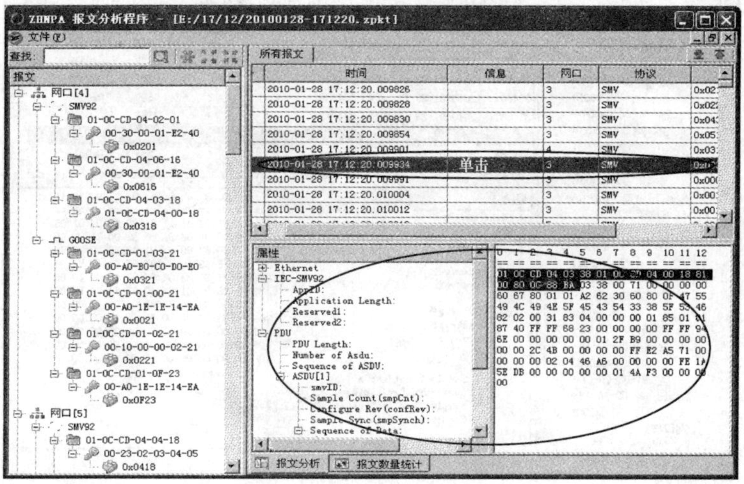

图 4-39　报文分析区的详细内容

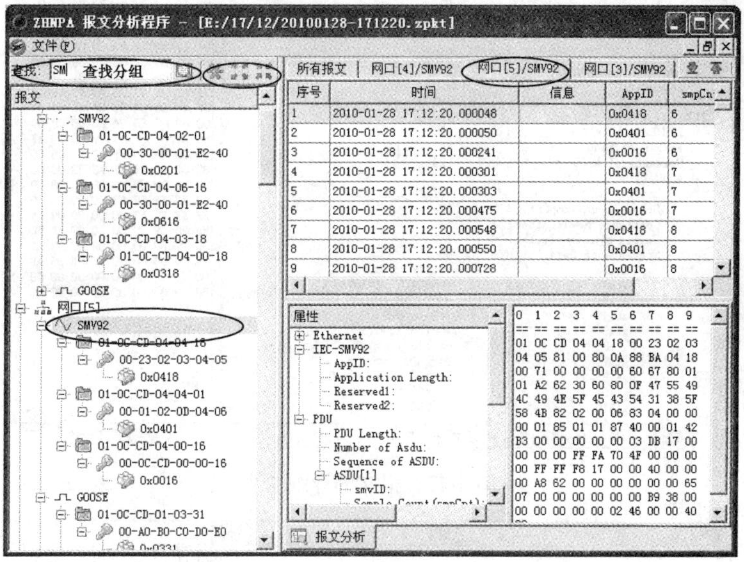

图 4-40　报文分组树形列表的查找方法

（3）错误/告警事件信息快速定位。

在应用中，常常会分析出现错误或告警等事件时的报文，本软件可以快速定位到出现错误或告警等事件时的报文。如图 4-41 所示，点击〖 〗按钮和〖 〗按钮，分别按向下和向上的方向定位到当前分组中下一个出现错误或告警等事件时的报文。

（4）报文内容查看。

在报文信息列表中找到报文后，点击找到的报文，在软件报文分析区的报文分析标签下就会显示报文的详细内容，如图 4-42 所示。报文分析区的左边部分显示的是软件解析出的报文中的相应字段及字段的值，报文分析区的右边部分显示的是报文原始的十六进制数据。在左边区域选择一个字段，则软件会在右边区域标记出字段相应的十六进制数据，如图 4-43 所示。

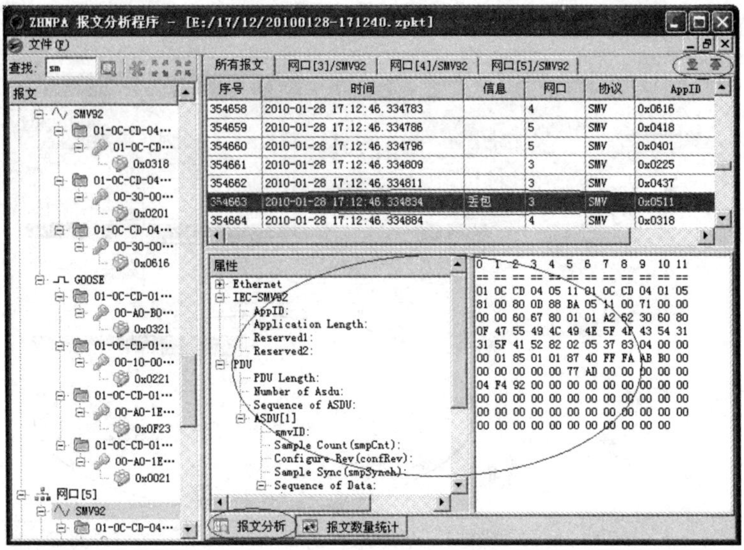

图 4-41 错误/告警事件信息快速定位

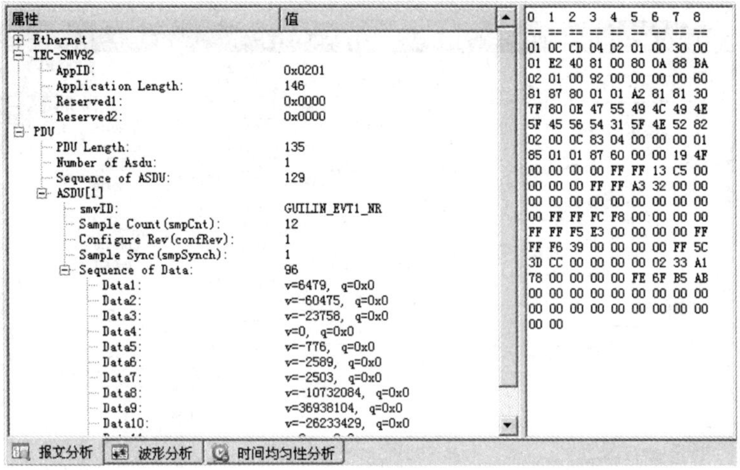

图 4-42 报文的详细内容

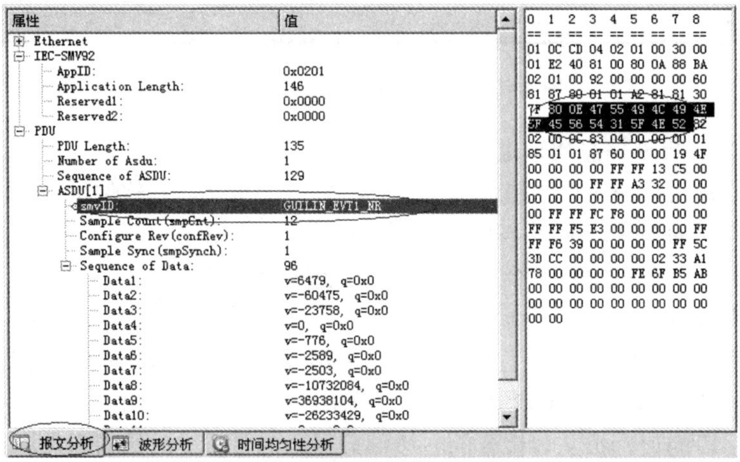

图 4-43 报文原始的十六进制数据

本软件对解析出的字段按树形进行了分组，在分组上点击鼠标右键，如图 4-44 所示。在弹出的菜单上选择【展开所有（X)】或【收缩所有（O)】可以展开字段或将分组收缩。选择【复制（C)】可以将当前选中的字段名字符串和字段值复制到剪贴板。

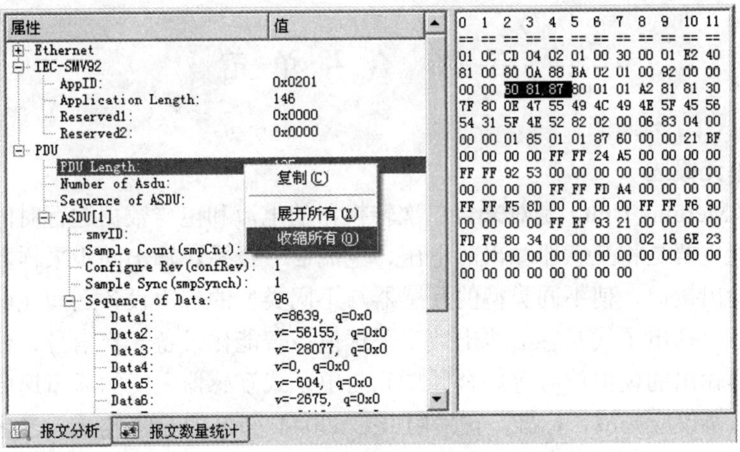

图 4-44　报文解析字段的编辑方法

（5）报文时间均匀性分析。

在报文分组树形列表区选择采样值分组内的一个 AppId 分组，在报文分析区左下方会出现波形分析的标签〖时间均匀性分析〗，选择〖时间均匀性分析〗标签就会出现如图 4-45 所示的波形分析界面。

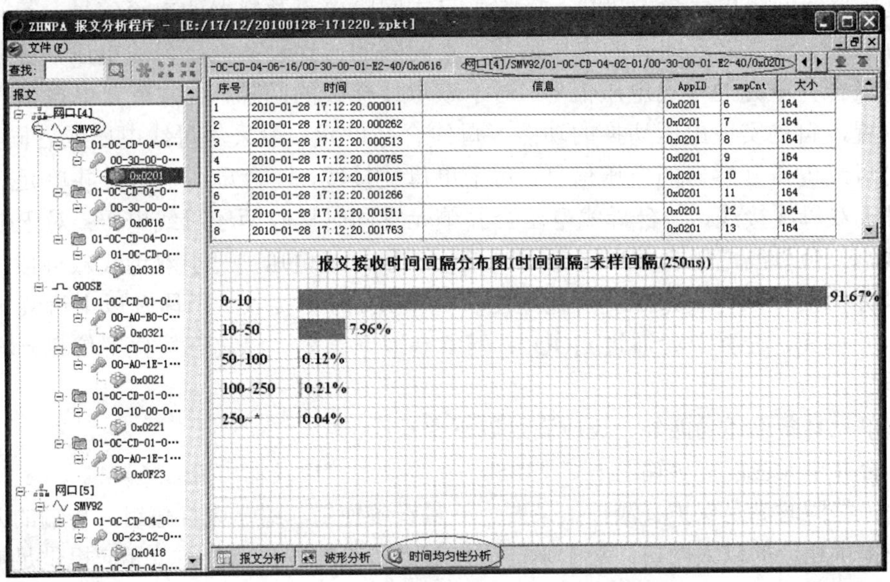

图 4-45　报文时间均匀性分析

注：只有选择采样值分组内的一个 AppId 分组才能进行时间均匀性分析。

第五章　智能站过程层设备及网络设备

第一节　合并单元

一、合并单元概述

合并单元（Merging Unit）是对来自二次转换器的电流和电压数据进行时间相关组合的物理单元，其功能主要是将互感器输出的电压、电流信号合并，输出同步采样数据，并为互感器提供统一的输出接口，使不同类型的互感器与不同类型的二次设备之间能够互相通信。合并单元接入信号包括电子式互感器输出数字采样值、智能化设备一次信号、传统互感器或模拟小信号互感器输出的模拟信号等。合并单元与电子式互感器之间的通讯速度应满足最高采样率要求，通讯协议应开放、标准，宜采用 IEC 60044—7/8 的 FT3 格式。当未在一个电压等级全部配置电子式互感器或变压器各侧未能同时配置电子式互感器时，可在合并单元同时接入数字信号和模拟信号，经同步和合并之后对外提供采样值数据。合并单元应支持可配置的采样频率，以满足保护、测控、录波、计量及故障测距等采样信号的要求。目前智能站中保护、测量所用合并单元的采样频率和输出频率统一为 4kHz，即每工频周期 80 个采样点。计量、故障测距所用的合并单元，其采样和输出频率 12.8kHz。

按照功能，合并单元一般可以分为间隔合并单元和母线合并单元。间隔合并单元用于线路、变压器等间隔电气量的采集，接收来自本间隔电流互感器的电流信号；若间隔设置有电压互感器，还应接入间隔的电压信号；本间隔的二次设备需要母线电压，还应接入来自母线电压合并单元的母线电压信号。对于双母线接线的间隔，合并单元根据本间隔隔离开关的位置，自动实现电压切换的功能。母线合并单元一般采集母线电压或者同期电压，接收来自母线电压互感器的电压信号。对于单母线接线，一台母线电压合并单元对应一段母线；对于双母线接线，一台母线电压合并单元宜同时接收两段母线电压；对于双母线单分段接线，一台母线电压合并单元宜同时接收三段母线电压；对于双母线双分段接线，宜按分段划分为两个双母线来配置母线电压合并单元。对于接入了两段及以上母线电压的母线电压合并单元，合并单元通过 GOOSE 网络获取断路器、隔离开关位置信息，实现电压并列功能。

合并单元具备上述功能外，还应满足以下要求：

（1）合并单元应能提供输出 IEC 61850—9 协议的接口及输出 IEC 60044—7/8 的 FT3 协议的接口，能同时满足保护、测控、录波、计量设备使用。对于采样值组网传输的方式，合并单元应提供相应的以太网口；对于采样值点对点传输的方式，合并单元应提供足够的输出接口分别对应保护、测控、录波、计量等不同的二次设备。输出接口应模块化并可根据需要增加输出模块。输出协议采用 IEC 61850—9—2 时，合并单元的数字量输出宜采用 24 位有符号数值。输出协议采用 IEC 61850—9—1 或 IEC 60044—8 时，合并单元的数字量输出宜采用二次值方式。

（2）合并单元应能够接收 IEC 61588 或 B 码同步对时信号，合并单元应能够实现采集器间的采样同步功能，采样的同步误差应不大于±1μs。在外部同步信号消失后，至少能在 10min 内继续满足 4μs 同步精度要求。合并单元与电子式互感器之间没有硬同步信号时，合并单元应具备前端采样、处理和采样传输时延的补偿功能。

（3）合并单元应能保证在电源中断、电压异常、采集单元异常、通信中断、通信异常、装置内部异常等情况下不误输出；应能够接收电子式互感器的异常信号；应具有完善的自诊断功能。合并单元应能够输出上述各种异常信号和自检信息。合并单元输出采样数据的品质应实时反映自检状态，不应附加任何延时或展宽。

（4）合并单元应提供调试接口，可以根据现场要求对所发送通道的顺序、相序、极性、比例系数等进行配置。

（5）根据工程需要，合并单元可以光能量形式，为电子式互感器采集器提供工作电源。若电子式互感器由合并单元提供电源，合并单元宜具备光纤通道的光强监视功能，实时监视光纤通道接收到的光信号强度，并根据检测到的光强度信息，提前报警。

二、合并单元工作原理

1. 电气量采集

对于传统互感器输出的模拟量，模拟信号通过电缆输入合并单元，经过隔离变换、低通滤波后进入 CPU 进行 A/D 转换后，变为数字量输出至 SV 接口。对于电子式互感器输出的数字量，合并单元有同步和异步两种方式。

（1）同步方式：合并单元向各电子式互感器发送同步脉冲信号，电子式互感器接收到同步信号后，对一次电气量开始采集处理，并将采样数字量发送至合并单元。

（2）异步方式：电子互感器按照自己的采样频率进行电气量采集处理，并将每次的采样值发送至合并单元。

2. 状态量的采集

对于状态量的采集，合并单元可经自身直接采集，也可经 GOOSE 通信采集。

（1）自采集方式：状态量通过硬接点输入合并单元，通过光电隔离变换，将强电信号转化为数字量“0/1”。

（2）GOOSE 采集方式：合并单元接受智能终端经 GOOSE 上传的就地采集到的状态量，如隔离开关位置，也可以通过 GOOSE 通信上传装置状态、告警信息，如合并单元装置告警信号。

3. 采样数据同步

由于数据从互感器输出到合并单元存在延时，且考虑到电磁式互感器和电子式互感器混合接入的情况，不同的采样通道之间的延时也不完全相同，必须考虑各接入量的采样同步问题，以满足二次设备的要求。如三相电流、电压采样必须同步，变压器差动保护从不同电压等级的多个间隔获取数据存在同步问题，母线差动保护从多个间隔获取数据也需要同步采样，线路纵差保护线路两端数据采样也必须同步采样。为了保证输出到保护装置的采样数据的同步性，在合并单元获得原始采样数据后，需要对其“重采样”。解决同步常用的方法有，脉冲同步、角度调整插值法。

基于 GPS 秒脉冲同步的同步采样。以 GPS 秒脉冲来实现全站和邻站所有采样模块的采样间隔，经合并单元汇总后，自动实现各模拟量的同步采样，如图 5-1 所示。这种方法的同步效果取决于 GPS 秒脉冲的精度及完整性，GPS 秒脉冲丢失可能直接影响同步的精度。这种同步方法简单（全站采用同一GPS脉冲信号），但过度依赖GPS秒脉冲，秒脉冲丢失时存在危险。

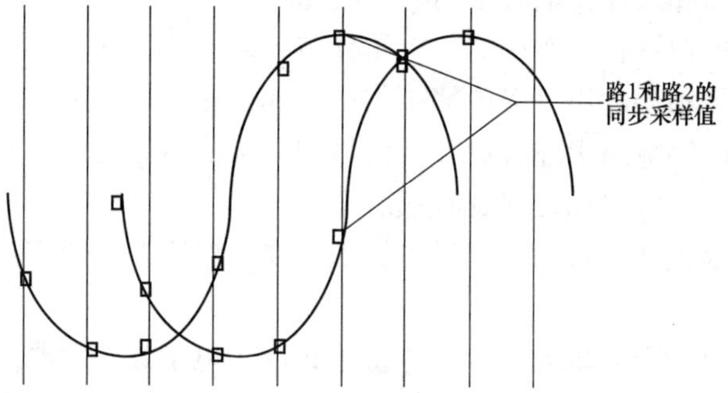

图 5-1 基于GPS秒脉冲同步的同步采样示意图

采用角度调整插值法。这种方法不依赖于GPS秒脉冲信号来完成采样数据同步，比方案1有更高的可靠性。如图5-2所示，合并单元收到每路数据的每个采样值时记下了相应的时刻T11、T12、T13和T21、T22、T23，在进入中断程序的每个参考时刻T点（重采样时刻）上，每一路的数据在其前后都会有采样值，根据前后点与此时刻的数值和时间差，利用插值算法（拉格朗日插值）可以得到一个“同步采样值”，所有路的数据“同步采样值”都是此参考时刻的值。

参考时刻按固定间隔时间后移，计算不断进行，于是得到连续的“同步采样值”。

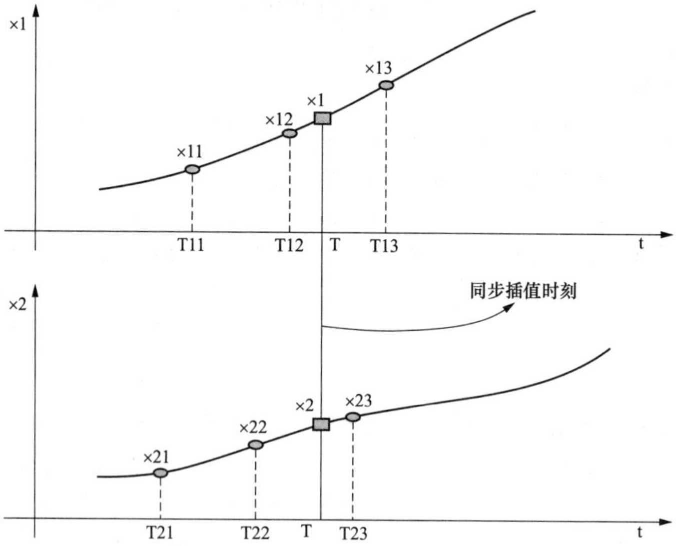

图 5-2 插值算法的同步原理示意图

以上两种方法可同时使用，即当秒脉冲信号完整时，可达到很高的同步精度，误差在纳秒（ns）级；当秒脉冲信号丢失时，同步精度低，误差在微秒（μs）级，仍可满足保护和计量的精度要求。

4. 合并单元时钟同步

合并单元接管了采样处理工作后，传统的采样过程其实就变成了保护、测控装置与合并单元之间的通信过程。各个合并单元时钟同步的精度直接决定了合并单元采样值输出的相位精度。通常，重点需要测试的有：

（1）对时精度：合并单元与标准时钟误差不大于±1μs。

（2）守时精度：合并单元在时钟丢失 10min 内，其内部时钟与绝对时间偏差在 4μs 以内。

5. 电压并列、切换功能

母线电压合并单元通过采集母联（分段）断路器位置和母线电压并列控制命令（I 母强制并列到Ⅱ母命令/Ⅱ母强制并列到 I 母命令），从而实现电压并列功能。这一采集过程可以通过硬接点开入，也可以通过 GOOSE 采集。

间隔合并单元通过获取隔离开关状态，根据如图 5-3 所示隔离开关 S1、S2 的位置来切换选择取 I 母或Ⅱ母电压，从而实现电压切换功能。隔离开关状态获取可通过硬接点开入，也可以通过 GOOSE 采集。

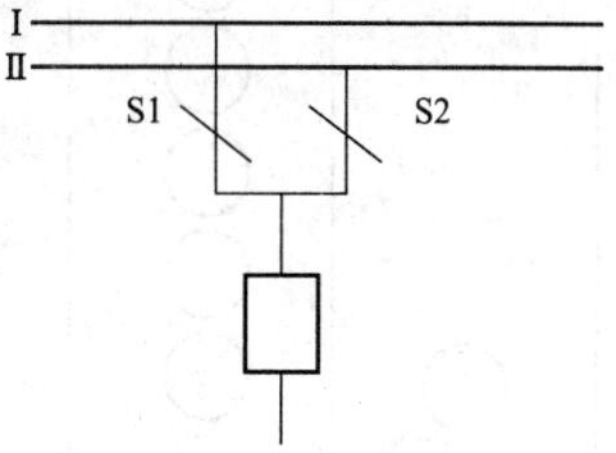

图 5-3　双母线隔离开关示意图

三、合并单元实例介绍

1. PCS—221C 合并单元概述

PCS—221C 合并单元为适用于变电站 GIS 电子式互感器的线路间隔和主变压器间隔的数据合并单元。作为线路间隔合并单元时，装置合并发送 1 个间隔内 A、B、C 三相测量和保护电流、三相电压和一相母线电压的数据。作为主变压器间隔合并单元时，装置合并发送 1 个间隔内 A、B、C 三相测量和保护电流、三相电压及外接零序和间隙零序电流。数据发送通过光纤，遵循 IEC 60044—8、IEC 61850—9—1 或者 IEC 61850—9—2 协议所定义的数据接口标准。装置设计灵活通用，能够适应 110kV 及以下、220kV、500kV 及以上等级变电站各种电子式互感器配置的需要。

2. PCS—221C 合并单元硬件结构

PCS—221C 合并单元是由电源插件（NR1301A）、光纤接口板 A（NR1126）、光纤接口板 B（NR1122A）、开入开出板（NR1525A）几部分构成。

装置面板如图 5-4 所示，背板如图 5-5 所示。电源插件面板接线图如图 5-6 所示。

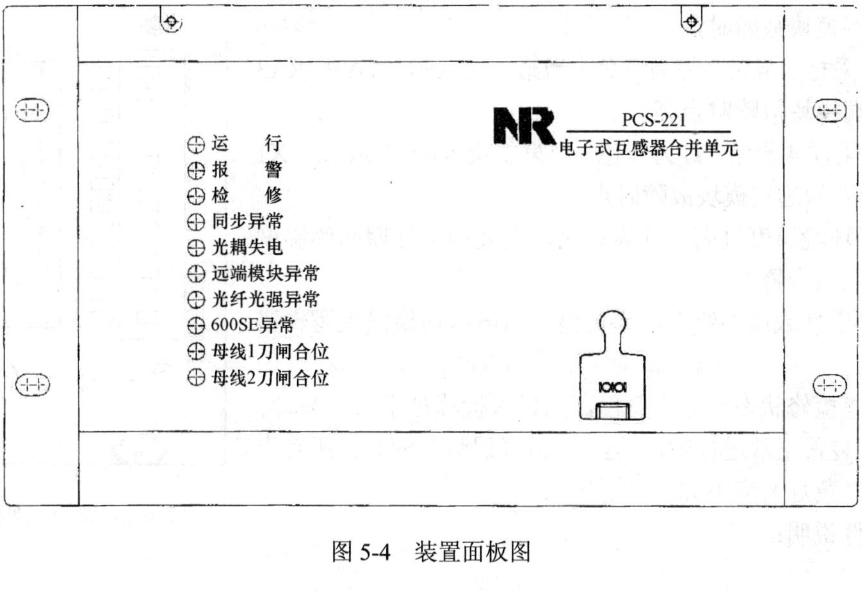

图 5-4　装置面板图

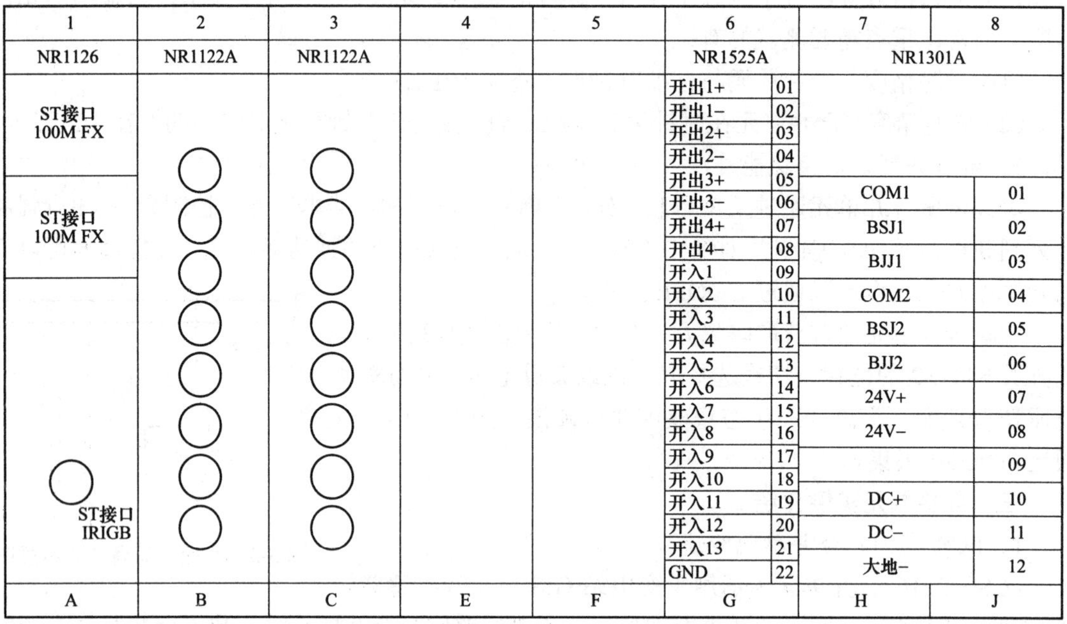

图 5-5　装置背板图

面板指示灯说明：

（1）“运行”灯为绿色，装置运行时点亮。

（2）“报警”灯为黄色，装置自检异常时点亮。

（3）“同步异常”灯为黄色，当装置未与接入的同步信号同步时，点亮告警。

（4）“采样 1 异常”灯为黄色，当第一块 NR1122A 的 RX1 接入的远端模块故障时点亮。

（5）“采样 2 异常”灯为黄色，当第一块 NR1122A 的 RX2 接入的远端模块故障时点亮。

（6）“采样 3 异常”灯为黄色，当第一块 NR1122A 的 RX3 接入的远端模块故障时点亮。

（7）“采样 4 异常”灯为黄色，当第二块 NR1122A 的 RX1 或 RX2 接入的远端模块故障时点亮。

（8）“环境温度过高”灯为黄色，当装置运行期间的温度太高时，点亮告警。

（9）“压切或压并错”灯为黄色，当电压切换出现逻辑错误时点亮。

（10）“检修状态”灯为黄色，当投入检修把手时点亮。

（11）装置正常运行时，“运行”灯（绿灯）应亮，所有告警指示灯（黄灯）应不亮。

各插件说明：

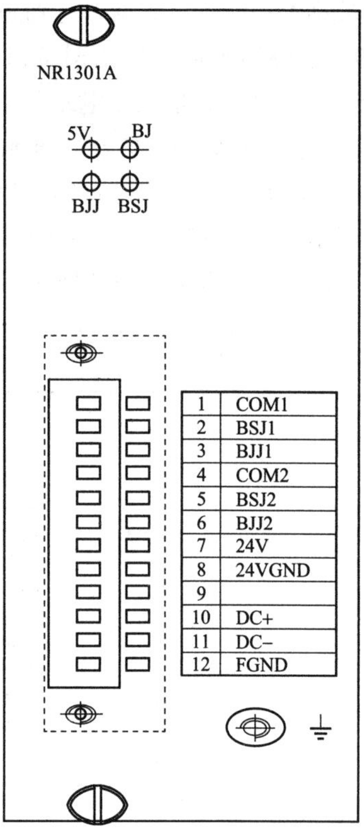

图 5-6　电源插件面板接线图

（1）电源插件（NR1301A）。

如图 5-7 所示，合并单元的电源从 10 端子（直流电源 220V/110V+端）、11 端子（直流电源 220V/110V−端）经背板电源开关、扼流圈至内部 DC/DC 转换器，输出+5V 给合并单元装置其他插件供电；另外经 7、8 端子输出一组 24V 光耦电源，其中端子 7 为光耦 24V+，端子 8 为光耦 24VGND。输入电源的额定电压同时兼容 220V 和 110V 两种，如图 5-6 所示，电源插件面板四个指示灯定义如下：“5V”灯为绿色，装置+5V 正常供电点亮；“BJ”灯为黄色，装置+5V 供电异常点亮；“BJJ”灯为红色，装置报警点亮；“BSJ”灯为红色，装置闭锁点亮。

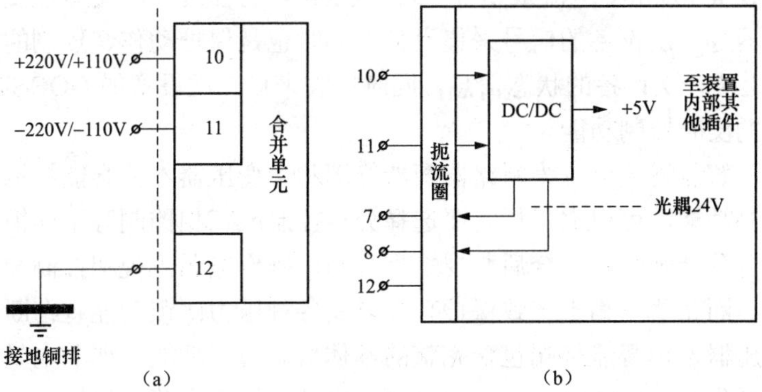

图 5-7 电源插件原理及输入接线图

（2）光纤接口板插件 B（NR1122A）。

光纤接口板 NR1122A 通过光纤用来连接远端模块或者母线间隔合并单元。合并单元设计灵活，在多节点密集采集时，光纤接口板 NR1122A 可以灵活扩展。GIS 电子式互感器每个远端模块与光纤接口板仅需一根光纤连接，这在节约成本的同时，也简化了设备安装。

（3）光纤接口板插件 A（NR1126）。

NR1126 从 NR1122A 通过 HTM 总线得到该间隔的模拟量，并同时接入 B 码或者秒冲对时，以 IEC 61850—9—1 或者 IEC 61850—9—2 发送数据。NR1126 也可获得 GOOSE 信号。板卡对外的光纤发送头有 ST 头和 SC 头两种，其中 NR1126D 型板卡为 ST 头，NR1126B 型板卡为 SC 头。

（4）开入开出板插件（NR1525A）。

一块开入开出板 NR1525 最多可以连接 13 路开入，4 路开出。其具体所需的开入开出数目可以根据实际的需求灵活配置。开入 1 接入直流电源输入以检测电源状态。其他开入开出部分定义如下：

1）开出部分：开出 1 切换回路同时动作；开出 2 切换回路同时返回；其他的开出信号悬空不接。

2）开入部分：对于双母线开入 2、3 分别为 Ⅰ 母隔离开关位置、Ⅱ 母隔离开关位置。若采用 GOOSE，则开入 2、3 通过 NR1126 板卡的网络光口获得，开入开出板卡 NR1525A 的开入 2、3 悬空不接。

第二节 智能终端

一、智能终端概述

智能终端是一种智能组件。与一次设备采用电缆连接，与保护、测控等二次设备采用光纤连接，实现对一次设备如断路器、隔离开关、主变压器等的测量和控制等功能。智能终端具有断路器控制、开关量输入、输出和模拟量采集功能。开关量输入、输出量点数可根据工程需要灵活配置，开关量输入宜采用强电方式采集，输出接点容量应满足现场实际需要，模拟量输入应能接收 4～20mA 电流量和 0～5V 电压量。智能终端既是智能变电站内断路器、隔离开关、变压器等一次设备的信号采集设备，同时也是保护动作、控制的执行设备。支持以 GOOSE 方式上传一次设备的状态信息，同时接收来自二次设备的 GOOSE 下行控制命令，实现对一次设备的实时控制功能。

按功能划分，智能终端可分为断路器智能终端和主变压器本体智能终端。断路器智能终端具有断路器控制功能，可根据工程需要选择分相控制或三相控制等不同模式。具备断路器操作箱功能，包含分合闸回路、合后监视、重合闸、操作电源监视和控制回路断线监视等功能。断路器防跳、断路器三相不一致保护功能以及各种压力闭锁功能宜在断路器本体操作机构中实现。主变压器本体智能终端包含完整的本体信息交互功能，如非电量动作报文、调档及测温等，并可提供用于闭锁调压、启动风冷、启动充氮灭火等出口接点，同时还宜具备就地非电量保护功能；所有非电量保护启动信号均应经大功率继电器重动，非电量保护跳闸通过控制电缆，以直跳方式实现。

智能终端除具备以上基本功能外，智能终端还应满足如下要求：

（1）智能终端应具备 GOOSE 命令记录功能：记录收到 GOOSE 命令时刻、GOOSE 命令来源及出口动作时刻等内容，并能提供便捷的查看方法。

（2）智能终端应有完善的闭锁告警功能：包括电源中断、通信中断、通信异常、GOOSE 断链、装置内部异常等信号；其中装置异常及直流消失信号在装置面板上宜直接有 LED 指示灯。

（3）智能终端应具有完善的自诊断功能，并能输出装置本身的自检信息。自检项目可包括：出口继电器线圈自检、开入光耦自检、控制回路断线自检、断路器位置不对应自检、定值自检、程序 CRC 自检等。

（4）智能终端应具备接收 IEC 61588 或 B 码时钟同步信号功能，装置的对时精度误差应不大于±1ms。

（5）智能终端 GOOSE 的单双网模式可灵活设置，宜统一采用 ST 型接口。

（6）智能终端安装处应保留总出口连接片和检修连接片。

（7）智能终端应至少带有 1 个本地通信接口（调试口）、2 个独立的 GOOSE 接口，并可根据工程需要增加独立的 GOOSE 接口；必要时还可设置 1 个独立的 MMS 接口用于上传状态监测信息。通信规约遵循 DL/T 860（IEC 61850）标准。

（8）智能终端应提供方便、可靠的调试工具与手段，以满足网络化在线调试的需要。

二、智能终端工作原理

1. 跳闸原理

综合保护测控装置通过 GOOSE 报文送来的跳闸信号及手跳接点输入信号，将其转换成

A、B、C 分相跳闸命令，经压力闭锁控制输出 A、B、C 相跳闸出口，A、B、C 相跳闸出口动作后再分别经过装置的 A、B、C 相跳闸电流保持回路，使断路器跳闸。

2. 合闸原理

综合保护测控装置通过 GOOSE 报文送来的合闸信号及手合接点输入信号，将其转换成 A、B、C 分相合闸命令，经压力闭锁控制输出 A、B、C 相合闸出口，A、B、C 相合闸出口动作后再分别经过装置的 A、B、C 相合闸电流保持回路，使断路器合闸。

3. 跳合闸回路完好性监视

通过在跳合闸出口接点上并联光耦监视回路，监视断路器跳合闸回路的状态。回路导通时，相应光耦输出为“1”。装置通过跳合位光耦开入状态判别跳合闸回路的异常状况。以 A 相为例：如果经光耦开入的 A 相跳位为“1”、合位为“0”，而 A 相合闸回路的状态为“0”，则给出 A 相合闸回路异常报警；如果经光耦开入的 A 相合位为“1”、跳位为“0”，而 A 相跳闸回路的状态为“0”，则给出 A 相跳闸回路异常报警。当任一相的跳闸回路和合闸回路同时为断开状态时，发控制回路断线信号。

4. 压力监视及闭锁

装置通过光耦开入的方式监视断路器操作机构的跳闸压力、合闸压力、重合闸压力和操作压力的状态。当压力不足时，给出相应的压力低报警信号，同时闭锁相应的跳合闸。

装置的跳闸压力闭锁逻辑: 在跳闸命令有效之前，如果操作压力或跳闸压力不足，则闭锁跳闸命令；而在跳闸命令有效之后，即在跳闸过程中出现操作压力或跳闸压力降低的情况，也不会闭锁跳闸，从而可以保证断路器可靠跳闸。

装置的合闸压力闭锁逻辑：

（1）在手合命令有效之前，如果合闸压力不足，则闭锁手合命令；而在手合命令有效之后，即在合闸过程中出现合闸压力降低的情况，也不会闭锁合闸，从而可以保证断路器可靠合闸。

（2）在合闸命令有效之前，如果操作压力或跳闸压力不足，则闭锁合闸命令；而在合闸命令有效之后，即在合闸过程中出现操作压力或跳闸压力降低的情况，也不会闭锁合闸，从而可以保证断路器可靠合闸。

重合闸压力不参与智能终端的压力闭锁逻辑，而只是通过 GOOSE 报文发送给重合闸装置，由重合闸装置来处理。

5. 闭锁重合闸

装置在下述情况下会产生闭锁重合闸信号，可通过 GOOSE 发送给重合闸装置。

（1）收到测控的 GOOSE 遥分命令或手跳开入动作时会产生闭锁重合闸信号，并且该信号在 GOOSE 遥分命令或手跳开入返回后仍会一直保持，直到收到 GOOSE 遥合命令或手合开入动作才返回。

（2）收到测控的 GOOSE 遥合命令或手合开入动作。

（3）收到保护的 GOOSE TJR、GOOSE TJF 三跳命令，或 TJF 三跳开入动作。

（4）收到保护的 GOOSE 闭锁重合闸命令，或闭锁重合闸开入动作。

对于双重化智能操作箱（智能终端），一方面经 GOOSE 网络接收本套保护装置发出的“TA/TB/TC”及“闭重”信号，另外也通过硬连线接收另外一个操作箱的“闭重”信号，如图 5-8 所示，对这两个信号做“或”逻辑，形成内部“闭重”标志，再送给本套的重合闸装置及另外一个操作箱。

三、智能终端实例介绍

1. PCS—222B 装置概述

PCS—222B 是新一代全面支持数字化变电站的智能终端设备。装置能够接收保护跳合闸、测控的手合/手分及隔刀、地刀控制的 GOOSE 命令，并输出相应动作接点；能够采集并上送断路器位置、隔刀及地刀位置、断路器本体信号（含压力低闭锁重合闸）；具有一组分相跳闸回路和一组分相合闸回路，跳合闸回路具有电流自保持功能，具备按回路监视控制回路断线功能，回路电压监视内阻不影响开关机构的防跳功能；装置的出口继电器经启动 DSP 闭锁，可以有效保证装置动作的可靠性。装置可与 220kV 及以上电压等级分相或三相操作的双跳圈断路器配合使用，具有 2 个独立的光纤 GOOSE 口和 1 个 RS—232 调试口，支持基于 IEC 61850 的 GOOSE 通信协议。

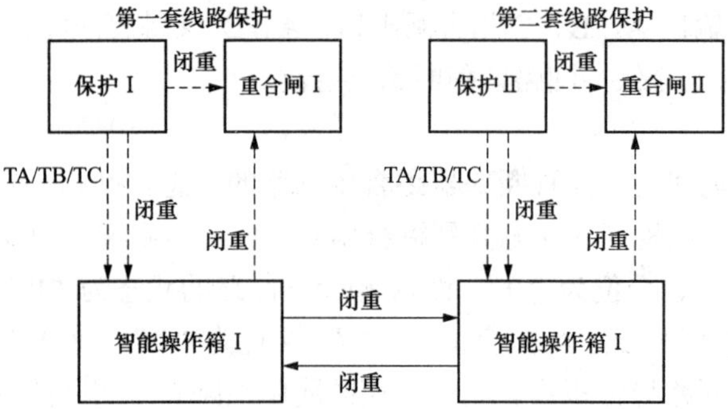

图 5-8　双重化智能操作箱闭重示意图

--------► GOOSE；——————► 硬连线

2. PCS—222B 装置硬件结构

PCS—222B 智能终端采用整体面板、全封闭 4U 标准机箱，由电源插件、DSP 插件、智能开入插件、智能开出插件、智能操作回路插件和电流保持插件组成。DSP 插件一方面负责 GOOSE 通信，另一方面完成动作逻辑，开放出口继电器的正电源；智能开入插件负责采集断路器、隔离开关等一次设备的开关量信息，然后交由DSP插件发送给保护和测控装置；智能开出插件驱动隔刀、地刀分合控制的出口继电器；智能操作回路插件驱动断路器跳合闸出口继电器，并监视跳合闸回路完好性；电流保持插件完成断路器跳合闸电流自保持功能。装置硬件框图，如图 5-9 所示，装置面板如图 5-10 所示。

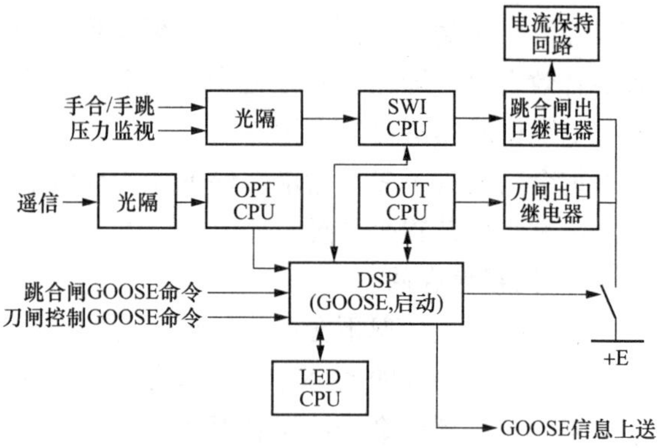

图 5-9　装置通用硬件框图

3. 指示灯说明

如图 5-10 所示，面枚指示灯说明如下：

（1）“运行”灯为绿色，装置正常运行时点亮.

（2）“报警”灯为黄色，当发生装置自检异常时点亮。

（3）“检修”灯为黄色，当装置检修投入时点亮。

（4）“GOOSE 异常”灯为黄色，当检测到 GOOSE 配置错误时常亮，当检测到 GOOSE 通讯异常时闪烁。

（5）“保护跳 A”、“保护跳 B”、“保护跳 C”、“重合闸”灯为红色，当装置收到保护跳合闸命令而动作时点亮并保持，在“信号复归”后熄灭。“遥控分闸”、“遥控合闸”灯为红色，当装置收到测控跳合闸命令而动作时点亮。

（6）“A 相合位”、“B 相合位”、“C 相合位”灯为红色，指示当前断路器位置。

（7）“隔刀 1 合位”、“隔刀 2 合位”、“隔刀 3 合位”、“隔刀 4 合位”、“地刀 1 合位”、“地刀 2 合位”、“地刀 3 合位”灯为红色，指示当前 4 把隔刀、3 把地刀的位置。

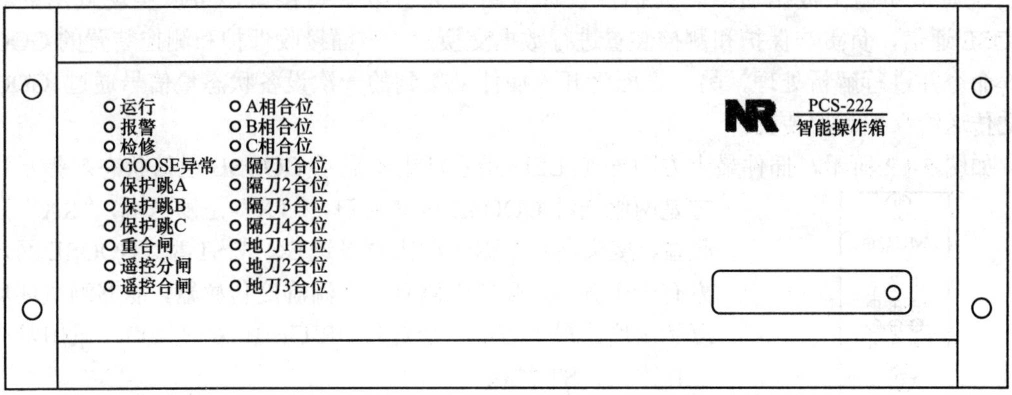

图 5-10　装置面板图

4. 各插件简要说明

（1）电源插件（NR1301）。

电源插件具有很宽的输入范围，即 88～264V DC。两级高频 DC/DC 变换，采用“BOOST+FORWARD”电路，提高电源的稳定性。输出采用同步整流，提高效率，两级总效率大于 81%，具有优良的抗干扰性能。电源插件的端子布置，如图 5-11 所示。

电源插件的 001～003 端子为装置输出的闭锁和报警空接点，001 端子为公共端，闭锁为常闭接点，报警为常开接点。电源插件的 004～006 端子为另外一组闭锁和报警空接点。电源插件的 007、008 端子为 24V 电源输出端子。电源插件的 010、011 端子为电源输入端子，其中 010 为 DC+，011 为 DC−。输入电源的额定电压为 220V 和 110V 自适应电压，其他电压等级需要特别订货，

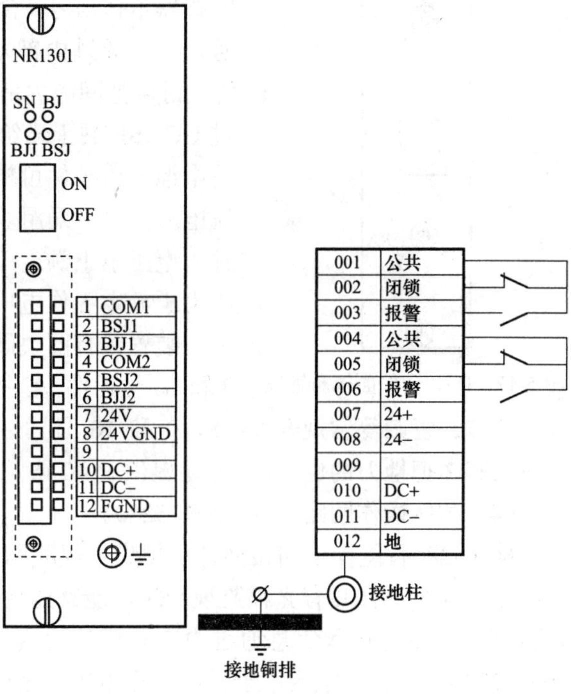

图 5-11　电源插件接线端子图

投运时需检查所提供电源插件的额定输入电压是否与控制电源电压相同。电源插件提供 012 端子和接地柱用于装置接地。应将 012 端子接至接地柱然后通过专用接地线接至屏柜的接地铜排。良好接地是装置抗电磁干扰最重要的措施，因此装置投入使用前一定要确保装置良好接地。

（2）DSP 插件（NR1126）。

DSP 插件也即装置的 GOOSE 插件，由高性能嵌入式 DSP 处理器、现场可编程门阵列（FPGA）、以太网控制器及其他外设组成。主要实现装置管理、跳合闸逻辑、GOOSE 通讯、事件记录等功能。DSP 插件通过 CAN 总线与装置内其他插件实现数据交换，通过 RS-232 总线实现显示和调试数据通信。此插件设计有两组光纤以太网接口，可以实现双网的实时 GOOSE 通信，负责与保护和测控装置进行数据交换，一方面接收保护和测控装置的 GOOSE 动作命令并进行解析处理，另一方面将开入插件采集到的一次设备状态量信号通过 GOOSE 报文传送给保护测控装置。

如图 5-12 所示，插件最上方的 6 个 LED 指示灯用于显示 GOOSE 通信状态。指示灯下方是两组光纤 GOOSE 网络接口，“TX”是发送端，“RX”是接收端，接头型号根据工程需要可选 SC 或 ST 型。GOOSE 网口下方有一个开口，开口内侧有一个温湿度传感器，能够测量环境温度和湿度。最下方是一个光纤 IRIG—B 对时接口，采用常有光工作方式，ST 型接头。

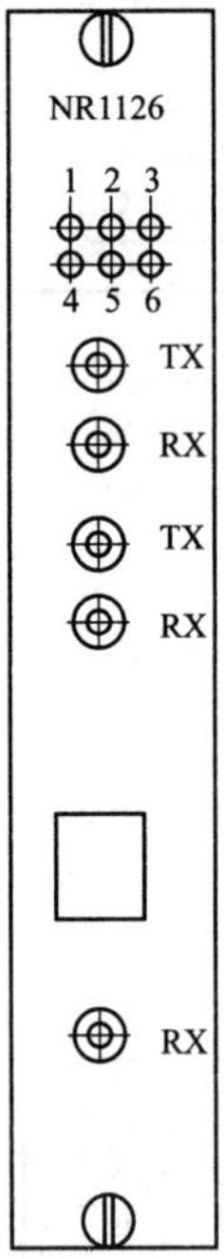

图 5-12 DSP 插件面板布置图

（3）智能开入插件（NR1504）。

智能开入插件用于采集包括断路器位置、隔离开关位置以及断路器本体信号（含重合闸压力低）在内的一次设备的状态量信号，然后通过内部 CAN 总线送给 DSP 插件。通过智能开入插件，可以把间隔内所有的开关量信号进行就地集中采集，然后通过 GOOSE 网上送给保护和测控装置，这样能够省去大量长距离的电缆。该插件可提供 18 路开入，工作电压均为 110V/220V 直流电压，由于采用了 A/D 采样的方式来检测开入电压，因此当开入电压小于额定工作电压的 60%时，开入保证为 0；当开入电压大于额定工作电压的 70%时，开入保证为 1。

装置共有四块硬件完全相同的智能开入插件，分别是 4、8、9 和 10 号插件。其中，4 号插件用于采集断路器位置和压力状态，以及检修、复归等常规开入；8、9 和 10 号插件用于采集包括 I 母、Ⅱ母隔离刀闸在内的 4 把隔刀和 3 把地刀的位置，另外还提供了 40 路冗余开入，可以采集间隔内的其他开关量信号。

（4）智能操作回路插件（NR1528）。

NR1528 智能操作回路插件可提供一组跳闸出口接点和一组合闸出口接点，均为无源的空接点。同时插件具有光耦监视回路，能够监测跳合闸回路的状态。另外，插件上还提供了 9 路开入，并将开入信息通过内部总线传给其他板卡。该插件的所有开入的工作电压均为 110V/220V，当开入电压小于额定工作电压的 60%时，开入保证为 0；当开入电压大于额定工作电压的 70%时，开入保证为 1。

本插件采用直流控制电源作为正电源，电源正端接外部无源开入接点的一端，同时电源正需直接接入本板 513 端子以便让装置监视控制电源是否正常，电源负端应与本板的电源负（522 端子）直接相连，如图 5-13 所示。

如图 5-14 所示，501 端子是 A、B、C 三相跳闸出口的正公共端；502 端子是 A 跳闸出口兼 A 相跳闸监视回路的负端；503 端子是 B 跳闸出口兼 B 相跳闸监视回路的负端；504 端子是 C 跳闸出口兼 C 相跳闸监视回路的负端。

如图 5-15 所示，505 端子是 A、B、C 三相合闸出口的正公共端；506 端子是 A 合闸出口；507 端子是 A 相合闸监视回路的负端；508 端子是 B 合闸出口；509 端子是 B 相合闸监视回路的负端；510 端子是 C 合闸出口；511 端子是 C 相合闸监视回路的负端。

如图 5-13 所示；513 端子定义为控制回路电源监视开入，状态为“1”，表示控制回路电源正常，状态为“0”，表示控制回路电源异常；514 端子是手合输入，可以手动使断路器合闸；515 端子是手跳输入，可以手动使断路器跳闸；516 端子用于采集非电量 TJF 三跳，以便内部合成闭锁重合闸信号；517 端子是外部闭锁重合闸输入，在内部与其他信号一起合成闭锁重合闸；518 端子是断路器总的分位输入，是 A、B、C 三相跳位的串联接点输入；519 端子是断路器总的合位输入，是 A、B、C 三相合位的并联接点输入；522 端子是开入电源负端，外接控制电源的负端。

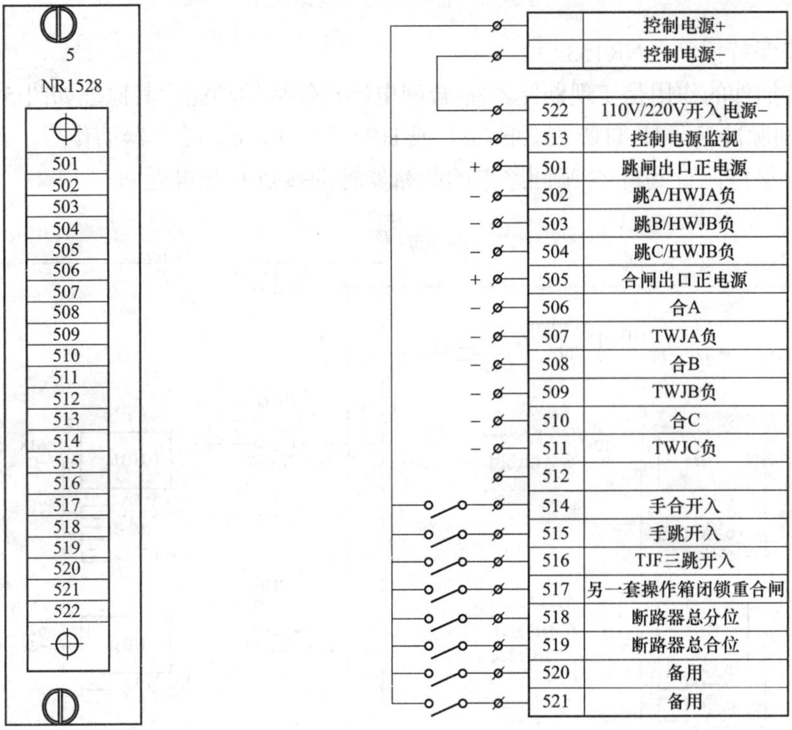

图 5-13　智能操作回路插件背板端子及外部接线图

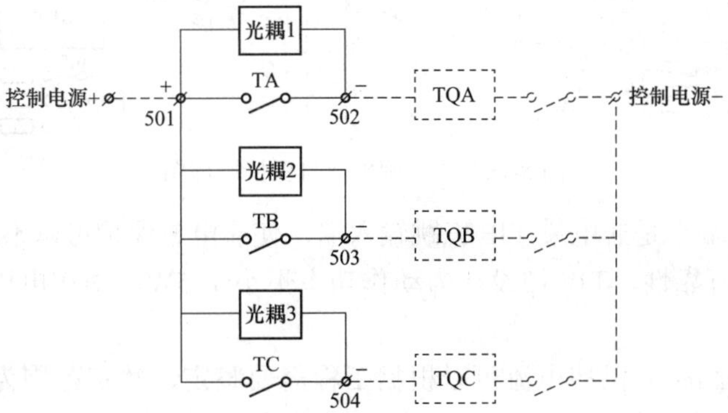

图 5-14　跳闸回路监视原理图

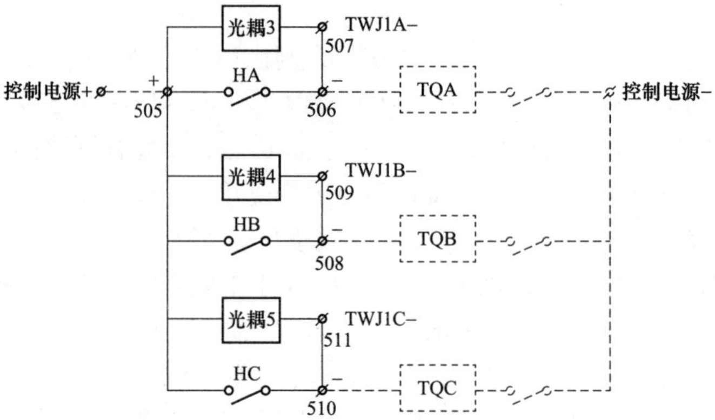

图 5-15 合闸回路监视原理图

（5）电流保持插件（NR1534）。

电流保持插件的作用是实现断路器跳/合闸电流自保持的功能，其原理如图 5-16 所示。当输入的跳/合闸脉冲信号使 TBJ（a，b，c）或 HBJ（a，b，c）继电器动作后，其线圈通过自身接点实现自保持，直到跳/合闸回路中的断路器辅助接点断开再返回。

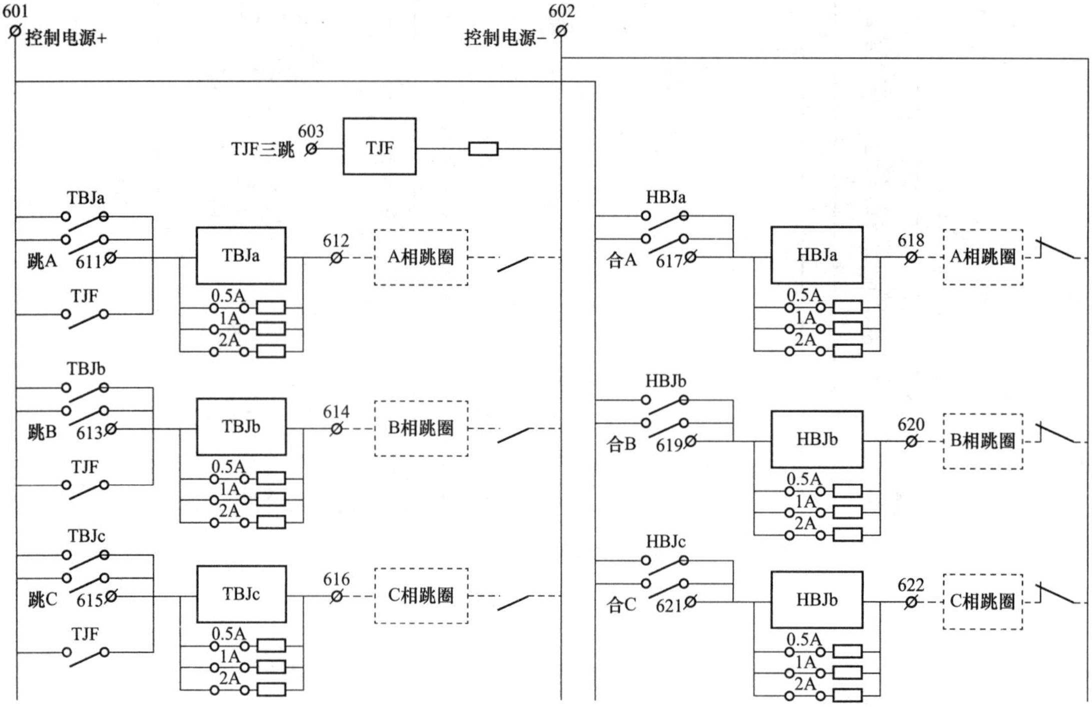

图 5-16 跳合闸电流自保持原理图

图 5-16 中 603 端子是非电量 TJF 三跳输入端，使非电量保护可以不经装置 CPU 而直接重动跳闸。为增强可靠性，TJF 被设计为动作功率不小于 5W，动作电压为额定工作电压的 55%～70%。

每一相跳合/闸回路的保持电流可以根据工程需要整定，整定范围为 0.5～4A，级差为 0.5A。整定方法为，当任何跳线都不短接时，默认保持电流为 0.5A；当短接一个跳线时，则在 0.5A 的基础上再加上该支路的分流（0.5A、1A 或 2A）；当所有跳线均短接时，保持电流定值为 4A。整定保持电流时，只要按断路器实际跳/合闸电流整定即可，回路的实际动作电流为整定电流的 20%～50%，保留了足够的裕度。

（6）智能开出插件（NR1521）。

智能开出插件，它们通过内部 CAN 总线接收 DSP 插件送来的动作命令，然后驱动相应的出口继电器动作，并且出口继电器的正电源经 DSP 启动闭锁。其输出均为无源空接点，用于控制包括Ⅰ母、Ⅱ母隔离刀闸在内的 4 把隔刀和 3 把接地刀闸的分、合及闭锁命令输出。

（7）显示面板。

LED 板为一块相对独立的板卡，由 LED 指示灯和 ARM7 处理器组成，它通过内部总线接收 DSP 插件的数据完成 LED 指示灯的显示控制，同时提供一个 RS—232 调试接口，波特率为 57600bps，便于调试人员通过 PC 机下载程序和查看装置运行状态。

第三节　网络交换机

一、网络交换机概述

网络交换机工作位于 OSI 网络参考模型的第二层即数据链路层，是一种基于介质访问控制 MAC（Media Access Control）地址识别、完成以太网数据帧转发的网络设备。

用于智能变电站的网络交换机应采用自然散热（无风扇）方式，满足单个交换机平均故障间隔时间，即 MTBF 大于等于 200000 小时的要求。装置采用模块化、标准化的插件式结构，任何一个模块故障或检修时，应不影响其他模块的正常工作。交换机应具有完善的自诊断功能，并能以报文方式输出装置本身的自检信息，与变电站自动化系统状态监测接口。双电源供电的交换机还应具备电源输出报文告警功能。当交换机用于传输 SMV 或 GOOSE 等可靠性要求较高的信息时应采用光接口；当交换机用于传输 MMS 等信息时宜采用电接口。全光口配置的交换机的规格一般选用 8 口、16 口或 24 口；全电口配置的交换机的规格一般选用 16 口、24 口或 48 口；光口/电口混合配置的交换机可根据工程具体需求进行选型。光接口采用多模光器件，发光器件采用 1310nm 波长，接口选用 ST 型；电接口采用五类双绞线，传输距离不小于 100m，传输速率不小于端口的线速，接口统一选用 RJ45 接口。交换机基本性能应满足如下要求：

（1）交换机吞吐量等于端口速率乘以端口数量（流控关闭）。

（2）在满负荷下，交换机可以正确转发帧的速率（端口吞吐量）应等于端口速率。

（3）当 SMV 采用组网或与 GOOSE 共网的方式传输时，用于母线差动保护或主变压器差动保护的过程层交换机宜支持在任意 100M 网口出现持续 0.25ms 的 1000M 突发流量时不丢包，在任意 1000M 网口出现持续 0.25ms 的 2000M 突发流量时不丢包。

（4）交换机 MAC 地址缓存能力应不低于 4096 个。

（5）传输各种帧长数据时交换机固有时延应小于 10μs。

（6）交换机在全线速转发条件下，丢包（帧）率为零。

（7）交换机应支持 IEEE 802.1p 流量优先级控制标准，提供流量优先级和动态组播过滤服务，应至少支持 4 个优先级队列，具有绝对优先级功能，应能够确保关键应用和时延要求高的信息流优先进行传输。

二、网络交换机工作原理

网络交换机拥有一条很高带宽的背部总线和内部交换矩阵。交换机所有的端口都挂接在这条背部总线上，控制电路收到数据包以后，处理端口会查找内存中的地址对照表以确定目的 MAC 的网卡挂接在哪个端口上，通过内部交换矩阵迅速将数据包传送到目的端口，目的 MAC 若不存在则广播到所有的端口，接收端口回应后交换机会“学习”新的地址，并把它添加入内部 MAC 地址表中，交换机学习新的 MAC 地址的速率应大于 1000 帧/s。

交换机在同一时刻可进行多个端口对之间的数据传输。使用交换机也可以把网络“分段”，通过对照 MAC 地址表，交换机只允许必要的网络流量通过交换机。通过交换机的过滤和转发，可以有效地隔离广播风暴，减少误包和错包的出现，避免共享冲突。

以太网交换机通常有三种交换方式：直通式、存储转发、碎片隔离。直通方式的以太网交换机可以理解为在各端口间是纵横交叉的线路矩阵电话交换机。它在输入端口检测到一个数据包时，检查该包的包头，获取包的目的地址，启动内部的动态查找表并转换成相应的输出端口，在输入与输出交叉处接通，把数据包直通到相应的端口，实现交换功能。由于不需要存储，延迟非常小、交换非常快，但因为数据包内容并没有被以太网交换机保存下来，所以无法检查所传送的数据包是否有误，不能提供错误检测能力。由于没有缓存，不能将具有不同速率的输入/输出端口直接接通，而且这样容易丢包。存储转发方式是把输入端口的数据包先存储起来，然后进行 CRC（循环冗余码校验）检查，在对错误包处理后才取出数据包的目的地址，通过查找表转换成输出端口送出包。存储转发方式的不足是数据处理延时大，但可对进入交换机的数据包进行错误检测，有效地改善网络性能。尤其可以支持不同速度的端口间的转换，保持高速端口与低速端口间的协同工作。碎片隔离是介于前两者之间的一种解决方案。它检查数据包的长度是否够 64 个字节，如果小于 64 字节，说明是假包，则丢弃该包；如果大于 64 字节，则发送该包。这种方式不提供数据校验，它的数据处理速度比存储转发方式快，比直通式慢。智能变电站网络交换机通常采用存储转发模式以保证网络的可靠性及不同速率端口的协同工作。

智能变电站网络交换机应支持 IEC 60870—5—104、DL/T 860 相关协议的数据帧转发，能够实现基于 IP 或 MAC 地址的数据帧过滤功能，还应具有虚拟局域网、组播管理功能、端口镜像、网络风暴抑制等高级应用功能。

1. 虚拟局域网 VLAN（Virtual Local Area Network）

智能变电站过程层网络信息数据总量十分可观，但大部份信息数据不需要横向流通，在过程层网络中采用 VLAN 组网技术，为 100M 以太网交换机在智能化变电站组网中的应用奠定了理论基础，既降低了组网成本，又满足了网络安全、可靠性。

VLAN 技术是通过将局域网内的设备逻辑性地划分成不同网段，从而实现组建虚拟工作组的技术。功能主要为了解决交换机在进行局域网互连时无法限制广播的问题。它可以把一个物理上的 LAN 划分成多个逻辑上的 LAN（即 VLAN），每个 VLAN 是一个广播域，VLAN 内的主机间通信与物理上的 LAN 相同，而各 VLAN 间则不能直接互通，从而实现将广播帧限制在一个 VLAN 内。

交换机 VLAN 的划分模式有基于端口 VLAN、基于 IEEE802.1QVLAN、基于 MAC VLAN、基于协议 VLAN 等，目前智能变电站普遍采用的有基于端口 VLAN 和基于 IEEE802.1QVLAN。

基于端口的 VLAN 模式是从逻辑上把交换机按照端口划分成不同的虚拟局域网络，使其在所需要的局域网络上流通。划分规则为，每个端口可以属于多个 VLAN，每个 VLAN 可以包含多个端口，并且支持交叉 VLAN 的设置。SV 9—2 组网模式下，以进交换机的每个合并单元 MU 考虑打 PVID，接受端允许相应的 VID 通过即可对流量有很好的控制；GOOSE 组网模式一般要求按间隔划分。双网设计时 A 网对应的 PVID 和 VID 小于 B 网。

基于 IEEE802.1QVLAN 通过在发送数据帧中加入 VLAN 标签，在接收端通过对 VLAN 标签解析来确定数据帧在指定的虚拟局域网中转发的一种方式。它通过给数据帧加标识，交换机通过对标识的识别来达到链路层广播域的隔离，在交换机内部建立端口与 VLAN tag 实现映射关系。

2. 组播管理功能

目前智能变电站网络交换机普遍采用的组播管理方式主要是静态 MAC 地址的配置组播功能、GMRP 二层动态 MAC 地址的配置组播功能、以及动态 IP 映射（IGMP—SNOOPING）组播功能。

（1）静态组播管理。

静态组播是通过静态配置，在局域网范围内实现组播数据的透明通道，将数据组播源的内容按照静态配置的组播树路径送抵接入层的业务接入控制点。静态组播管理的交换机每一个端口所有组播报文都可以进入，只需要对输出端口做相应设置。通过手动配置交换机组播表的方式，实现特定 MAC 地址的组播帧向配置端口进行转发，其他端口将不会出现该 MAC 地址的组播帧。该方式在交换机内静态添加完组播表后，交换机通过内部控制字决定其他未添加到组播表中的组播的处理方式，可根据需要选择丢弃或转发。当选择丢弃时，未注册的组播数据帧将在输入后直接被丢弃而不会转发到其他端口；当选择转发时，未注册的组播数据帧在输入后将向除 CPU 口以外的所有端口转发。

（2）GMRP 动态组播管理。

GMRP 是 GARP Multicast Registration Protocol（GARP 组播注册协议）的简称，是通用属性注册协议（GARP）的一种应用，主要提供二层组播管理功能。GMRP 的操作基于 GARP 所提供的服务，允许终端站向连接的交换机动态注册，并且这些信息可以被传播到支持 GMRP 的所有交换机。当有某台主机想加入一个组播组时，它需要发送一个 GMRP join 信息。一旦收到 GMRP join 信息，交换机就会将收到该信息的端口加入到适当的组播组。交换机将 GMRP join 信息发送到 VLAN 中所有其他主机上，其中一台主机作为组播源。当组播源发送组播信息时，交换机将组播信息只通过先前加入到该组播组的端口发送出去。此外，交换机会周期性地发送 GMRP 查询，如果主机想留在组播组中，它就会响应 GMRP 查询，在该情况下，交换机没有任何操作；如果主机不想留在组播组中，它既可以发送一个 leave 信息也可以不响应周期性 GMRP 查询。一旦交换机在计时器（leave all timer）设定期间收到主机 leave 信息或没有收到响应信息，它便从组播组中删除该主机。

GMRP 通过动态注册组播的转发端口实现网络上组播帧的管理。该方式可以实现注册组播地址的数据帧向已注册端口转发，其他未注册组播地址的数据帧将被直接丢弃，从而达到净化网络，提升网络效率的目的。该方式具有动态学习的特点，整个组播的注册过程均由智能装置和交换机自行交互完成，灵活性较大。这种应用方式需要在确保交换机及智能装置的 GMRP 协议可靠性的前提下才可考虑应用。

（3）动态 IP 映射（IGMP Snooping）组播管理。

IGMP Snooping 是 Internet Group Management Protocol Snooping（互联网组管理协议窥探）的简称，它是运行在二层设备上的组播约束机制，用于管理和控制组播数据帧的转发。运行 IGMP Snooping 的二层设备，通过对收到的 IGMP 报文进行分析，为端口和 MAC 组播地址建立起映射关系，并根据这样的映射关系转发组播数据。IGMP Snooping 和 IGMP 协议一样，两者都用于组播组的管理和控制，它们都使用 IGMP 报文。IGMP 协议运行在网络层，而 IGMP Snooping 则运行在链路层，当二层以太网交换机收到主机和路由器之间传递的 IGMP 报文时，IGMP Snooping 分析 IGMP 报文所带的信息，在二层建立和维护 MAC 表，以后从路由器下发的组播报文就根据 MAC 表进行转发。IGMP Snooping 只有在收到某一端口的 IGMP 离开报文或者某一端口的老化时间定时器超时的时候才会主动向端口发 IGMP 特定组查询报文。除此之外，它不会向端口发任何 IGMP 报文。

3. 端口镜像

端口镜像功能把交换机一个或多个端口的数据镜像到一个或多个端口，通过该方式实现对指定端口的所有数据帧进行实时监视。包括单端口镜像和多端口镜像。单端口镜像指镜像端口只复制（监视）一个端口数据，多端口镜像指镜像端口同时复制（监视）几个端口数据，智能变电站所用交换机应支持多端口镜像功能。

使用该功能可以将交换机的流量拷贝以用于进行详细的分析利用。要求在保证镜像端口吞吐量的情况下，镜像端口不应当丢失数据。做镜像设置时需要注意镜像端口监视的报文流量不能超过端口线速，否则会导致报文丢失，从而无法达到监视实时报文的目的。

4. 网络风暴抑制

可能形成网络风暴的数据帧有广播（BC）、组播（MC）、未知地址单播（Dlf）。它们的共同特点是在整个网络上进行广播，这将大量占用网络带宽从而降低网络性能，同时有可能因此而导致网络上的装置接收到大量的无用数据帧而导致装置异常等，应严格避免网络风暴的产生。

网络风暴抑制功能可对每个端口输入的 BC、MC、Dlf 帧进行选择性抑制，即可设置抑制其中任意的一种、两种、三种全部抑制。网络风暴抑制机制根据交换机的不同，对输入端口进行抑制或对输出端口进行抑制。采用输入端口抑制机制的交换机可在源头上对网络风暴进行抑制，防止将网络风暴引入交换机，从而影响交换机正常数据帧的交换，因此智能变电站应采用输入端口抑制机制。

三、交换机实例介绍

1. PCS—9882 以太网交换机概述

PCS—9882 以太网交换机适用于常规和智能变电站综合自动化系统，电厂 NCS、DCS 系统，工业控制系统等。最大可支持 24 个 100Mbps 快速以太网接口和 4 个 1000Mbps 千兆以太网接口，具备多个千兆级联光纤端口。其中的光口为支持热插拔的 SFP 模块，可根据实际需要选配不同数量和类型。

PCS—9882 交换机交换模式采用无阻塞存储转发，按照工业级管理型以太网交换机设计，包括端口流量限制、网络风暴抑制、端口镜像、SNMP、RMON、WEB、端口汇聚、SNTP 等丰富的应用功能。装置具备基于 IEEE 802.1p 的报文优先级控制功能，支持 VLAN、支持基于 MAC 地址的静态组播管理、支持 GMRP 以及 IGMP snooping 动态组播管理，可满足智能变电站过程层的需求。支持静态 MAC 和基于 802.1X 的端口安全，可确保智能变电站保护控制设备的接入安全，支持基于 SSH/SSL 的网络安全性协议，保证了交换机的访问控制安全。

2. PCS—9882 以太网交换机硬件结构

PCS—9882 以太网交换机采用背面接线方式，主要包含 LED 指示灯、电源模块、“CPU+SWITCH”板三大部分，其中“CPU+SWITCH”板包含了装置的主要电子元器件，同时也包含了通讯端口。电源和通讯端口均位于装置背面，电源及告警状态指示灯位于装置前面，装置前后均提供端口状态指示灯。下面以 PCS—9882BD 以太网交换机为例介绍一下其硬件结构。

PCS—9882BD 装置的前后面板的结构分别如图 5-17、图 5-18 所示。

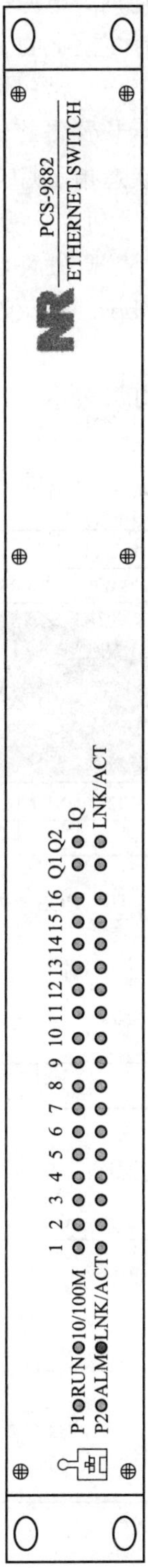

图 5-17 PCS—9882BD 前面板

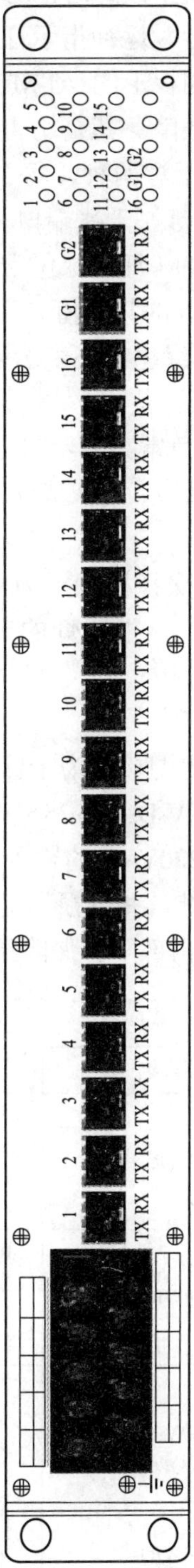

图 5-18 PCS—9882BD 后面板

（1）LED 指示灯。

如图 5-17 所示，前面板上的 P1、P2 为电源指示灯，用于指示装置电源输入是否有效。装置电源 1 通电时，电源指示灯 P1 绿色常亮；装置电源 2 通电时，电源指示灯 P2 绿色常亮；装置断电或电源模块发生故障时，对应的电源指示灯熄灭。前面板上的 RUN 为运行指示灯，用于显示装置正常运行。运行指示灯绿色常亮时，表示装置工作正常；运行指示灯熄灭，表示装置工作异常。前面板上的 ALM 为报警指示灯，用于显示装置告警信息。报警指示灯黄色常亮时，表示装置故障。其余均为端口状态指示灯，端口状态指示灯有百兆端口状态指示灯和千兆端口状态指示灯两种，每个端口配置了 2 个状态指示灯，分别表示端口连接速度（百兆端口 10M/100M 灯、千兆端口 1G 灯）和端口连接/活动情况（LNK/ACT 灯）。

百兆端口 10M/100M 灯：绿色常亮表示端口速率为 100Mbps；灯灭表示端口无连接或传输速率为低于 100Mbps 的其他值。

千兆端口 1G 灯：绿色常亮表示端口速率为 1000Mbps，灯灭表示端口无连接或传输速率为低于 1000Mbps 的其他值。

LNK/ACT 灯：绿色常亮表示对应端口已建立连接，但未进行数据收发；绿色闪烁表示对应端口正在进行数据转发；灯灭表示对应端口无可用连接。

如图 5-18 所示，交换机背板为每个端口提供一个 LNK/ACT 指示灯，该指示灯的定义同前面板的 LNK/ACT 指示灯定义。

（2）电源模块。

如图 5-19 所示，电源接口为十针端子。如无明确标识，可自动适应 110V DC、125V DC、220V DC、250V DC、110VAC、220VAC 的输入电压。如有明确标识，以实际标识为准，并可根据需要配置 24VDC 或 48VDC。电源模块内部配有保险丝，保护装置安全工作。端子编号说明见表 5-1。

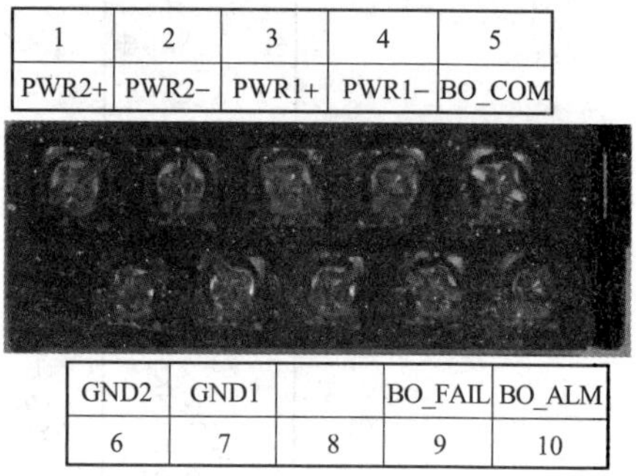

图 5-19 PCS—9882BD 的电源模块

表 5-1 端子编号说明

段子编号	信号名称	说明
1	PWR2+	电源 2 正输入端： 采用直流电源时：正极 采用交流电源时：火线 注意：仅双电源时可用
2	PWR2-	电源 2 负输入端： 采用直流电源时：负极 采用交流电源时：零线 注意：仅双电源时可用
3	PWR1+	电源 1 正输入端： 采用直流电源时：正极 采用交流电源时：火线 注意：仅双电源时可用
4	PWR1-	电源 1 负输入端： 采用直流电源时：负极 采用交流电源时：零线

续表 5-1

段子编号	信号名称	说　明
5	BO_COM	电源上两个继电器输出节点的公共端
6	GND2	接地
7	GND1	接地
8	空	空
9	BO_FAIL	交换机闭锁节点，与端子 5 构成一对常闭节点，当本装置异常闭锁时，本节点闭合，当本装置正常工作时，本节点打开
10	BO_ALM	交换机告警节点，与端子 5 构成一对常开节点，当本装置无告警输出时，本节点打开，当本装置由告警输出时。本节点关闭

（3）网络端口。

PCS—9882BD 的第 1 口到第 16 口为百兆 SFP 插槽，可使用符合 100Base—FX 标准的 SFP 光收发器，连接 100Mbps 的光纤以太网设备，在强制全双工 100Mbps 或强制半双工 100Mbps 模式下工作；也可以使用 100BASE—TX 标准的 RJ45 接口 SFP 模块，连接 10M/100Mbps 的 RJ45 接口以太网设备。需要根据插入不同的 SFP 模块通过 WEB、CLI 等方式更改端口的工作模式。

PCS—9882BD 的 G1～G2 口为 1000Mbps SFP 插槽，可使用符合 1000BASE—SX 标准的 SFP 光收发器在自动协商模式、强制全双工 1000Mbps 或强制半双工 1000Mbps 模式下工作；可使用符合 1000BASE—T 标准的 SFP 电收发器在强制全双工 1000Mbps 模式下工作。

100M 或 1000M 接口均可采用标准 SFP 模块，接口类型为 LC。当面向接口，每个 SFP 模块所连接的两个尾纤中左侧为发送芯（TX），右侧为接收芯（RX），所有的 100M 接口均可采用无源电口 SFP 模块，接口类型为 RJ45。所有的 1000M 接口均可采用 1000M 电口 SFP 模块，接口类型为 RJ45。采用标准以太网线进行连接，网线可以是交叉线，也可以是直连线。

（4）调试端口。

PCS—9882BD 以太网交换机采用前面板的“Console”端口用于终端登录调试，“Console”端口采用 RJ45 接口方式，在 RJ45 端口上集成了一个 RS232 和一个以太网口。可同时通过 RS232 连接超级终端（或同类软件）、通过以太网口连接 WEB。正常情况下，使用“Console”端口通过 WEB 方式登录。如需监视启动信息或其他特殊操作时，可采用“Console”端口采用 RS232 方式连接超级终端或同类软件调试。

调试时的超级终端的参数设置见表 5-2。“Console”端口的引脚定义见表 5-3。

表 5-2　超级终端的参数设置表

参　数	推荐值
波特率（每秒位数）	115200bps
数据位	8
奇偶校验	None
停止位	1
数据流控制	None

表 5-3　PCS—9882BD“Console”端口的引脚定义

端　子　号	名　　称	说　　明
1	Ethernet_TX+	以太网口发信号+
2	Ethernet_TX-	以太网口发信号–
3	Ethernet_RX+	以太网口收信号+
4	RS232_TXD	RS232 发信号
5	RS232_RXD	RS232 收信号
6	Ethernet_TX-	以太网口收信号–
7	RS232_GND	RS232 地
8	RS232_GND	RS232 地

四、PCS—9882 以太网交换机常用设置

1. 登录设置

PCS—9882 以太网交换机通常可以采用 3 种不同的方式进行登录设置，即 CLI 命令行、Telnet，Web Console。在正常情况下，用户只需使用 Web Console 方式进行登录即可。采用 Web Console 方式登录时，调试线一端连接于交换机的“Console”端口或后面板上的任意网口（需要保证连接端口的 PVID 为 1，方能正确连接），另一端连接于计算机的以太网口，同时需要设置计算机 IP 与装置 IP 在同一网段上。如调试线连接到后面板上的任意网口时，需要保证该交换机后面板网口 IP 与同一物理网上其他交换机后面板网口 IP 不冲突，后面板网口 IP 出厂默认 IP 均为 192.168.0.82。如调试网线连接到“Console”口，则无需考虑交换机 IP 冲突的问题，交换机 Console 端口出厂默认 IP 均为 192.169.0.82，且不能更改。登录用户名为 admin；密码为 admin。用户在登录后可以设置从后面板连接的交换机的 IP 和登录密码等参数。在对交换机的设置进行更改以后，需重新启动交换机，确保交换机的配置文件与交换机运行参数保持一致。

2. 系统设置

用户可以在 System 界面上设置交换机的系统信息，如图 5-20 所示。

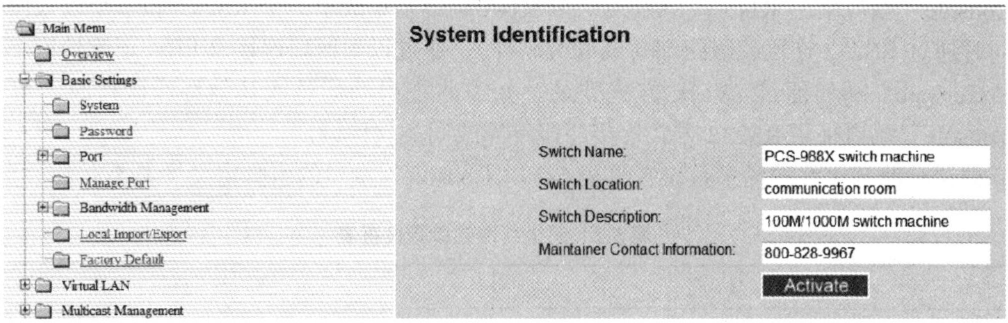

图 5-20　System 界面

（1）Switch Name：每台交换机的名称，用户可根据需要进行更改。

（2）Switch Location：交换机所在的位置，用户可根据实际情况进行更改。

（3）Switch Description：交换机描述，用户可根据需要进行更改。

（4）Maintainer Contact Information：默认为厂家的免费服务热线电话。

3. 密码管理

用户可以在 Password 界面上设置登录 Web Console 的密码（出厂默认密码为 admin），如图 5-21 所示。

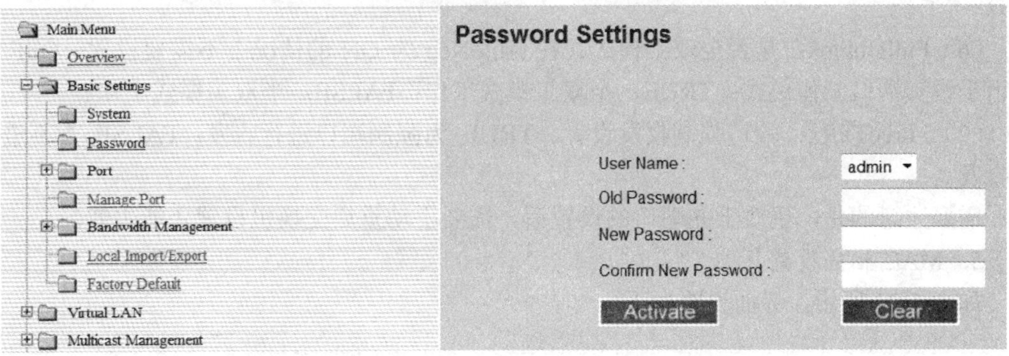

图 5-21　Password 界面

（1）User Name：默认提供 2 个用户权限，即 admin 和 user。admin 为管理员帐户；user 为用户帐户。 选项 admin 具有全部管理功能，用户交换机工作参数等设置。 选项 user 具有浏览功能，可以查阅交换机的工作参数。

（2）Old Password：原有密码。

（3）New Password：新密码。

（4）Confirm New Password：新密码确认。

4. 端口设置

用户可以在 Port 界面上设置各端口状态等信息，如图 5-22 所示。

（1）Port：各网口的端口号，1～24 对应 24 个百兆端口，G1～G4 对应 4 个千兆端口。

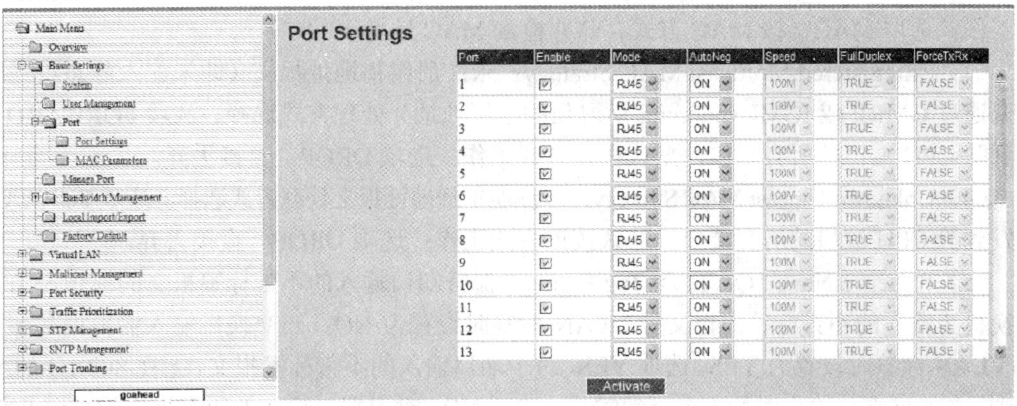

图 5-22　Port 界面

（2）Enable：可以选择工作端口和禁止工作端口，选择复选框，则设置端口为工作端口。反之，设置端口为禁止工作端口。

（3）Mode：端口工作在光口或电口模式选择。RJ45 为电口模式；FIBER 为光口模式。

（4）AutoNeg：端口是否为自动协商工作模式选择。ON 为自动协商工作模式；OFF 为强制工作模式。

（5）Speed：端口速率设置，在 AutoNeg 为 ON 的情况下不需要设置，在 OFF 情况下用于设置端口强制工作速率，有 10Mbps、100Mbps 或 1000Mbps（仅千兆端口包含此选项）。

（6）FullDuplex：是否全双工模式。在 AutoNeg 为 ON 的情况下不需要设置，OFF 情况下用于设置端口工作模式：TRUE：全双工模式工作；FALSE：半双工模式工作。

（7）ForceTxRx：端口强制收发设置。TRUE 为强制端口进行收发；FALSE 为不进行强制收发。

需要注意的是，更改千兆端口的设置后，需要手动重启交换机设置才能生效。

5. MAC 相关设置

如图 5-23 所示，界面说明如下：

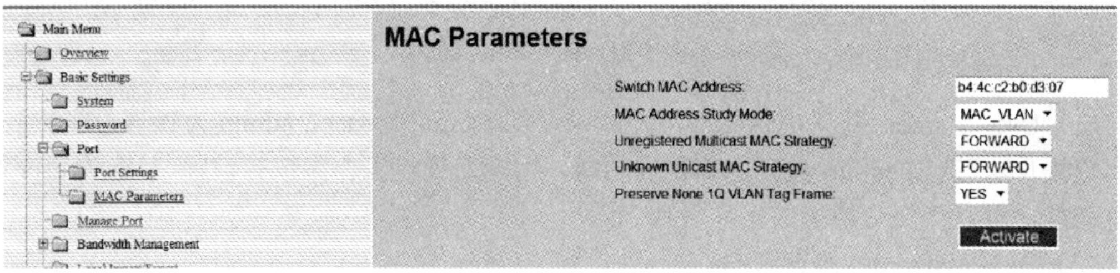

图 5-23 MAC 界面

（1）Switch MAC Address：交换机 CPU 端口的 MAC 地址，更改该选项后交换机会自动重启。

（2）MAC Address Study Mode：交换机 MAC 地址学习方式，更改该选项后交换机会自动重启。选项 MAC_VLAN，按“MAC+VLAN”方式存储并检索 MAC 数据表，默认按该方式工作；选项 MAC，按 MAC 方式存储并检索 MAC 地址表。

（3）Unregistered Multicast MAC Strategy：未注册组播地址报文（即未配入静态组播表中也未通过 GMRP 或 IGMP snooping 学习到的组播地址）处理方式选择。选项 FORWARD，转发到除 CPU 端口的所有端口，默认按该方式工作；选项 DROP，直接丢弃。

（4）Unknown Unicast MAC Strategy：未注册单播地址报文处理方式选择。选项 FORWARD，转发到除 CPU 端口的所有端口，默认按该方式工作；选项 DROP，直接丢弃。

（5）Preserve None 1Q VLAN Tag Frame：保持端口输入的不带标签报文的标识，当需要交换机为输入的不带标签的报文打 VLAN 标签时设置为 NO；当交换机输入输出报文都不需带 VLAN 标签时设置为 YES。选项 YES，对于端口输入的不带标签报文，无视 802.1Q 的 Vlan 规则，在输出端口输出时均不带标签输出；选项 NO，对于端口输入的所有报文均按照 802.1Q 的 Vlan 规则输出。

6. 管理端口设置

用户可以在 Network 界面上设置交换机的网络参数，如 IP 地址、子网掩码等，点击

“Activate”执行修改，如图 5-24 所示。

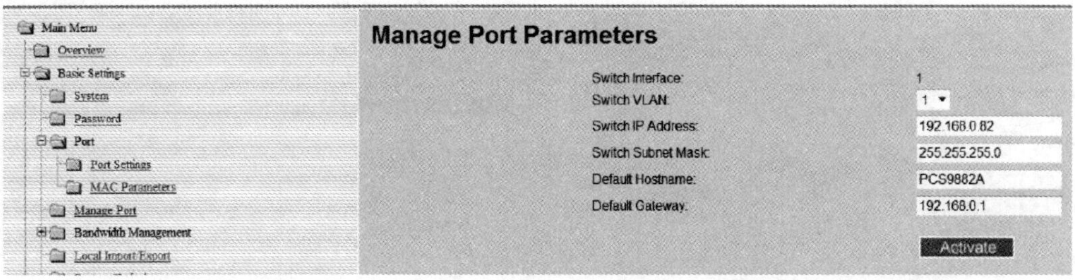

图 5-24 Network 界面

界面说明如下：

（1）Switch Interface：交换机接口序号，默认值为 1，不需要更改.

（2）Switch VLAN：交换机网络管理端口所属 Vlan 设置，默认不需要更改。

（3）Switch IP Address：交换机本机 IP 地址，可根据现场需要进行更改；

（4）Switch Subnet Mask：交换机本机子网掩码，可根据现场需要更改。

（5）Default Hostname：交换机名称，可根据现场需要进行更改。

（6）Default Gateway：交换机网关，可根据现场需要进行更改。

7. 网络风暴抑制

用户可以在 Rate Limiting 界面上设置速率，如图 5-25 所示。

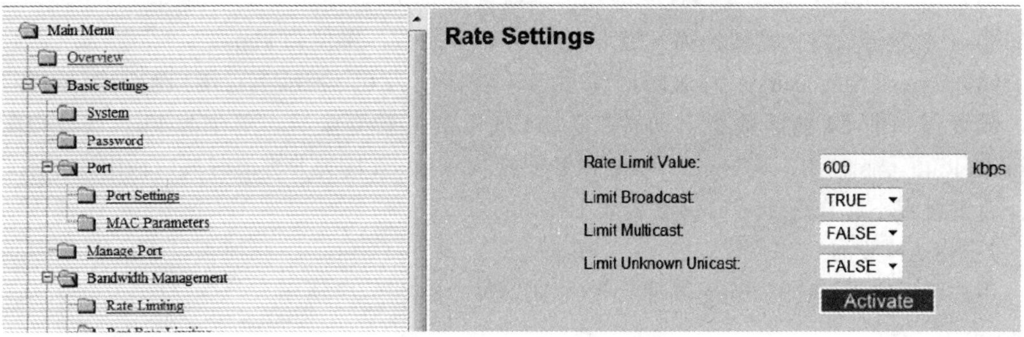

图 5-25 Rate Limiting 界面

界面说明如下：

（1）Rate Limit Value：限制流量值，单位为 kbps，设置值不能低于 63。

（2）Limit Broadcast：广播报文流量限制选项。选项 TRUE：进行流量限制。选项 FALSE：不进行流量限制。

（2）Limit Multicast：组播报文流量限制选项。选项 TRUE：进行流量限制。选项 FALSE：不进行流量限制。

（4）Limit Unknown Unicast：未知单播报文流量限制选项。选项 TRUE：进行流量限制。选项 FALSE：不进行流量限制。

8. 端口流量抑制

用户可以在 Port Rate Limiting 界面上设置端口传输速率和瞬时风暴流量，对于 PCS—

9882XD 可以对每个端口的输入和输出速率分别进行设置，如图 5-26 所示。

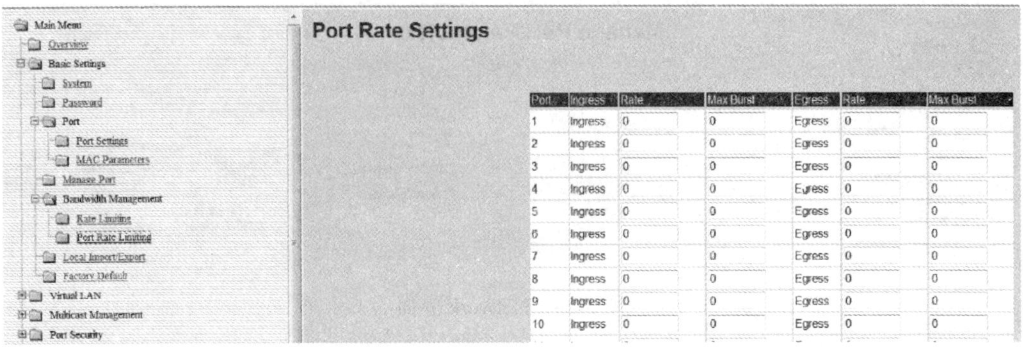

图 5-26　Port Rate Limiting 界面

界面说明如下：

（1）Ingress Rate：输入端口速率限制值，默认值为 0，表示不对端口流量进行限制。设置值如非 62.5 的倍数将自动转换为 62.5 的倍数并舍弃余数，单位为 kbps。

（2）Ingress Max Burst：最大瞬时流量值，默认值为 0，表示不对端口瞬时流量进行限制。设置值如非 64 的倍数将自动转换为 64 的倍数并舍弃余数，单位为 kb。该参数配合 Ingress Rate 一起使用，在 Ingress Rate 和 Ingress Max Burst 均为非零值时端口输入速率限制有效，否则设置不起作用，端口仍然线速工作。

（3）Egress Rate：输出端口速率限制值，默认值为 0，表示不对端口流量进行限制。设置值如非 62.5 的倍数将自动转换为 62.5 的倍数并舍弃余数，单位为 kbps。

（4）Egress Max Burst：最大瞬时流量值，默认值为 0，表示不对端口瞬时流量进行限制。设置值如非 64 的倍数将自动转换为 64 的倍数并舍弃余数，单位为 kb。该参数配合 Engress Rate 一起使用，在 Egress Rate 和 Egress Max Burst 均为非零值时端口输出速率限制有效，否则设置不起作用，端口仍然线速工作。

9. VLAN 设置

用户可以在 VLAN Setting 界面上设置 VLAN，如图 5-27 所示。

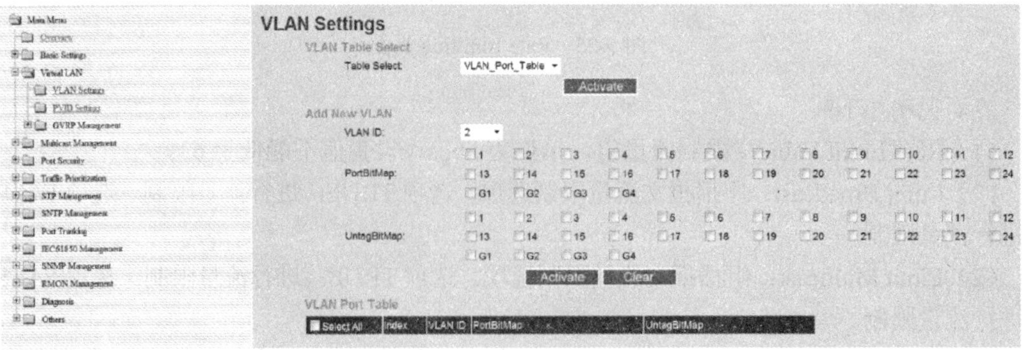

图 5-27　VLAN Setting 界面

界面说明如下：

（1）Table Select：选择采用端口或 VLAN 方式，显示已设置 VLAN 列表。选项 VLAN_

Port_Table，按照 VLAN ID 方式显示已设置 VLAN 列表；选项 Port_VLAN_Table，按照 Port 方式显示设置的 VLAN 列表。

（2）VLAN ID：当前设置 VLAN 的 ID 号，取值范围 1～4095，VLAN ID 等于 1 为默认设置，不需要更改。

（3）PortBitMap：当前 VLAN ID 包含的端口。复选可以全部选中，不能不选。

（4）UntagBitMap：当前 VLAN ID 包含端口中的无标签端口，可根据实际情况设置，可以不选；PortBitMap 中未选中的端口不需要设置。

点击“Activate”按钮保存当前设置的 VLAN，设置成功后，会在 VLAN 表中显示。在 VLAN 表中选择要删除的 VLAN，点击“Remove Select”按钮可以将删除选中的 VLAN。如果需要编辑已有 VLAN 信息，可以选中 Vlan 表中已经存在的 VLAN ID，通过“Activate”或“Clear”按钮在现有 VLAN 中增加或删除端口（PortBitMap），以及增加或删除无标签端口（UntagBitMap）。

10. VLAN 显示

用户可以在 View VLAN Summary 界面上查看已注册的 VLAN，如图 5-28 所示。点击“Activate”按钮刷新该界面。

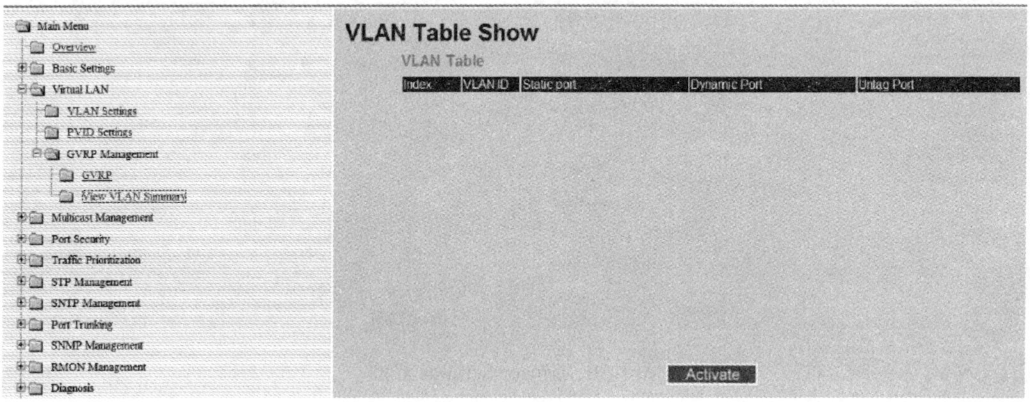

图 5-28　View VLAN Summary 界面

11. PVID 设置

PVID 用来决定进入端口的不带标签报文在交换机内传输的默认 VLAN。如某端口 PVID 设置为 2，则进入该端口的不带标签报文将在交换机的 VLAN 2 中进行传播，该设置不会影响进入端口的带标签报文。用户可以在 PVID Settings 界面上设置端口的 PVID，如图 5-29 所示。

界面说明如下：

（1）Port：交换机的端口，1～24 依次代表 24 个百兆口，G1～G4 依次代表 4 个千兆口。

（2）PVID：当前端口的默认 VLANID 号，默认值为 1，可根据需要设置为其他 VLAN 值。点击“Activate”按钮保存当前设置。

12. 端口镜像设置

用户可以在 Mirror 界面上设置端口镜像功能，如图 5-30 所示。

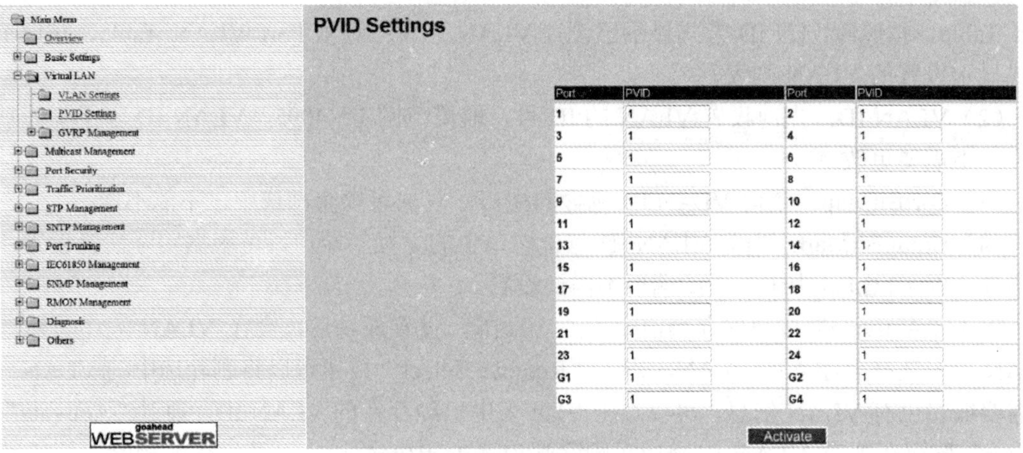

图 5-29 PVID Settings 界面

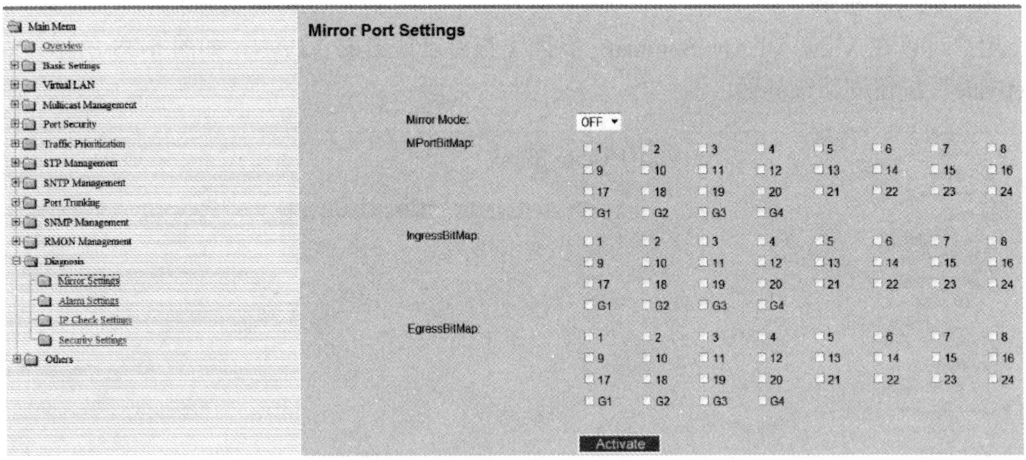

图 5-30 Mirror Settings 界面

界面说明如下：

（1）Mirror Mode：镜像功能开启状态。选项 OFF：关闭镜像功能。选项 L2：开启镜像功能。

（2）MPortbitmap：镜像端口。镜像端口可以有多个。注意，选择为镜像的端口，不能再在 IngressBitMap 和 EgressBitMapt 的复选中选择。

（3）IngressBitMap：需要将端口输入流量镜像到 MPortbitmap 的所有端口，即进交换机的端口，不能选择 MPortbitmap 所在的端口。

（4）EgressBitMapt：需要将端口输出流量镜像到 Mirror Port 的所有端口，即出交换机的端口，不能选择 MPortbitmap 所在的端口。

点击“Activate”按钮确认。

第六章　智能变电站现场调试检验

第一节　通 用 检 验

智能变电站现场调试检验的通用检验部分，适用于保护屏、智能控制柜、端子箱等屏柜的检验，二次设备（包括保护装置、合并单元、交换机、智能终端等）的外观、电源、绝缘、通信接口、软硬件、通信报文配置检验，以及电缆和光纤二次回路系统的检验。

一、屏柜检验

1. 检验内容及要求

屏柜的布置要符合图纸要求，施工工艺美观、整齐、易于运行维护及检修。屏柜、电缆孔洞和盘面之间的缝隙必须采用合格的不燃或阻燃材料封堵，封堵完好。室外屏柜注意防潮（防水）、防尘，检查屏柜体漆层完好、排列整齐，安装牢固；柜门密封良好，开关自如，无锈蚀，屏柜体与柜门用软铜导线可靠连接；屏柜内装置及附件（包含各独立装置、继电器、空开、按钮、切换把手和连接片）是否正确齐全，紧固无损坏无锈蚀，操作灵活；检修硬连接片接触是否良好。

屏柜及内部装置及附件的标识应清晰、正确齐全、名称统一规范并与图纸相符。屏柜内宜就近打印张贴本屏柜 IED 设备光口分配表、交换机光口分配表，配线架配线信息表。

屏柜及装置接地线安装正确，标志明显。接地线应与接地铜排可靠连接，接地铜排应与等电位地网可靠连接。保护屏接地不得小于 $50mm^2$，端子箱接地不得小于 $100mm^2$。所有专用接地线（或接地引下线）截面不应小于 $4mm^2$。

端子排及支架安装牢固，无锈蚀损伤，名称、编号应正确，符合设计要求。接线工艺美观，线芯排列整齐。端子排中正负电源之间及电源、运行中带电位信号与跳合闸引出端子之间应适当隔离。接入交流电源的端子与其他回路端子采取有效隔离措施，并有明显标识（交直流端子不应在同一段端子排中）。

在监控系统检查户外或 GIS 室智能控制柜通过智能终端 GOOSE 接口上送的温度、湿度信息与柜内一致，且柜内温度应能控制在－10～50℃，湿度保持在 90%以下。屏柜内应采取措施满足温、湿度要求。

2. 检验方法

根据图纸检查屏柜相应部分，打开前后门，检查各处标签、端子排、接地线是否符合要求。

二、设备检验

设备检验时须注意如下问题以避免设备内部元器件损坏。

断开装置的电源后才允许插、拔插件，且必须有防止因静电损坏插件的措施。

调试过程中发现有问题要先找原因，不要频繁更换芯片。必须更换芯片时，要用专用起拔器。应注意芯片插入的方向，插入芯片后需经第二人检查无误后，方可通电检验或使用。

检验中尽量不使用烙铁，如元件损坏等情况必须在现场进行焊接时，要用内热式带接地线烙铁或烙铁断电后再焊接。所替换的元件必须使用制造厂确认的合格产品。

用具有交流电源的电子仪器测量电路参数时，电子仪器测量端子与电源侧绝缘必须良好，仪器外壳应与保护装置在同一点接地。

1. 设备外观检验

（1）检验内容及要求。

设备机箱尺寸应符合标准要求，所有零件锡焊处的质量，不应存在虚焊或假焊现象。设备表面涂覆层的颜色应均匀一致，无明显的色差和眩光，涂覆层表面无砂粒、趋皱、流痕等缺陷。

所有安装设备的型号、数量与设计图纸一致无误。设备铭牌标签等应正确、清晰、齐全。设备应有安全标志，安全标志应符合《量度继电器和保护装置　第27部分：产品安全要求》GB 14598.27—2008中9.1条的规定。

设备应采取必要的抗电气干扰措施，不带电金属部分应在电气上连成一体，并具备可靠接地点。检查设备接地，应保证设备背面接地端子可靠接地。金属结构件应有防锈蚀措施。

（2）检验方法。

检查设备尺寸和高度，观察并记录被测设备的结构。

检查设备型号数量与设计是否一致，铭牌、标签等是否正确清晰，是否有安全标志。

检查装置的不带电金属部分，在电气上是否连成一体，是否具备可靠接地点，检查金属结构件是否有防锈蚀措施。

如需要检查内部模件，在打开面板前，操作人员必须与接地面板接触以将携带的静电放掉。

2. 设备工作电源检验

（1）检验内容及要求。

调节直流电源，输出到设备额定工作电压，设备正常工作。

缓慢升高直流电源，输出到额定电压的115%，设备稳定工作。

缓慢降低直流电源，输出到额定电压的80%，设备稳定工作。

合上直流电源插件上的电源开关，将试验直流电源由零缓慢调至80%额定电源值，此时设备运行灯应燃亮，设备无异常。

在80%直流电源额定电压下拉合三次直流工作电源，逆变电源可靠启动，设备不误动，不误发信号。

在设备上电掉电瞬间、断电恢复过程中，设备无异常，通电后稳定正常工作。

（2）检验方法。

将设备接入直流电源，并调节直流电源电压。电源电压升高到额定电压的115%、或降低到额定电压的 80%，以及电压在上述区间缓慢变化期间，监测电压变化期间设备的运行情况，设备不应误动或误发信号，各项指标不变。

3. 设备绝缘检验

（1）检验内容及要求。绝缘电阻试验部位包含以下几部分：

1）各电路对外露的导电件（相同电压等级的电路互联）。

2）各独立电路之间（每一独立电路的端子互联）。

上述部位测定其绝缘电阻值不应小于100MΩ。

（2）检验方法。用开路电压为 500V 的检验仪器测定其绝缘电阻值。

4. 设备通信接口检验

（1）检验内容及要求。检查设备的通信接口种类和数量（即光口、电口的速率、类型）是否符合图纸及 SCD 文件中通信接口配置要求。

检查电口速率和接口通信方式，要求传输速率不小于于端口的线速，接口统一选用 RJ45 接口。

检查设备光口发送功率、接收功率、最小接收功率。对于波长 1310nm 光接口，发送功率为–20～–14dBm，接收灵敏度为–31～–14dBm；对于波长 850nm 光接口，发送功率为–19～–10dBm（百兆口）或–9.5～–3dBm（千兆口），接收灵敏度为–24～–10dBm（百兆口）或–17～–3dBm（千兆口）。

设备宜具备光口的接收功率、装置的直流电压、装置温度、光口接收功率越下限告警、光口接收功率越上限告警，光口发送功率越下限告警上送功能。

（2）检验方法。按照图纸及 SCD 文件中对通信接口的配置定义，逐一检查设备光口、电口的速率、类型是否符合要求。电口是否采用 RJ45 接口。

1）设备光口发送功率测试方法。

如图 6-1 所示，用一根跳线（衰耗小于 0.5dB）连接设备光纤发送端口和光功率计接收端口，读取光功率计上的功率值，即为光纤端口的发送功率。

2）设备光口接收功率测试方法。

如图 6-2 所示，将待测设备光纤接收端口的尾纤拔下，插入到光功率计接收端口，读取光功率计上的功率值，即为光纤端口的接收功率。

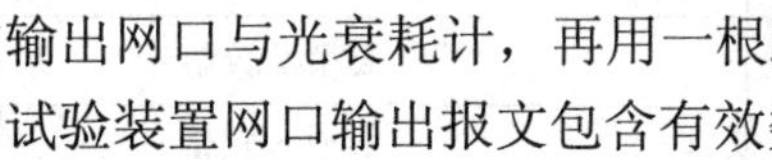

图 6-1　光纤端口发送功率检验示意图

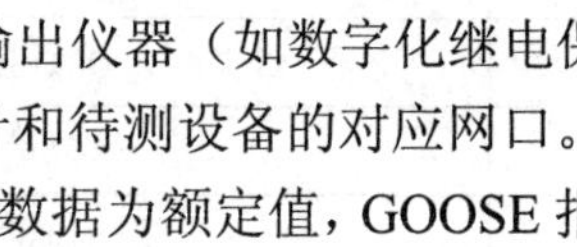

图 6-2　光纤端口接收功率检验示意图

3）设备光口最小接收功率测试方法。

步骤一：如图 6-3 所示，用一根跳线连接数字信号输出仪器（如数字化继电保护试验装置）的输出网口与光衰耗计，再用一根跳线连接光衰耗计和待测设备的对应网口。数字化继电保护试验装置网口输出报文包含有效数据（采样值报文数据为额定值，GOOSE 报文为开关位置）。

步骤二：从 0 开始缓慢增大调节光衰耗计衰耗，观察待测设备液晶面板（指示灯）或网口指示灯。优先观察液晶面板的报文数值显示；如设备液晶面板不能显示报文数值，观察液晶面板的通信状态显示或通信状态指示灯；如设备面板没有通信状态显示，则观察通信网口的物理连接指示灯。

步骤三：当上述显示出现异常时，停止调节光衰耗计，将待测设备网口跳线接头拔下，插到光功率计上。如图 6-4 所示，读出此时的功率值，即为待测设备网口的最小接收功率。

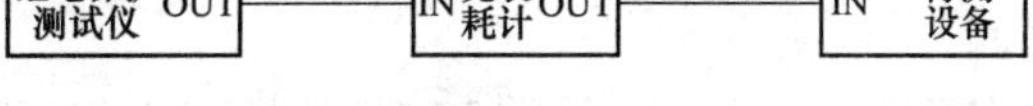

图 6-3　光纤端口最小接收功率检验步骤一示意图

图 6-4　光纤端口最小接收功率检验步骤三示意图

5. 设备硬件和软件检验

（1）检验内容及要求。

现场投运装置应为通过国家电网公司专业检测的装置，投运装置的各项信息应与国家电网公司正式发布的合格产品公告中对应装置的备案发布信息完全一致。

装置的生产厂家、设备类别、装置型号、装置名称等基本信息应与国家电网公司正式发布的合格产品公告中对应装置的备案发布信息完全一致；装置的软件版本号、校验码等软件信息应与国家电网公司正式发布的合格产品公告中对应装置的备案发布信息完全一致，应比对的软件信息见表 6-1；装置的各项硬件信息应与国家电网公司正式发布的通过专业检测对应装置的备案发布照片信息一致，应比对的硬件信息见表 6-2。

表 6-1　投运装置与通过专业检测装置软件信息比对内容

序　号	软件信息对比内容	
1	主 CPU 程序	版本号
2		校验码
3	FPGA 程序	版本号
4		校验码

表 6-2　投运装置与通过专业检测装置硬件信息比对内容

序　号	硬件信息比对内容	备　注
1	外壳设计	颜色和尺寸
2	铭牌与丝印标牌	颜色和尺寸
3	前面板设计	液晶、指示灯和按键
4	面板散热结构	上下和左右面板
5	插件数量	包括空插件
6	插件名称	后面板印制的名称
7	插件顺序	从左至右
8	光纤接口	类型及数量（LC 和 ST 接口）
9	交流模拟量采集数量	类型及数量
10	对时接口	类型及数量
11	PPS 输出接口	类型及数量
12	调试接口	类型及数量
13	单个插件的硬件设计	元器件及线路布局、硬件版本和端子数量

（2）检验方法。

现场检查设备硬件配置及软件版本是否与通过入网检测的设备一致；根据提供软件工具及 IED 工程的配置文件，检查是否与 SCD 文件一致。

6. 设备通信报文配置检验

（1）检验内容及要求。

检查设备过程层网络接口 SV 和 GOOSE 通信源 MAC 地址、目的 MAC 地址、VLAN ID、

APPID、优先级是否正确，检查设备站控层MMS通信的IP地址、子网掩码是否正确，检查站控层GOOSE通信的源MAC地址、目的MAC地址、VLAN ID、APPID、优先级是否正确。

（2）检验方法。

通过故障录波器/网络记录分析仪抓取通信报文的方法来检查相关内容；或通过液晶面板读取相关信息；或通过便携式电脑抓取通信报文的方法来检查相关内容。采用便携式电脑检验如图6-5所示，将便携式电脑与待测设备通过光电转换器连接好后，抓取需要检查的通信报文并进行分析。

图6-5　便携式电脑与待测设备连接示意图

三、二次回路系统检验

1. 电缆二次回路检验

（1）工艺检验。

电缆排列整齐，与设计图纸一致，终端和沿电缆敷设路线上的电缆标牌正确完整。户外电缆的标牌，字迹应清晰并满足防水、防晒、不脱色的要求。电缆封堵严密、可靠。注意同屏柜两排电缆之间也不能留有缝隙。

电缆敷设避免交叉，固定且牢固，外表清洁完整，不应使所接的端子排受到机械应力。交流回路与直流回路不能共用一根电缆；强弱电回路不能共用一根电缆；交流电流回路和交流电压回路不能共用一根电缆。端子排二次接线接触良好、无松动，压接头压接可靠，备用芯固定位置合适。

二次回路的电缆均应使用屏蔽电缆，屏蔽电缆的屏蔽层应在开关场和控制室内两端接地；分别使用截面不小于4mm^2的多股铜质软导线，可靠连接到等电位接地网的铜排上。严禁使用电缆内的空线替代屏蔽层接地的方法作为抗干扰措施。由开关场的变压器、断路器、隔离刀闸和电流、电压互感器等设备至开关场就地端子箱之间的二次电缆应经金属管从一次设备的接线盒（箱）引至电缆沟，并将金属管的上端与上述设备的底座和金属外壳良好焊接，下端就近与主接地网良好焊接，屏蔽层在就地端子箱处单端使用截面不小于4mm^2的多股铜质软导线，可靠连接至等电位接地网的铜排上，在一次设备的接线盒（箱）处不接地。对于双层屏蔽电缆，内屏蔽应一端接地，外屏蔽应两端接地。

（2）正确性检验。

对回路的所有部件进行观察、清扫与必要的检修及调整。所述部件包括：与设备有关的操作把手、按钮、插头、灯座、位置指示继电器、中央信号装置及这些部件的回路中端子排、电缆、熔断器等。

根据图纸对二次电缆芯线进行核对，利用导通法依次经过所有中间接线端子，检查由互感器引出端子箱到操作屏柜、保护屏柜、自动装置屏柜或至分线箱的电缆回路及电缆芯的标号，并检查电缆簿的填写是否正确。

检验直流回路确实没有寄生回路存在。检验时应根据回路设计的具体情况，用分别断开回路的一些可能在运行中断开（如熔断器、指示灯等）的设备及使回路中某些触点闭合的方法来检验。当设备新投入或接入新回路时，需核对熔断器（自动开关）的额定电流是否与设计相符或与所接入的负荷相适应，并满足上下级之间的配合。每一套独立的保护装置，均应有专用于直接到直流熔断器正负极电源的专用端子对，这一套保护的全部直流回路包括跳闸出口继电器的线圈回路，都必须且只能从这一对专用端子取得直流的正、负电源。

（3）绝缘检验。

在对二次回路进行绝缘检查前，必须确认被保护设备的断路器、电流互感器全部停电，交流电压回路已在电压切换把手或分线箱处与其他单元设备的回路断开，并与其他回路隔离完好后，才允许进行。

在进行绝缘测试时应注意：试验线连接要紧固；每进行一项绝缘试验后，须将试验回路对地放电；对母线差动保护，断路器失灵保护及电网安全自动装置，如果不可能出现被保护的所有设备都同时停电的机会时，其绝缘电阻的检验只能分段进行，即哪一个被保护单元停电，就测定这个单元所属回路的绝缘电阻。

保护装置的验收试验时，从保护屏柜的端子排处将所有外部引入的回路及电缆全部断开，分别将电流、电压、直流控制、信号回路的所有端子各自连接在一起，用1000V兆欧表测量各回路对地和各回路相互间绝缘电阻，其阻值均应大于10MΩ；定期检验时，在保护屏柜的端子排处将所有电流、电压、直流控制回路的端子的外部接线拆开，并将电压、电流回路的接地点拆开，用1000V兆欧表测量回路对地的绝缘电阻，其绝缘电阻应大于1MΩ。

对使用触点输出的信号回路，用1000V兆欧表测量电缆芯对地及对其他各芯间的绝缘电阻，其绝缘电阻应不小于1MΩ。定期检验只测量芯线对地的绝缘电阻。

对采用金属氧化物避雷器接地的电压互感器的二次回路，需检查其接线的正确性及金属氧化物避雷器的工频放电电压。定期检查时可用兆欧表检验金属氧化物避雷器的工作状态是否正常。一般当用1000V兆欧表时，金属氧化物避雷器不应击穿；而用2500V兆欧表时，则应可靠击穿。

（4）电流互感器二次回路检验。

检查电流互感器二次绕组所有二次接线的正确性及端子排引线螺钉压接的可靠性。

检查电流二次回路的接地点与接地状况，要求电流互感器的二次回路必须分别且只能有一点接地；由几组电流互感器二次组合的电流回路，应在有直接电气连接处一点接地。

常规电流互感器所有绕组极性、变比、准确级应与铭牌参数一致，与设计相符，二次绕组（各抽头）应进行了直流电阻测试；电流互感器二次绕组应进行了伏安特性测试、10%误差曲线校核，相关试验记录应完整、正确。自电流互感器的二次端子箱处向负载端通入交流电流，测定回路的压降，计算电流回路每相与中性线及相间的阻抗（二次回路负担）。将所测得的阻抗值按保护的具体工作条件和制造厂家提供的出厂资料来验算是否符合互感器10%误差的要求。

（5）电压互感器二次回路检验。

独立的、与其他互感器二次回路没有直接电气联系的二次回路，可以在控制室也可以在开关场实现一点接地；经控制室零相小母线（N600）连通的几组电压互感器二次回路，只应在控制室将N600一点接地，各电压互感器二次中性点在开关场的接地点应断开，在开关场的金属氧化物避雷器的安装应符合相关规定。来自电压互感器二次回路的4根开关场引入线和互感器三次回路的2（3）根开关场引入线必须分开，不得共用。为保证接地可靠，各电压互感器的中性线不得接有可能断开的熔断器（自动开关）或接触器等。电压互感器开口三角电压回路中不得接有可能断开的熔断器（自动开关）或接触器等。

检查串联在电压回路中的熔断器（自动开关）、隔离开关及切换设备触点接触的可靠性。新投入时，检查所有熔断器（自动开关）的装设地点、熔断（脱扣）电流是否合适（自动开关的脱扣电流需通过试验确定）、质量是否良好、能否保证选择性，自动开关线圈阻抗值是否合适。

测量电压回路自互感器引出端子到配电屏电压母线的每相直流电阻，并计算电压互感器在额定容量下的压降，其值不应超过额定电压的3%。

（6）断路器、隔离开关及二次回路的检验。

断路器及隔离开关中的一切与保护装置二次回路有关的调整试验工作，均由管辖断路器、隔离开关的有关人员负责进行。继电保护检验人员应了解并掌握有关设备的技术性能及其调试结果，并负责检验自保护屏柜引至断路器（包括隔离开关）二次回路端子排处有关电缆线连接的正确性及螺钉压接的可靠性。

继电保护人员还应了解：断路器的跳闸线圈及合闸线圈的电气回路接线方式（包括防止断路器跳跃回路、三相不一致回路等措施）；与保护回路有关的辅助触点的开闭情况、切换时间，构成方式及触点容量；断路器二次操作回路中的气压、液压及弹簧压力等监视回路的工作方式；断路器二次回路接线图；断路器跳闸及合闸线圈的电阻值及在额定电压下的跳、合闸电流；断路器跳闸电压及合闸电压，其值应满足相关规程的规定；断路器的跳闸时间、合闸时间以及合闸时三相触头不同时闭合的最大时间差应不大于规定值。

2. 光纤二次回路检验

（1）工艺检验。

光缆（含预制光缆）的连接应牢固可靠、无松动，光纤接头完全旋进或插牢，无虚接现象，光口处不应受力，光纤头应清洁无尘，备用光口、尾纤应带防尘帽。

现场检查除纵联通道外的保护用光缆为多模光缆，多模光缆光纤线径宜采用62.5/125μm，芯数不宜超过24芯。进入保护室或控制室的保护用光缆为阻燃防水的非金属光缆，每根光缆备用纤芯不少于20%且不少于2芯。同一小室内跨屏（柜）的保护用光缆应使用尾缆或铠装光缆，同一屏（柜）内设备间连接应使用尾纤，尾纤线径应与所敷设光缆线径一致。双重化配置的两套保护不共用同一根光缆，不共用ODF配线架。预制光缆户外部分应采用插头光缆，户内部分应采用插座光缆。

检查有无光纤损坏、弯折现象，尾纤安装符合标准，备用芯固定位置合适。屏（柜）内尾纤应留有一定裕度，多余部分不应直接塞入线槽，应采用盘绕方式用软质材料固定，松紧适度且弯曲直径不应小于10cm。尾纤应有防止外力伤害的措施，不应与电缆共同绑扎，不应存在弯折、窝折现象，尾纤表皮应完好无损。铠装光缆敷设弯曲半径不应小于缆径的25倍。室内软光缆（尾纤）弯曲半径静态下应不小于缆径的10倍，动态下应不小于缆径的20倍。熔纤盘内接续光纤单端盘留量不少于500mm，弯曲半径不小于30mm。尾纤接头的检查应结合其他试验进行（如光纤接口发送功率检查），不应单独进行。

光缆编号：3Y–G130　　2014–09–30
光缆信息：4芯多模(1备3),15m
Fr：261陈竹南汇控柜–A盘
To：261陈竹南保护屏1–A盘

图6-6　光缆标牌示例

光纤回路标识应正确、清晰、规范。光缆标牌应记录光缆编号、光缆类型、使用及备用芯数、光缆长度、本端屏柜及配线架编号、对端屏柜及配线架编号、投运日期等信息。如图6-6所示，其中，“Fr：261陈竹南汇控柜-A 盘”表示光缆本端连接至 261 陈竹南汇控柜，接入配线架 A 盘；“To：261 陈竹南保护屏 1-A 盘”表示光缆对端连接至 261 陈竹南保护屏 1，接入配线架 A 盘。

尾纤两端均应标识，标签宜采用专用贴纸，标签粘贴位置宜选择在距离尾纤插头 1～2cm 处，如图 6-7 所示。

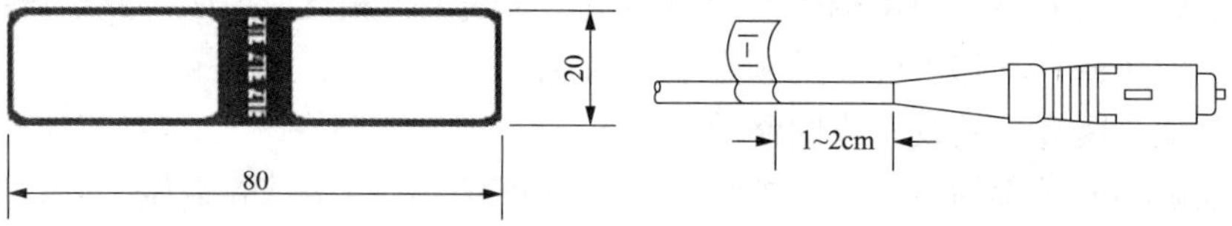

（a）尾纤标签的尺寸　（b）尾纤的标签的粘贴位置

图 6-7　尾纤标签及粘贴位置

尾纤标识内容应包含本侧及对侧接线信息和尾纤主要用途。标签各侧编码宜采用如下格式：“设备型号-板件号-接口端口号”，没有相关信息时可用“/”表示。 尾纤标识示例如图 6-8 所示。其中，标签左侧“A 盘-01”表示尾纤本端连接至配线架 A 盘第 1 口，标签右侧“PCS931GM—NR1123—1”表示尾纤本端连接至 PCS931GM 装置 NR1123 板的第 1 个光端口，“261 SV 点对点”表示用于 261 间隔的点对点 SV 采样光纤。

图 6-8　尾纤标识示例

（2）正确性检验。

按照设计图纸检查光纤回路的正确性，包括保护设备、合并单元、交换机、智能终端之间的光纤回路。

光纤回路的正确性检验可以采取离线检验和在线检验两种方法。离线检验首先拔插待测光纤一端的通信端口，观察其对应另一端的通信接口信号灯是否正确熄灭和点亮；采用激光笔，照亮待测光纤的一端而在另外一端检查正确性。在线检验通过装置面板的通信状态检查光纤通道连接准确，可以在光纤两端分别使用光纤线序查找器。

（3）衰耗检验。

现场检测光纤回路（含光纤熔接盒、配线架）的衰耗不大于 3dB。光衰检测可以用待测光纤连接发送端口的发送功率减去接收端口的接收功率，即得到待测光纤的衰耗。还可以用对比法检验。对比法首先用一根尾纤跳线（衰耗小于 0.5dB）连接光源和光功率计，如图 6-9 所示。光功率计记录下此时的光源发送功率，然后将待检验光纤分别连接光源和光功率计，如图 6-10 所示。记录下此时的光功率计的功率值，用光源发送功率减去此时光功率计功率值，从而得到检验光纤的衰耗值。

图 6-9　光源功率检验尾纤跳线连接示意图

图 6-10　光源功率检验测试光纤连接示意图

第二节　过程层设备检验

智能变电站过程层设备现场调试检验，包括合并单元检验、智能终端检验和过程层交换机的检验。

一、合并单元检验

1. MU 发送 SV 报文检验

（1）检验内容及要求。

SV 报文丢帧率测试。检验 SV 报文的丢帧率，要求 10min 内不丢帧。

SV 报文完整性测试。检验 SV 报文中序号的连续性，SV 报文的序号应从 0 连续增加到 50*N*—1（*N* 为每周波采样点数），再恢复到 0，任意相邻两帧 SV 报文的序号应连续。

SV 报文发送频率测试。80 点采样时，SV 报文应每一个采样点一帧报文，SV 报文的发送频率应与采样点频率一致，即 1 个 APDU 包含 1 个 ASDU。

SV 报文发送间隔离散度检查。检验 SV 报文发送间隔是否等于理论值（20/*N*ms，*N* 为每周波采样点数）。测出的间隔抖动应在±10μs 之内。

SV 报文品质位检查。在互感器工作正常时，SV 报文品质位应无置位；在互感器工作异常时，SV 报文品质位应不附加任何延时正确置位。

SV 报文数据格式检验（可仅在设备验收时进行）。合并单元宜采用 DL/T 860.92 规定的数据格式通过光纤以太网接口向保护、测控、计量、录波、PMU 等智能二次设备输出采样值。报文中采样值通道排列顺序应与 SCD 文件中配置相同，宜采用 AABBCC 顺序排列。

SV 报文数据通道测试（可仅在设备验收时进行）。合并单元内保护用通道，应采用双 A/D 且两路 A/D 电路互相独立，两路独立采样数据的瞬时值之差不大于 2%的额定值。

（2）检验方法。

将 MU 输出 SV 报文接入便携式电脑/网络记录分析仪/故障录波器等具有 SV 报文接收和分析功能的装置，进行 SV 报文的检验，如图 6-11 所示。

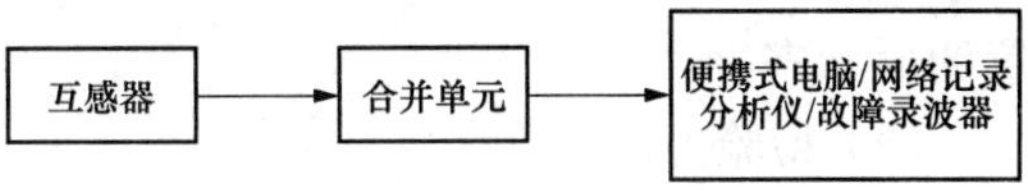

图 6-11　MU 发送 SV 报文检验示意图

采用如图 6-11 所示系统抓取 SV 报文并进行分析。

SV 报文丢帧率测试。抓取 SV 报文并进行分析，试验时间大于 10min。丢帧率计算如下：

丢帧率=（应该接收到的报文帧数–实际接收到的报文帧数）/应该接收到的报文帧数

SV 报文完整性测试。抓取 SV 报文并进行分析，试验时间大于 10min。检查抓取到 SV 报文的序号完整性。

SV 报文发送频率测试。抓取 SV 报文并进行分析，试验时间大于 10min。检查抓取到 SV 报文的频率。

SV 报文发送间隔离散度检查。抓取 SV 报文并进行分析，试验时间大于 10min。检查抓取到 SV 报文的发送间隔离散度。

SV 报文品质位检查。在无一次电流及电压时，SV 报文数据应为白噪声序列，且互感器自诊断状态位无置位；在施加一次电流或电压时，互感器输出应为无畸变波形，且互感器自诊断状态位无置位。断开互感器本体与合并单元的光纤，SV 报文品质位（错误标）应不附加任何延时正确置位。当异常消失时，SV 报文品质位（错误标）应无置位。

SV 报文数据格式检验。抓取 SV 报文并对其进行分析，检查抓取到的 SV 报文的数据格式。

SV 报文数据通道测试。查阅试验检查报告。

2. 失步再同步性能检验

（1）检验内容及要求。

检查 MU 失去同步信号再获得同步信号后，MU 传输 SV 报文的误差。在该过程中，SV 报文抖动时间应小于 10μs（每周波采样 80 点）。

（2）检验方法。

将 MU 的外部对时信号断开，过 10min 再将外部对时信号接上。通过图 6-11 对系统进行 SV 报文的记录和分析。

观察合并单元失步再同步过程中输出的采样值序号变化情况，验证采样计数零的报文为同步标志置位的第一帧，且该时刻应为恢复对时脉冲信号后的第 4 个脉冲（第 3 秒）。

3. MU 检修状态检验

（1）检验内容及要求。

合并单元检修投入时，所有发送的数据通道均带检修标记；间隔合并单元级联母线合并单元时，如母线合并单元检修投入，则间隔合并单元的发送数据中仅来自母线合并单元的通道数据带检修标记。

GOOSE 报文检修机制：合并单元检修投入时，GOOSE 发送报文置检修。合并单元断路器、隔离开关位置信息取自 GOOSE 报文时，若 GOOSE 报文中置检修，合并单元未置检修，则合并单元不使用该 GOOSE 报文中的断路器、隔离开关信息，保持断路器、隔离开关位置的原状态；若 GOOSE 报文中置检修，合并单元也置检修，则合并单元使用该 GOOSE 报文中的断路器、隔离开关位置信息；若 GOOSE 报文未置检修，合并单元置检修，则合并单元不使用该 GOOSE 报文中的断路器、隔离开关位置信息，保持断路器、隔离开关位置的原状态。

（2）检验方法。

合并单元投入检修连接片，检验《电子自动化通信网络和系统　第 9—2 部分：特定通信服务映射（SCSM）——基于 ISO/IEC 8802-3 的采样值》DL/T 860.92 采样值数据品质中的检修品质和 GOOSE 报文的检修标志是否置位。

分别修改 GOOSE 隔离开关位置数据品质的检修位和合并单元检修连接片状态，检验合并单元对 GOOSE 检修报文的处理。

4. 电压切换功能检验

（1）检验内容及要求。

如图 6-12 所示，对于接入了两段母线电压的按间隔配置的合并单元，根据采集的双位置隔离开关信息自动进行电压切换，电压切换逻辑见表 6-3。合并单元在进行母线电压切换时，不应出现通信中断、丢包、品质输出异常改变等异常现象。

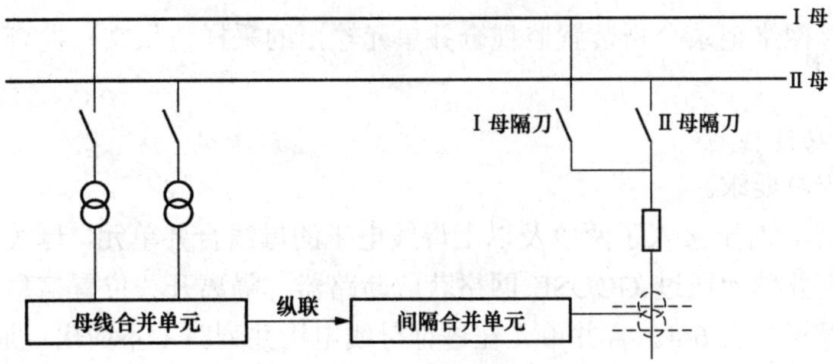

图 6-12　电压切换示意图

表 6-3　电压切换逻辑表

序　号	Ⅰ 母 隔 刀		Ⅱ 母 隔 刀		母线电压输出	报 警 说 明
	合	分	合	分		
1	0	0	0	0	保持	延时 1min 以上报警“隔离开关位置异常”
2	0	0	0	1	保持	
3	0	0	1	1	保持	
4	0	1	0	0	保持	
5	0	1	1	1	保持	
6	0	0	1	0	Ⅱ母电压	
7	0	1	1	0	Ⅱ母电压	无
8	1	0	1	0	Ⅰ母电压	报警“切换同时动作”
9	0	1	0	1	电压输出为 0，品质有效	报警“切换同时返回”
10	1	0	0	1	Ⅰ母电压	无
11	1	1	1	0	Ⅱ母电压	延时 1min 以上报警“隔离开关位置异常”
12	1	0	0	0	Ⅰ母电压	
13	1	0	1	1	Ⅰ母电压	
14	1	1	0	0	保持	
15	1	1	0	1	保持	
16	1	1	1	1	保持	

注：1. 母线电压输出为“保持”，表示间隔合并单元保持之前隔刀位置正常时切换选择的Ⅰ母或Ⅱ母的母线电压，母线电压数据品质应为有效。

2. 间隔 MU 上电后，未收到隔离开关位置信息时，输出的母线电压带“无效”品质；上电后，若收到的初始隔刀位置与上表中“母线电压输出”为“保持”的隔离开关位置一致，输出的母线电压带“无效”品质。

（2）检验方法。

在母线合并单元上施加不同幅值的两段母线电压，母线合并单元与间隔合并单元级联。使用数字继电保护检验仪施加Ⅰ母和Ⅱ母隔刀位置的 GOOSE 信号或常规电气信号，按照上表中合并单元电压切换逻辑依次变换信号，在 MU 检验仪上观察间隔合并单元输出的母线电压采样值，判断切换逻辑。观察在隔离开关为同分、同合以及位置异常的情况下，合并单元的报警情况。通过网络记录分析装置监视合并单元输出的采样值报文，检查电压切换过程中是否存在异常。

5. 电压并列功能检验

（1）检验内容及要求。

如图 6-13 所示，对于接入了两段及以上母线电压的母线合并单元，母线电压并列功能由合并单元完成。合并单元通过 GOOSE 网络获取断路器、隔离开关位置信息，实现电压并列功能，电压并列逻辑见表 6-4。合并单元在进行母线电压并列时，不应出现通信中断、丢包、品质输出异常改变等异常现象。

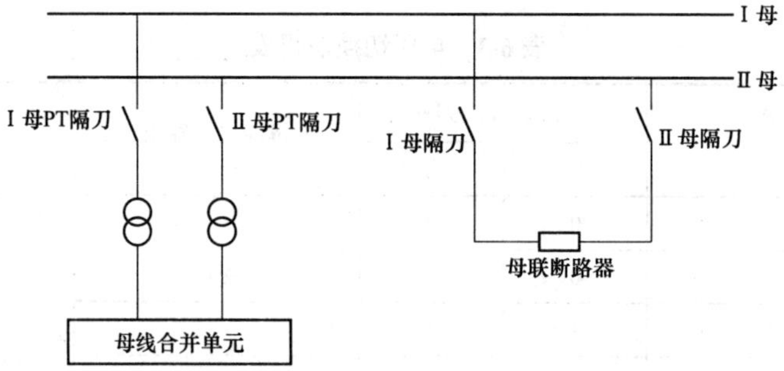

图 6-13 电压并列示意图

表 6-4 电压并列逻辑表

把手位置		母联断路器位置	Ⅰ母电压输出	Ⅱ母电压输出
Ⅰ母强制用Ⅱ母	Ⅱ母强制用Ⅰ母			
0	0	X	Ⅰ母	Ⅱ母
0	1	合位	Ⅰ母	Ⅰ母
0	1	分位	Ⅰ母	Ⅱ母
0	1	00 或 11（无效位置）	保持	保持
1	0	合位	Ⅱ母	Ⅱ母
1	0	分位	Ⅰ母	Ⅱ母
1	0	00 或 11（无效位置）	保持	保持
1	1	合位	保持	保持
1	1	分位	Ⅰ母	Ⅱ母
1	1	00 或 11（无效位置）	保持	保持

注：1. 把手位置为 1 表示该把手位于合位，为 0 表示该把手位于分位。

2. 母联断路器位置为双位置，“10”为合位、“01”为分位，“00”和“11”表示中间位置和无效位置，X 表示母联断路器处于任何位置。

（2）检验方法。

在母线合并单元上分别施加不同幅值的两段母线电压，模拟母联断路器双位置信号，分别切换母线合并单元把手至“Ⅰ母强制用Ⅱ母”或“Ⅱ母强制用Ⅰ母”状态，观察母线合并单元输出的Ⅰ母和Ⅱ母电压，并依此判断并列逻辑。通过网络记录分析装置监视合并单元输出的采样值报文，检查电压并列过程中是否存在异常。

6. MU 精度检验

（1）检验内容及要求。

1）数字量输入式合并单元。

保护装置采用“电子式互感器+合并单元”进行采样时，电子式电流互感器（含合并单元）的误差要求见表 6-5。

表 6-5 电子式电流互感器（含合并单元）误差要求参数表

准确级	电流误差在额定一次电流下（%）	相位差在额定一次电流下		复合误差，在额定准确限值一次电流下（%）	最大峰值瞬时误差在准确限制条件下（%）
		′	caed		
5TPE	±1	±60	±1.8	5	10
5P	±1	±60	±1.8	5	—
10P	±3	—	—	10	—

注：对 TPE 级和 GB 20840.2—2014 规定的各级（PR 和 PX）以及 GB 20840.2—2014 规定的其他各级（TPS，TPX，TPY，TPZ）有关暂态的信息详见《互感器 第 8 部分：电子式电流互感器》GB/T 20840.8—2007 附录 H。

电子式电压互感器（含合并单元）的误差要求见表 6-6。

表 6-6 电子式电压互感器（含合并单元）误差要求参数表

准确级	在下列额定电压 U_p/U_{pr}（%）下								
	2			5			x[①]		
	ε_u ±1%	φ_e ±′	φ_e ±crad	ε_u ±1%	φ_e ±′	φ_e ±crad	ε_u ±1%	φ_e ±′	φ_e ±crad
3P	6	140	7	3	120	3.5	3	120	3.5
6P	12	480	14	6	240	7	6	240	7

注：1. φ_e 的正常值应为零，但在电子式电压互感器必须与其他电子式电压互感器或电子式互感器组合使用时，为了具有一个公共值，可以规定其他值。

2. 延迟时间的影响见详见《互感器 第 7 部分：电子式电压互感器》GB/T 20840.7—2007 附录 C5.1。

① x 为额定电压因数乘以 100。

2）模拟量输入式合并单元：电压幅值误差不超过±2.5%或 $0.01U_n$，电流幅值误差不超过±2.5%或 $0.02I_n$，相位角度误差不超过 1°。

（2）检验方法。

1）数字量输入式合并单元：检查相应设备出厂试验报告。有条件时，可在现场使用专用测试仪对电子式互感器与合并单元进行加量测试。

2）模拟量输入式合并单元：用继电保护测试仪给 MU 输入额定交流模拟量（电流、电压），读取 MU 输出数值与继电保护测试仪输入数值比较计算精度。

7. MU 延时检验

（1）检验内容及要求。

该测试针对电磁式互感器配置的合并单元，检查 MU 接收交流模拟量到输出交流数字量的时间。

合并单元采样响应时间不应大于 1ms，级联母线合并单元的间隔合并单元采样响应时间不应大于 2ms，误差不应超过 20μs。采样值报文响应时间为采样值自合并单元接收端口输入至输出端口输出的延时。

（2）检验方法。

用继电保护测试仪给 MU 输入交流模拟量（电流、电压），通过电子式互感器校验仪或故障录波器同时接收 MU 输出数字信号与继电保护测试仪输出模拟信号，计算 MU 传输延时。

8. 合并单元级联检验

（1）检验内容及要求。

若本间隔的二次设备需要母线电压，间隔合并单元应能够接入来自母线合并单元的母线电压数据报文。

母线合并单元的报文格式符合 Q/GDW441 附录 A“支持通道可配置的扩展 IEC 60044—8 协议帧格式”或 DL/T 860.92。

合并单元级联输入的数字采样值有效性应正确。

（2）检验方法。

使用三相交流模拟信号源为母线合并单元施加额定电压信号，并将其与间隔合并单元级联。通过 MU 检验仪验证间隔合并单元输出的母线电压通道幅值，并与母线合并单元输出的母线电压幅值进行比对，不应超过模拟量准确度的相位误差。

使用网络记录分析装置检查母线合并单元用于级联输出的报文格式。

将级联数据源各采样值通道置为数据无效、检修品质；从网络报文记录及分析装置解析间隔合并单元报文中相应各采样值通道应变为无效、检修品质；中断母线合并单元与间隔合并单元的级联通信，从网络报文记录及分析装置检验间隔合并单元输出的电压采样值通道品质应置为无效，即间隔合并单元在与级联的母线合并单元之间发生通信故障时，不应影响电流采样数据的传输。

9. 其他检验

合并单元技术性能应满足 DL/T 282 和 Q/GDW 11015 的要求。

检查合并单元的装置日志，它应能够记录数字采样值失步、无效、检修等事件。

合并单元的采样频率应可以通过硬件或软件配置，正常运行时，保护用合并单元采样频率宜设置为 4000Hz。

合并单元在复位启动过程中不应输出与外部开入不一致的信息。

若电子式互感器由合并单元提供电源，合并单元应具备对激光器的监视以及取能回路的监视能力。

二、智能终端检验

智能终端的主要作用与常规变电站的操作箱类似，智能终端定期检验应结合保护装置的整组试验一并进行，准备详细的试验方案，尽量减少断路器的操作次数。

1. 动作时间检验

（1）检验内容及要求。

检查智能终端响应 GOOSE 命令的动作时间应不大于 5ms。

（2）检验方法。

如图 6-14 所示，用数字化继电保护试验装置给智能终端发送跳、合闸 GOOSE 命令，测量智能终端收到 GOOSE 报文与硬接点开出的时间差。

2. 传送位置信号检验

（1）检验内容及要求。

智能终端应能通过 GOOSE 报文准确传送开关位置信息，开入时间（智能终端收到硬接点开入后，转换成 GOOSE 报文的时间）应不大于 10ms（含消抖时间 5ms）。

（2）检验方法。

如图 6-15 所示，通过数字继电保护测试仪分别输出相应的电缆分、合信号给智能终端，再接收智能终端发出的 GOOSE 报文，解析相应的虚端子位置信号，观察是否与实端子信号一致，并通过继电保护测试仪记录开入时间。

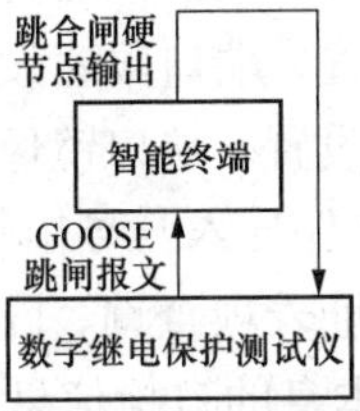

图 6-14　动作时间测试示意图

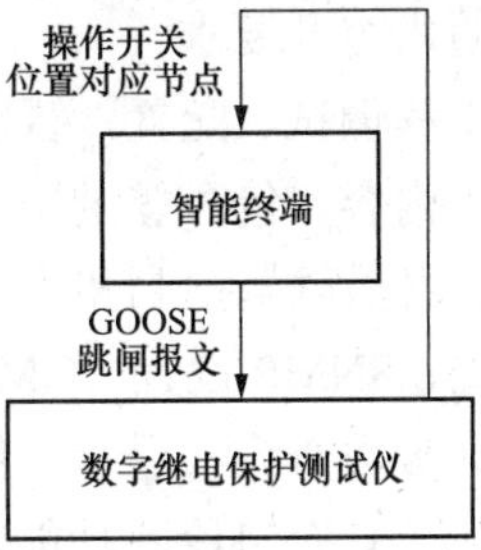

图 6-15　位置信号测试示意图

3. SOE 分辨率检验

（1）检验内容及要求。

智能终端的 SOE 分辨率应不大于 1ms。

（2）检验方法。

使用时钟源给智能终端对时，同时将 GPS 对时信号接到智能终端的开入，通过 GOOSE 报文观察智能终端发送的 SOE。

4. 检修状态检验

（1）检验内容及要求。

智能终端检修置位时，发送的 GOOSE 报文“TEST”应为 1，应响应“TEST”为 1 的 GOOSE 跳合闸报文，不响应“TEST”为 0 的 GOOSE 跳、合闸报文。

（2）检验方法。

投退智能终端“检修压板”，查看智能终端发送的 GOOSE 报文，同时由测试仪分别发送“TEST”为 1 和“TEST”为 0 的 GOOSE 跳、合闸报文。

5. 其他检验

检验断路器分相位置、隔离开关位置应采用 GOOSE 直传双点信息；遥合（手合）、低气压闭锁重合等其他遥信信息应采用 GOOSE 直传单点信息。

模拟 GOOSE 单帧跳闸指令，智能终端应能正确跳闸；线路间隔第二套智能终端合闸出口触点应并入第一套智能终端合闸回路，当第一套智能终端控制电源未消失时，第二套智能终端应能正常合闸；断路器智能终端应具有跳合闸自保持功能。验证本套重合闸的闭锁逻辑为：遥合（手合）、遥跳（手跳）、TJR、TJF、闭重开入、本智能终端上电的“或”逻辑。双重化配置智能终端时，应具有输出至另一套智能终端的闭重触点，逻辑为：遥合（手合）、遥跳（手跳）、保护闭锁重合闸、TJR、TJF 的“或”逻辑。

智能终端的告警信号应齐全、完备。具体要求为：在 GOOSE 跳合闸、遥控命令动作后查看装置面板，相应指示灯应点亮，控制命令结束后面板指示灯仅能通过手动或遥控复归。模拟 GOOSE 链路中断，查看装置面板告警指示灯点亮，同时应发送相对应 GOOSE 断链告警报文。智能终端时间同步信号丢失或失步，应发 GOOSE 告警报文。智能终端应具备断路器、隔离刀闸等指示灯的位置显示和告警功能。

智能终端应具备记录输入、输出相关信息的功能。模拟智能终端跳合闸命令，查看智能终端以遥信方式转发收到的跳合闸命令。

三、交换机检验

1. 配置文件检验

（1）检验内容及要求。

为便于工程调试、配置，智能变电站交换机应支持 Web 页面配置，配置范围应涵盖交换机配置的所有内容，包含登录用户名与密码设置、装置 IP 设置、端口限速设置（应可设置广播风暴抑制、组播风暴抑制和未知单播风暴抑制）、端口聚合设置、端口镜像设置、VLAN 设置、QoS 设置、SNMP 设置、GMRP 设置、环网设置及配置文件导入与导出等。交换机 WEB 界面应具有的参数查询与显示，包含装置基本信息、MAC 地址表项查询、日志显示及告警信息查询等，还应具有自诊断功能，并能以报文方式输出装置本身的自检信息。

交换机配置文件包含版本信息及修改记录、交换机端口配置图、交换机 VLAN 划分表、Web 配置工具及相关软件等应齐全，现场实际应与设计一致。

（2）检验方法。

读取交换机的配置文件与设计图纸和历史文件比对。

2. 以太网端口检验

（1）检验内容及要求。

站控层/间隔层交换机宜具有 24 百兆电口，用于级联的交换机可根据实际需要进行配置；电接口应配有屏蔽层，接口形式为 RJ45；全电口配置的交换机的规格一般选用 16 口、24 口或 48 口。百兆 100BASE—TX 或千兆 1000 BASE—T 接口应符合 IEEE 802.3—2008 的规定。

过程层交换机应采用全光口配置，可根据实际需求选用 4 口、8 口、16 口或 24 口交换机，百兆接口应统一采用多模光器件，接口形式宜选用 ST/LC 型；用于交换机级联的接口应采用千兆接口。每台交换机的光纤接入数量不宜超过 16 对，并配备适量的备用端口。100BASE-FX 接口应符合 IEC 9314—3—1990 的规定，具体指标要求见表 6-7；1000BASE—SX 接口应符合 IEEE 802.3—2008 的规定，具体指标要求见表 6-8。

表 6-7 100BASE-FX 接口参数

接口类型	参数	要求	单位
发送	波长范围	1270～1380	nm
	光功率（最大）	–14.0	dBm
	光功率（最小）	–20.0	dBm
接收	波长范围	1270～1380	nm
	光功率（最大）	–14.0	dBm
	接收灵敏度	–31.0	dBm
	强制接收灵敏度	–25.0	dBm

表 6-8　1000BASE-SX 接口参数

接口类型	参数	要求		单位
		6.25μsMMF	50μsMMF	
发送	波长范围	700～860		nm
	平均发射光功率（最大）	0.0		dBm
	平均发射光功率（最小）	−9.5		dBm
接受	波长范围	770～860		nm
	平均接受光功率（最大）	0.0		dBm
	接收灵敏度	−17.0		dBm
	强制接收灵敏度	−12.5	−13.5	dBm

（2）检验方法。

通过便携式电脑检查交换机以太网端口设置、速率等是否正确。

3. VLAN 设置检验

（1）检验内容及要求。

交换机应支持 IEEE 802.1Q 定义的 VLAN 标准，至少应支持 4096 个 VLAN，应支持在转发的帧中插入标记头、删除标记头、修改标记头，支持 VLAN Trunk 功能。检验交换机内部的 VLAN 设置是否与设计要求一致。

（2）检验方法。

可以通过读取交换机 VLAN 配置的方法进行检查。还可以通过客户端工具或者任何可以发送带 VLAN 标记报文的工具，从交换机的各个口输入 GOOSE 报文，检查其他端口的报文输出。

具体 VLAN 测试方法为：测试帧长度为 64 字节，测试时间为 30s，端口负载设置为 100%；任意选取 4 个端口与测试仪相连接，测试配置图如图 6-16 所示；在测试仪端口 4 上构造 9 个数据流，分别为：

数据流 1：无 VID 标识 IPv4 报文；

数据流 2：VID 为 1 的 IPv4 报文；

数据流 3：VID 为数值 A（A 可为 2-4094 任意值）IPv4 报文；

数据流 4：VID 为数值 B（B 可为 2-4094 任意值）IPv4 报文；

数据流 5：无 VID 标识 GOOSE 报文；

数据流 6：VID 为 1 的 GOOSE 报文；

数据流 7：VID 为数值 A（A 可为 2-4094 任意值）GOOSE 报文；

数据流 8：VID 为数值 B（B 可为 2-4094 任意值）GOOSE 报文；

数据流 9：广播报文，无 VID 标识。

图 6-16　VLAN 测试示意图

根据数据流设置交换机 4 个端口，设置成不同 VLAN；端口 4 向其他端口 1、端口 2、端口 3 以一定负荷发送数据；记录不同数据流的帧丢失率，判断 VLAN 是否划分成功；

具体 VLAN Trunk 测试方法同上，如图 6-16 所示，将交换机端口 4 设置成 Trunk 接口；在测试仪端口 1、端口 2、端口 3 上构造以上 9 个数据流；端口 1、端口 2、端口 3 向端口 4 以一定负荷发送数据；记录不同数据流的帧丢失率，判断 VLAN Trunk 是否成功。

测试后应仔细察看各 VLAN 中结果是否与预期结果一致。

4. 存储转发速率检验

（1）检验内容及要求。

在满负荷下，被测交换机可以正确转发帧的速率，转发速率应等于端口线速。

（2）检验方法。

测试帧长度分别为（64、65、128、256、512、1024、1280、1518）字节，测试时间为 60s；将交换机任意两个端口与测试仪相连接，如图 6-17 所示。两个端口同时以最大负荷互相发送数据；记录不同帧长在不丢帧的情况下的最大转发速率。

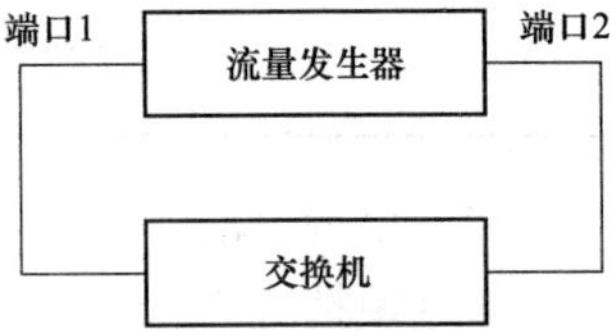

图 6-17　帧转发测试示意图

5. 存储转发延时检验

（1）检验内容及要求。

从输入帧的最后一个比特到达输入端口开始，至在输出端口上检测到输出帧的第一个比特为止的时间间隔。传输各种帧长数据时交换机交换时延应小于 10μs，用于采样值传输交换机最大延时与最小延时之差应小于 10μs。

（2）检验方法。

测试帧长度分别为（64、65、128、256、512、1024、1280、1518）字节，测试时间为 60s，测试按轻载 10%和重载 95%分别测试；将交换机任意两个端口与测试仪相连接，测试配置图如图 6-18 所示；两个端口同时以相应负荷互相发送数据；记录不同帧长的转发时延，记录时延应包含最大时延、最小时延和平均时延。

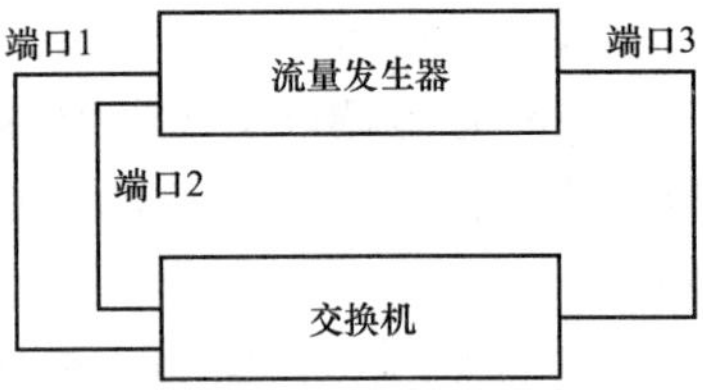

图 6-18　网络风暴测试示意图

6. 帧丢失率检验

（1）检验内容及要求。

帧丢失率是在指交换机端口以特定频率转发特定数量数据帧的情况下，帧丢失的比率。帧丢失率计算公式为：[（输入量–输出量）×100] /输入量。交换机在端口线速转发时，帧丢失率应为零。

（2）检验方法。

测试帧长度分别为（64、65、128、256、512、1024、1280、1518）字节，测试时间为 120s，负载等于端口线速速率；将交换机任意两个端口与测试仪相连接，测试配置图如图 6-18 所示；两个端口同时以端口存储转发速率互相发送数据；记录不同帧长时的帧丢失率。

7. 网络风暴抑制检验

（1）检验内容及要求。

交换机应支持广播风暴抑制、组播风暴抑制和未知单播风暴抑制功能，默认设置广播风暴抑制功能开启。网络风暴实际抑制值不宜超过抑制设定值的 10%。

（2）检验方法。

测试帧长设为随机帧长，端口负载为满负载，测试时间为 30s；交换机分别开启广播风暴抑制、组播风暴抑制和未知单播风暴抑制功能；测试配置图如图 6-18 所示，端口 1 向端口 2 发送 3 条数据流，分别为 Stream1（广播帧）、Stream2（组播帧）、Stream3（IPv4 帧），端口 2 向端口 1 发送 2 条数据流，分别为 Stream1（组播帧）、Stream2（未知单播帧）；记录不同数据流的帧丢失率，判断网络风暴抑制功能是否设置成功；根据帧丢失率，计算网络风暴抑制比偏差。

8. 其他检验

任意两台 IED 设备之间的数据传输路由不应超过 4 个交换机；交换机应优先处理等级高的报文，SV、GOOSE 报文宜采用高优先级帧，默认为 4 级。

通过网络记录分析仪或便携式电脑读取交换机的网络流量，从而检查交换机的网络流量是否符合技术要求。过程层网络根据 VLAN 划分选择交换机端口读取网络流量，站控层网络根据选择镜像端口读取网络流量。

交换机应支持双电源热备份，电源应采用端子式接线方式，当电源断电或故障时应能够提供硬接点输出。

第三节　间隔层设备检验

智能变电站间隔层设备检验，包含继电保护装置检验、典型保护装置整定值检验、SV 报文规范性检验、GOOSE 报文规范性检验和间隔设备之间配合检验。

一、继电保护装置检验

根据现场情况和试验条件，可以灵活采用以下几种方式进行智能变电站继电保护装置试验。

如图 6-19 所示，采用数字化继电保护试验装置进行保护装置的检验，保护设备和数字化继电保护试验装置之间采用光纤点对点连接，通过光纤传送采样值和跳合闸信号。

如图 6-20 所示，采用数字化继电保护试验装置进行继电保护设备的检验。保护设备通过点对点光纤连接数字化继电保护试验装置和智能终端，智能终端通过电缆连接数字化继电保护试验装置。

如图 6-21 所示，针对采用电磁式互感器的场合，采用传统继电保护测试仪进行继电保护设备的检验。保护设备通过点对点光纤连接合并单元 MU 和智能终端，MU 和智能终端通过电缆连接传统继电保护测试仪。

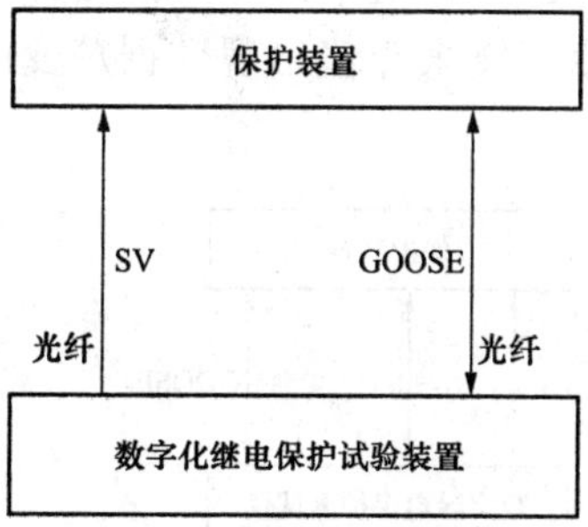

图 6-19　继电保护测试方案 1

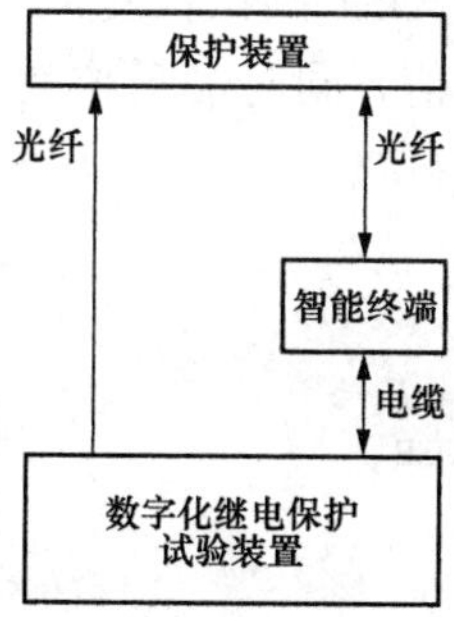

图 6-20　继电保护测试方案 2

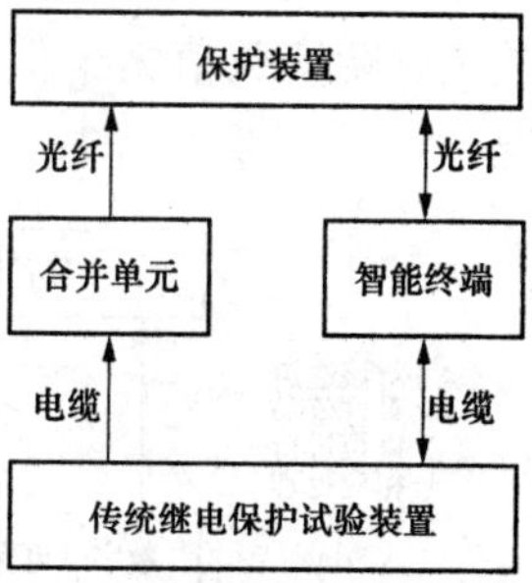

图 6-21　继电保护测试方案 3

1. 交流量精度检验

（1）检验内容及要求。

零点漂移检查。模拟量输入的保护装置零点漂移应满足装置技术条件的要求。

各电流、电压输入的幅值和相位精度检验。检查各通道采样值的幅值、相角和频率的精度误差，满足技术条件的要求。

同步性能测试。检查保护装置对不同间隔电流、电压信号的同步采样性能，满足技术条件的要求。

（2）检验方法。

零点漂移检查。保护装置不输入交流电流、电压量，观察装置在一段时间内的零漂值满足要求。

各电流、电压输入的幅值和相位精度检验。新安装装置进行验收检验时，按照装置技术说明书规定的试验方法，分别输入不同幅值和相位的电流、电压量，观察装置的采样值满足装置技术条件的规定。全部检验时，可仅分别输入不同幅值的电流、电压量。部分检验时，可仅分别输入额定电流、电压量。

同步性能测试。检查保护装置对不同间隔电流、电压信号的同步采样性能，满足技术条件的要求。

2. 采样值品质位无效检验

（1）检验内容及要求。

采样值无效标识累计数量或无效频率超过保护允许范围，可能误动的保护功能应瞬时可靠闭锁，与该异常无关的保护功能应正常投入，采样值恢复正常后被闭锁的保护功能应及时开放。

采样值数据标识异常应有相应的掉电不丢失的统计信息，装置应采用瞬时闭锁延时报警方式。

（2）检验方法。

如图 6-22 所示，通过数字继电保护测试仪按不同的频率将采样值中部分数据品质位设置为无效，模拟 MU 发送采样值出现品质位无效的情况。

3. 采样值畸变测试

（1）检验内容及要求。

对于采用双 A/D 的情况，一路采样值畸变时，保护装置不应误动作，同时发告警信号。

（2）检验方法。

如图 6-23 所示，通过数字继电保护测试仪对双 A/D 中保护采样值中部分数据进行畸变放大，畸变数值大于保护动作定值，同时品质位有效，模拟一路采样值出现数据畸变的情况。

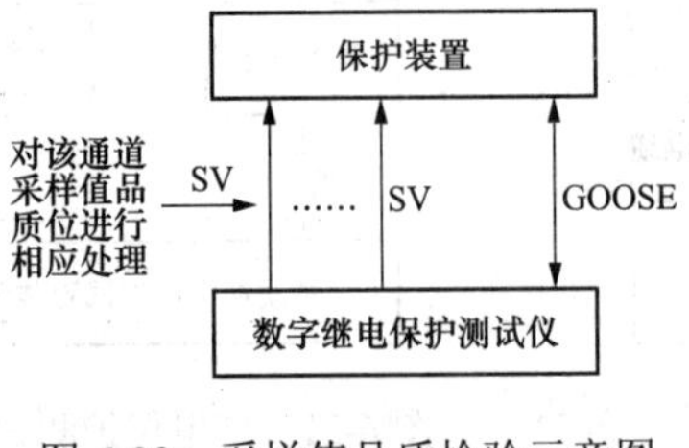

图 6-22　采样值品质检验示意图

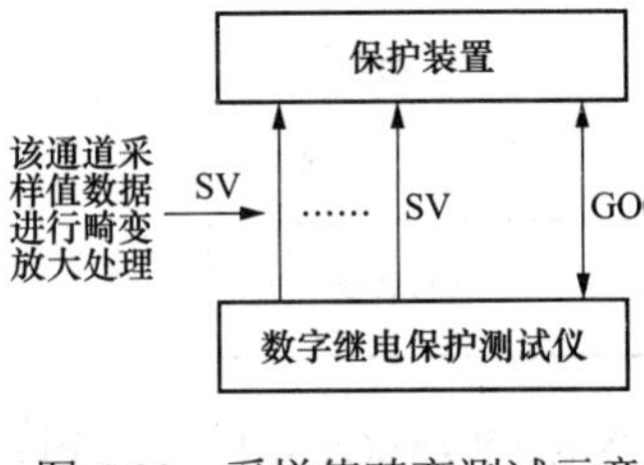

图 6-23　采样值畸变测试示意图

4. 通信断续测试

（1）检验内容及要求。

1）MU 与保护装置之间的通信断续测试。

MU 与保护装置之间 SV 通信中断后，保护装置应可靠闭锁，保护装置液晶面板应提示“SV 通信中断”且告警灯亮，同时后台应接收到“SV 通信中断”告警信号；

在通信恢复后，保护功能应恢复正常，保护区内故障保护装置可靠动作并发送跳闸报文，区外故障保护装置不应误动，保护装置液晶面板的“SV 通信中断”报警消失，同时后台的“SV 通信中断”告警信号消失。

2）智能终端与保护装置之间的通信断续测试。

保护装置与智能终端的 GOOSE 通信中断后，保护装置不应误动作，保护装置液晶面板应提示“GOOSE 通信中断”且告警灯亮，同时后台应接收到“GOOSE 通信中断”告警信号。

当保护装置与智能终端的 GOOSE 通信恢复后，保护装置不应误动作，保护装置液晶面板的“GOOSE 通信中断”消失，同时后台的“GOOSE 通信中断”告警信号消失采样值数据标识异常应有相应的掉电不丢失的统计信息，装置应采用瞬时闭锁延时报警方式。

（2）检验方法。

如图 6-24 所示，通过数字继电保护测试仪模拟 MU 与保护装置及保护装置与智能终端之间通信中断、通信恢复，并在通信恢复后模拟保护区、内外故障。

5. 采样值传输异常测试

（1）检验内容及要求。

采样值传输异常导致保护装置接收采样值通信延时、MU 间采样序号不连续、采样值错序及采样值丢失数量超过保护设定范围，相应保护功能应可靠闭锁，以上异常未超出保护设定范围或恢复正常后，保护区内故障保护装置可靠动作并发送跳闸报文，区外故障保护装置不应误动。

（2）检验方法。

如图 6-25 所示，通过数字继电保护测试仪调整采样值数据发送延时、采样值序号等方法模拟保护装置接收采样值通信延时增大、发送间隔抖动大于 10μs、MU 间采样序号不连续、采样值错序及采样值丢失等异常情况，并模拟保护区内外故障。

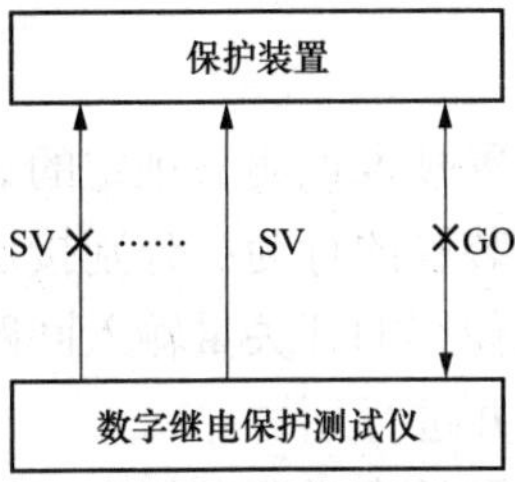

图 6-24 通信断续测试示意图

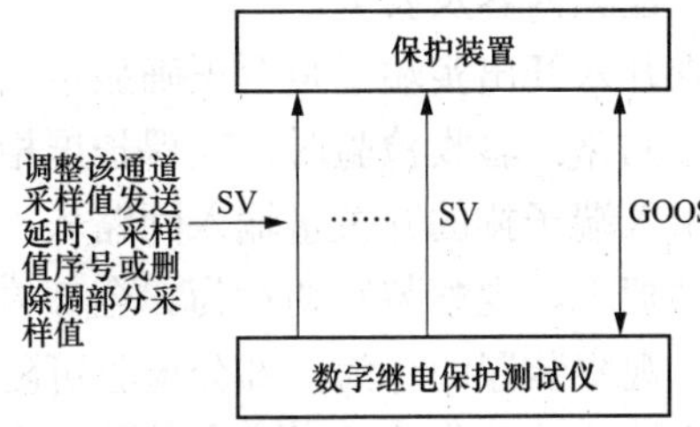

图 6-25 采样值传输异常测试示意图

6. 检修状态测试

（1）检验内容及要求。

1）保护装置输出报文的检修品质应能正确反映保护装置检修连接片的投退。保护装置检修连接片投入后，发送的 MMS 和 GOOSE 报文检修品质应置位，同时面板应有显示；保护装置检修连接片打开后，发送的 MMS 和 GOOSE 报文检修品质应不置位，同时面板应有显示。

2）输入的 GOOSE 信号检修品质与保护装置检修状态不对应时，保护装置应正确处理该 GOOSE 信号，同时不影响运行设备的正常运行。

3）在测试仪与保护检修状态一致的情况下，保护动作行为正常。

4）输入的 SV 报文检修品质与保护装置检修态不对应时，保护应报警并闭锁。

（2）检验方法。

1）通过投退保护装置检修连接片控制保护装置 GOOSE 输出信号的检修品质，通过抓包报文分析确定保护发出 GOOSE 信号的检修品质的正确性。

2）通过数字继电保护测试仪控制输入给保护装置的 SV 和 GOOSE 信号检修品质。

7. 软连接片检验

（1）检验内容及要求。

检查装置的软连接片设置是否正确，软连接片功能是否正常。软连接片包括：SV 接收软连接片、GOOSE 接收/出口连接片、保护元件功能连接片等。

（2）检验方法。

SV 接收软连接片检查：通过数字继电保护测试仪输入 SV 信号给装置，投入 SV 接收软连接片，装置显示 SV 数值精度应满足要求；退出 SV 接收软连接片，装置显示 SV 数值应为 0，无零漂。

GOOSE 开入软连接片检查：通过数字继电保护测试仪输入 GOOSE 信号给装置，投入 GOOSE 接收连接片，装置显示 GOOSE 数据正确；退出 GOOSE 开入软连接片，装置不处理 GOOSE 数据。

GOOSE 输出软连接片检查：投入 GOOSE 输出软连接片，装置发送相应 GOOSE 信号；退出 GOOSE 输出软连接片，模拟保护动作，应该监视到正确的相应保护未跳闸的 GOOSE 报文。

保护元件功能及其他连接片检查：投入、退出相应软连接片，结合其他试验检查连接片投退效果。

8. 开入开出信号检验

（1）检验内容及要求。

检查开入开出实端子是否正确显示当前状态。

开入回路：验收检验时，在保护屏柜端子排处，按照装置技术说明书规定的试验方法，对所有引入端子排的开关量输入回路依次加入激励量，观察装置的行为；分别接通、断开连片及转动把手，观察装置的行为。全部检验时，仅对已投入使用的开关量输入回路依次加入激励量，观察装置的行为。部分检验可随装置的整组试验一并进行。

开出回路：验收检验时，在装置屏柜端子排处，按照装置技术说明书规定的试验方法，依次观察装置所有输出触点及输出信号的通断状态。全部检验时仅对已投入使用的输出触点及输出信号的通断状态。部分检验可随装置的整组试验一并进行。

在开入开出回路检验项目中，如果几种保护共用一组出口连片或共用同一告警信号时，应将几种保护分别传动到出口连片和保护屏柜端子排。如果几种保护共用同一开入量，应将此开入量分别传动至各种保护。

（2）检验方法。

根据设计图纸，投退各个操作按钮、把手、硬连接片，查看各个开入开出量状态。

9. 虚端子信号检验

（1）检验内容及要求。

检查设备的虚端子（SV/GOOSE）是否按照设计图纸正确配置。

（2）检验方法。

通过数字继电保护测试仪加输入量或通过模拟开出功能使保护装置发出 GOOSE 开出虚端子信号，抓取相应的 GOOSE 发送报文分析或通过保护测试仪接收相应 GOOSE 开出，以判断 GOOSE 虚端子信号是否能正确发送。

通过数字继电保护测试仪发出 GOOSE 开出信号，通过待测保护装置的面板显示来判断 GOOSE 虚端子信号是否能正确接收。

通过数字继电保护测试仪发出 SV 信号，通过待测保护设备的面板显示来判断 SV 虚端子信号是否能正确接收。

10. 保护 SOE 报文检验

（1）检验内容及要求。

检查上送到变电站后台和调度端的保护装置动作、告警报文是否正确。

（2）检验方法。

传动继电保护动作，在变电站后台和调度端读取继电保护装置报文的时标和内容是否与继电保护装置发出的报文一致，应注意要采用传动继电保护动作逐一发出单个报文进行检查。

11. 整定值的整定及检验

（1）检验内容及要求。

整定值的整定检验是指将保护装置各有关元件的动作值及动作时间，按照定值通知单进行整定后的试验。该项试验在屏柜上每一个元件检验完毕之后才可进行。具体的试验项目、方法、要求视构成原理而异，一般须遵守如下原则。

每一套保护应单独进行整定检验，宜从合并单元前端输入电流电压。交流电压、电流的相对极性关系应与实际运行中的相对相位关系（折算到一次侧的相位关系）完全一致。

在整定检验时，除所通入的交流电流、电压为模拟故障值并断开断路器的跳、合闸回路外，整套装置应处于与实际运行情况完全一致的条件中，而不得在试验过程中人为地予以改变。

装置整定的动作时间为自向保护装置通入模拟故障分量（电流、电压或电流及电压）至保护动作出口，发出跳闸信号的全部时间。瞬时动作的保护，动作时间应满足以下要求：线路纵联保护装置动作时间不大于 30ms（不包括纵联通道时间）；母差保护装置动作时间不大于 20ms（大于 2 倍整定值）；变压器保护装置差动速断动作时间不大于 20ms（大于 2 倍整定值），比率差动动作时间不大于 30ms（大于 2 倍整定值）。

电气特性的检验项目和内容应根据检验的性质，装置的具体构成方式和动作原理拟定。

检验装置的特性时，在原则上应符合实际运行条件，并满足实际运行的要求。每一检验项目都应有明确的目的，或为运行所必须，或用以判别元件、装置是否处于良好状态和发现可能存在的缺陷等。

在定期检验及新安装装置的验收检验时，装置的整定检验要求如下：新安装装置在验收检验时，应按照定值通知单上的整定项目，依据装置技术说明书或制造厂推荐的试验方法，对保护的每一功能元件进行逐一检验。在全部检验时，对于由不同原理构成的保护元件只需任选一种进行检查。建议对主保护的整定项目进行检查，后备保护如相间Ⅰ、Ⅱ、Ⅲ段阻抗保护只需选取任一整定项目进行检查。部分检验时，可结合装置的整组试验一并进行。

（2）检验方法。

设置好设备的定值，通过测试系统给设备加入电流、电压量，观察设备面板显示和保护测试仪显示，记录设备动作情况和动作时间。

12. 纵联保护光纤通道的检验

可以采用自环的方式检查光纤通道是否完好。通信专业应对光纤通道的误码率和传输时间进行检查，指标应满足《继电保护和安全自动装置技术规程》GB/T 14285—2006 的要求。传输远方跳闸信号的通道，在新安装或更换设备后应测试其通道传输时间。

继电保护利用通信设备传送保护信息的通道，继电保护装置与通信设备之间的连接应有电气隔离，并检查各端子排接线的正确性和可靠性。对于利用专用光纤传输保护信息的远方传输设备，应对其发信电平、收信灵敏电平进行测试，并保证通道的裕度满足运行要求。对于与光纤相连的保护用附属接口设备应对其继电器输出触点、电源和接口设备的接地情况进行检查。

二、典型保护装置整定值检验方法

1. 线路保护整组试验（以 PCS—931 型线路保护为例）

（1）注意事项。

试验前整定连接片定值中的内部连接片控制字，“停用重合闸”软连接片置 0。

试验时必须接入零序电流，在做反方向故障时，应保证所加故障电流 I 小于 U/ZZD1，U 为额定电压，ZZD1 为阻抗Ⅰ段定值。

为确保故障选相及测距的有效性，试验时请确保试验仪在收到保护跳闸命令 20ms 后再切除故障电流。

（2）纵联差动保护。

将 NR1213 插件上单模光纤的接收“Rx”和发送“Tx”用尾纤短接，构成自发自收方式，将“通道一差动保护”、“通道一通信内时钟”、“单相重合闸”控制字均置 1，“电流补偿”控制字置 0，“本侧识别码”和“对侧识别码”整定为相同，通道异常灯不亮。断路器跳闸位置不接入。

下列校验实验中 Icdqd 为“差动动作电流定值”。

1）差动保护Ⅰ段校验。

模拟对称或不对称故障（所加入的故障电流必须保证装置能启动），使故障电流为：$I=m\times0.5\times1.5\times$（Icdqd）。

m=0.95 时差动保护Ⅱ段动作，动作时间 40ms 左右；m=1.05 时差动保护Ⅰ段能动作，在 m=1.2 时检验差动保护Ⅰ段的动作时间（20ms 左右）。

2）差动保护Ⅱ段试验。

模拟对称或不对称故障（所加入的故障电流必须保证装置能启动），使故障电流为：$I=m\times0.5\times$（Icdqd）。

m=0.95 时差动保护应不动作，m=1.05 时差动保护能动作，在 m=1.2 时检验差动保护的动作时间（40ms 左右）。

3）零序差动保护试验。

模拟故障前状态：三相加大小为（0.9×0.5×Icdqd）的电流。

模拟单相故障：A 相电流增大为（1.25×0.5×Icdqd），B、C 相电流为零，持续 100ms。差动保护 A 相跳闸，动作时间约 50ms 左右。动作时间说明这是零差保护动作。

（3）距离保护。

1）保护定值中“距离保护 I 段”控制字置 1。

2）加正常运行状态电压和电流，等保护 PT 断线报警灯灭，重合闸充电灯亮。

3）加故障电流 $I=I_n$，故障电压 $U_{\varphi\varphi}=m\times2\times I\times$ZZD1（$U_{\varphi\varphi}$ 为故障相相间电压，ZZD1 为相间距离 I 段阻抗定值），模拟正方向瞬时性相间短路故障，m=0.95 时距离 I 段动作，装置面板上相应灯亮，液晶上显示“距离 I 段动作”，动作时间为 10～25ms，动作相为“ABC”；m=1.05 时距离 I 段不动作；在 m=0.8 时测距离 I 段的动作时间。

4）加故障电流 $I=I_n$，故障电压 $U_{\varphi}=m\times I\times(1+K)\times$ZZD1（$U_{\varphi}$ 为故障相电压，K 为零序补偿系数，ZZD1 为接地距离 I 段阻抗定值），模拟正方向瞬时性单相接地故障（非故障相电流为 0），m=0.95 时距离 I 段动作，装置面板上相应灯亮，液晶上显示“距离 I 段动作”，动作时间为 10～25ms；m=1.05 时距离 I 段不动作；在 m=0.8 时测距离 I 段动作时间。

5）同 1）～4）条分别校验Ⅱ、Ⅲ段距离保护，注意加故障量的时间应大于保护定值时间。

6）加故障电流 $4I_n$，故障电压为 0，分别模拟单相接地、两相和三相反方向故障，距离保护不动作。

（4）零序保护。

1）保护定值中“零序电流保护”控制字置 1，“零序过流Ⅲ段经方向”控制字置 1。

2）加正常运行状态电压和电流，等保护 PT 断线报警灯灭，重合闸充电灯亮。

3）加故障电压 30V，故障电流 $I_{\varphi}=m\times$I0IIZD，（I_{φ} 为故障相电流，I0IIZD 为零序过流Ⅱ段定值），模拟单相正方向故障（非故障相电流为 0），故障时间大于零序过流Ⅱ段整定时间。m=1.05 时，保护动作，装置面板上相应灯亮，液晶上显示“零序过流Ⅱ段动作”；m=0.95 时，零序过流保护Ⅱ段不动作；在 m=1.2 时测零序过流保护Ⅱ段动作时间。

4）同 1）～3）条校验零序过流Ⅲ段保护，注意加故障量时间应大于零序过流Ⅲ段整定时间。

5）加故障电压 30V，故障电流 1.2×I0IIZD，模拟单相反方向故障，零序过流保护不动。

（5）零序反时限过流保护定值校验。

仅投入零序保护连接片，将保护控制字中“零序电流保护”置 0，“零序反时限”置 1。等待保护充电，直至充电灯亮。

加故障电压 30V，故障电流 1.5×I0FZD（其中 I0FZD 为零序反时限电流定值），模拟单相正方向故障，装置面板上相应灯亮，液晶上显示“零序反时限过流动作”，对比装置保护动作时间和反时限曲线计算时间是否相近。

加故障电压 30V，故障电流 5×I0FZD（其中 I0FZD 为零序反时限电流定值），模拟单相正方向故障，装置面板上相应灯亮，液晶上显示“零序反时限过流动作”，对比装置保护动作时间和反时限曲线计算时间是否相近。

（6）自动重合闸功能。

1）单相自动重合闸。

“单相重合闸”控制字置 1，“三相重合闸”控制字置 0，“三相跳闸方式”控制字置 0，确认保护不报“重合闸方式整定错”报警。

加正常运行状态电压和电流，使保护报警灯灭，重合闸充电灯亮。

模拟区内瞬时性单相接地故障，使保护动作不满足闭重条件（如距离Ⅲ段保护动作、零序过流保护Ⅲ段动作等），保护应单跳故障相并重合，故障相跳闸信号灯及重合闸信号灯亮，液晶屏显示“重合闸动作”。

模拟区内两相或三相故障，保护应三跳且不重合。

2）三相自动重合闸。

“三相重合闸”控制字置 1，“单相重合闸”控制字置 0，“重合闸检同期方式”控制字置 0，“重合闸检无压方式”控制字置 0，确认保护不报“重合闸方式整定错”报警。

加正常运行状态电压和电流，使保护报警灯灭，重合闸充电灯亮。

模拟区内瞬时性单相接地故障、相间故障或三相故障，使保护动作且不满足闭重条件，保护应三跳三重，三相跳闸信号灯及重合闸信号灯亮，液晶显示“重合闸动作”。

（7）纵联通道联调。

将保护使用的纵联通道可靠连接，通道调试好后装置上的“通道异常灯”应不亮，没有“通道异常”告警，TDGJ 接点不动作。

1）对侧电流及差流检查。

将两侧保护装置的“CT 变比系数”定值整定为 1，在对侧加入三相对称的电流，大小为 In，在本侧“模拟量”→“保护测量”菜单中查看对侧的三相电流、三相补偿后差动电流及未经补偿的差动电流应该为 I_n。

若两侧保护装置“CT 变比系数”定值整定不全为 1，对侧的三相电流和差动电流还要进行相应折算。假设 M 侧保护的“CT 变比系数”定值整定为 k_m，二次额定电流为 I_{Nm}；N 侧保护的“CT 变比系数”定值整定为 k_n，二次额定电流为 I_{Nn}。在 M 侧加电流 I_m，N 侧显示的对侧电流为 $I_m \times k_m \times I_{Nn}/(I_{Nm} \times k_n)$，若在 N 侧加电流 I_n，则 M 侧显示的对侧电流为 $I_n \times k_n \times I_{Nm}/(I_{Nn} \times k_m)$。若两侧同时加电流，必须保证两侧电流相位的参考点一致。

2）两侧装置纵联差动保护功能联调。

模拟线路空冲时故障或空载时发生故障：N 侧开关在分闸位置（注意保护开入量显示有跳闸位置开入，且将相关差动保护连接片投入），M 侧开关在合闸位置，在 M 侧模拟各种故障，故障电流大于差动保护定值，M 侧差动保护动作，N 侧不动作。

仿真弱馈功能：N 侧开关在合闸位置，主保护连接片投入，加正常的三相电压 34V（小于 $65\%U_n$ 但是大于 PT 断线的告警电压 33V），装置没有“PT 断线”告警信号，M 侧开关在合闸位置，在 M 侧模拟各种故障，故障电流大于差动保护定值，M、N 侧差动保护均动作跳闸。

远方跳闸功能：使 M 侧开关在合闸位置，“远跳经本侧控制”控制字置 0，在 N 侧使保护装置有远跳开入，M 侧保护能远方跳闸。在 M 侧将“远跳经本侧控制”控制字置 1，在 N 侧使保护装置有远跳开入的同时，在 M 侧使装置启动，M 侧保护能远方跳闸。

2. 变压器保护整组试验（以 PCS—978 型主变压器保护为例）

（1）主变压器差动保护。

1）差动电流补偿。

不同厂家的主变压器保护，其差动保护电流补偿方式不同。PCS—978 型主变压器保护采用 Yo 侧零序电流补偿，△—11 侧电流相位校正的方法实现差动保护电流平衡。详细请参考装置说明书。下面以具体实例说明检验方法，某变压器参数见表 6-9。

表 6-9　变压器参数

项　　目	高压侧（Ⅰ侧）	中压侧（Ⅱ侧）	低压侧（Ⅲ侧）
变压器容量	180MV·A		
电压等级 U_e	220kV	115kV	10.5kV
接线方式	Yo	Yo	△—11
各侧 TA 变比 nTA	1200/5	1250/5	3000/5
一次额定电流 I_{1e}	472A	904A	9897A
二次额定电流 I_{2e}	1.96A	3.61A	16.5A
各侧平衡系数 K_{ph}	4.00	2.177	0.476

其中，$I_{1e}=\dfrac{S_e}{\sqrt{3}U_e}$，$I_{2e}=I_{1e}/\text{nTA}$，$K_{ph}=\dfrac{I_{2e\text{-}min}}{I_{2e}}\times K_b$，$K_b=\min\left(\dfrac{I_{2e-max}}{I_{2e-min}},4\right)$，$I_{2e}$ 为变压器计算侧二次额定电流，$I_{2e\text{-}min}$ 为变压器各侧二次额定电流值中最小值，$I_{2e\text{-}max}$ 为变压器各侧二次额定电流值中最大值。

根据装置的调平衡方法，变压器检验方法如下：

如果检验仪可以提供 6 个电流，则利用Ⅰ、Ⅱ侧做检验，Ⅰ、Ⅱ侧三相以正极性接入，Ⅰ、Ⅱ对应相的电流相角为 180°，在Ⅰ、Ⅱ侧各相加入电流 I*（标么值，I*倍额定电流，其基值为对应侧的额定电流），装置应无差流。

例如 I*取 1，实际应在Ⅰ侧加入 1*1.96A（Ⅰ侧的额定电流）即 1.96A 三相电流，在Ⅱ侧加入 1*3.61A（Ⅱ侧的额定电流）即 3.61A 三相电流，装置无差流。

再如 I*取 0.5，实际应在Ⅰ侧加入 0.5*1.96A（Ⅰ侧的额定电流）即 0.98A 三相电流，应在Ⅱ侧加入 0.5*3.61A（Ⅱ侧的额定电流）即 1.805A 三相电流，装置无差流。利用Ⅰ、Ⅲ侧做检验，Ⅰ、Ⅲ侧三相以正极性接入，Ⅰ侧电流应超前Ⅲ侧的对应相电流 150°（因为是 Yo/Yo/△—11 变压器），在Ⅰ、Ⅲ侧各相加入电流 I*，装置应无差流。

例如 I*取 1，实际应在Ⅰ侧加入 1*1.96A（Ⅰ侧的额定电流）即 1.96A 三相电流，在Ⅲ侧加入 1*16.5A（Ⅲ侧的额定电流）即 16.5A 三相电流，装置无差流。

再如 I*取 0.5，实际应在Ⅰ侧加入 0.5*1.96A（Ⅰ侧的额定电流）即 0.98A 三相电流，应在Ⅲ侧加入 0.5*16.5A（Ⅲ侧的额定电流）即 8.25A 三相电流，装置无差流。

如果检验仪仅可以提供 3 个电流，则由于检验仪仅可以提供 3 个电流，每侧只可以加入单相或两相电流进行检验。

利用Ⅰ、Ⅱ侧（Y0 侧）做检验，Ⅰ、Ⅱ侧同名相或相间分别正极性接入 A 和 B 相，Ⅰ、Ⅱ对应相的电流相角为 180°，在Ⅰ、Ⅱ侧各相加入一倍电流 I*（标么值）装置显示应无差流。

例如 I*取 1，实际应在 I 侧加入 1*1.96A（ I 侧的额定电流）即 1.96A 电流，在Ⅱ侧加入 1*3.61A（Ⅱ侧的额定电流）即 3.61A 电流，装置无差流。

在Ⅰ、Ⅲ侧检验，采用的接线方式为：I 侧电流从 A 相极性端进入，流出后进入 B 相非极性端，由 B 相极性端流回试验仪器；Ⅲ侧电流从 A 相极性端进入，由 A 相非极性端流回试验仪器。

例如 I*取 1，实际应在 I 侧加入 1*1.96A（ I 侧的额定电流）即 1.96A 电流，在Ⅲ侧加入 $\sqrt{3}$ *1*16.5A（Ⅲ侧的额定电流）即 28.579A 电流，装置无差流。

2）比率差动特性校验。

假设差动起动电流定值为 0.3（标么值，见说明书定值部分）；比率制动系数为 0.5。试验在两侧进行，称为电流 I_1、I_2，为标么值，且 I_1 大于 I_2。转换为实际电流的方法、接入方法请参考上面的说明。

根据说明书可以知道在此假设下比例差动的动作方程为：

$$\begin{cases} I_d > 0.2I_r + 0.3 & I_r = 0.5 \\ I_d > 0.5I_r + 0.15 & 0.5 \leqslant I_r \leqslant 6 \\ I_d > 0.75I_r - 1.35 & I_r > 6 \\ I_r = \dfrac{1}{2}(I_1 + I_2) \\ I_d = I_1 - I_2 \end{cases}$$

将 I_1、I_2 代入，上式转化为：

$$\begin{cases} I_1 > 1.222 \times I_2 + 0.333 & I_1 + I_2 < 1 \\ I_1 > 1.6667 - I_2 + 0.2 & 1 < I_1 + I_2 < 12 \\ I_1 > 2.2 - I_2 - 2.16 & I_1 + I_2 > 12 \end{cases}$$

检验时，根据所要校验的曲线段选择式（1）、（2）、（3），首先给定 I_2，由此计算出 I_1，再验算 I_1、I_2 的关系是否满足约束条件（如式（1）的 I_1+I_2>1，I_1>I_2），如满足，I_1、I_2 为一组合理解，将其转化为有名值之后，即可进行检验。

Ⅰ、Ⅱ侧比率制动（取 I 侧电流 I_1 为动作量，Ⅱ侧电流 I_2 为制动量）K_{bl} = 0.5，动作方程为 I_d>K_{bl}（I_r–0.5I_e）+0.1I_e+$I_c$dqd；因为要求 I_r 大于 0.5I_e（只要满足 I_2 大于 1.5I_e 即可保证），所以制动侧加Ⅱ侧电流 I_2 = 2I_e，Ⅰ、Ⅱ侧电流夹角为 180°，差动电流 I_d=（I_2–I_1）×2/3，制动电流 I_r =（I_1+I_2）/3，动作方程化简后为：I_1< 0.6I_2–0.18I_e，即满足 I_1 大于 1.02I_e 比率差动保护动作。

Ⅰ、Ⅲ侧比率制动（取 I 侧电流 I_1 为动作量，Ⅲ侧电流 I_2 为制动量）高压侧加 AB 相间电流，低压侧加 A 相电流，这样低压侧电流经过了 Y△变换后，A、B 相均有差流和制动电流 I_d=I_2/ $\sqrt{3}$ –I_1（因为高压侧为 AB 相间电流无零序所以 I_1 不要乘以 2/3），I_r=I_1/2+I_2/ $\sqrt{3}$，代入化简得动作条件为 I_1> $\sqrt{3}$ I_2/5–0.12I_e。

（2）复合电压闭锁过流保护。

当“过流方向指向”控制字为“1”时，表示方向指向变压器，灵敏角为 45°（电压超前电流的角度，下同）；当“过流方向指向”控制字为“0”时，方向指向系统，灵敏角为 225°。

当方向指向变压器时，灵敏角为 45°（电压超前电流 45°），模拟正方向故障，在满足负序电压或低电压情况下：

$I_{\Phi}=1.05I_{z}$时，保护应可靠动作；

$I_{\Phi}=0.95I_{zd}$时，保护应可靠不动作。

模拟反方向故障，除Ⅲ段外（不带方向）不动作。

（3）零序方向过流保护。

装置设有“零序方向指向”控制字来控制零序过流各段的方向指向。当“零序方向指向”控制字为“1”时，方向指向变压器，方向灵敏角为 255°（零序电压超前零序电流的角度，下同）；当“零序方向指向”控制字为“0”时，表示方向指向系统的方向灵敏角为 75°。

当方向指向变压器时，方向灵敏角为 255°，模拟正方向故障：

$I_{0}=1.05I_{z}$时，保护应可靠动作；

$I_{0}=0.95I_{zd}$时，保护应可靠不动作。

模拟反方向故障，除Ⅲ段外（不带方向）不动作。

（4）间隙保护。

1）间隙过流保护。

在间隙零序 CT 中通入电流，大于整定值和延时，间隙过流保护动作。

2）间隙过压保护。

在开口三角 PT 中通入电压，大于整定值和延时，间隙零序过压保护动作。

3. 母线保护整组试验（以 PCS—915 型母线保护为例）

（1）母线差动保护。

投入母差保护控制字及软连接片。

1）区外故障。

短接组件 2 的Ⅰ母隔离开关位置及组件 3 的Ⅱ母隔离开关位置接点。

将组件 3CT 与母联 CT 同极性串联，再与组件 2CT 反极性串联，模拟母线区外故障。通入大于差动保护启动电流定值的电流，并保证母差电压闭锁条件开放，保护不应动作。

2）区内故障。

短接组件 2 的Ⅰ母隔离开关位置及组件 3 的Ⅱ母隔离开关位置接点。

将组件 2CT、母联 CT 和组件 3CT 同极性串联，模拟Ⅰ母故障。通入大于差流启动定值的电流，并保证母差电压闭锁条件开放，保护动作跳Ⅰ母。

将组件 2CT 和组件 3CT 同极性串联，再与母联 CT 反极性串联，模拟Ⅱ母故障。通入大于差动保护启动电流定值的电流，并保证母差电压闭锁条件开放，保护动作跳Ⅱ母。

投入母线互联连接片。重复上述区内故障，保护动作切除两母线上所有的连接组件。

3）电压闭锁组件。

在满足比率差动组件动作的条件下，分别检验保护的电压闭锁组件中相电压、负序和零序电压定值，误差应在±3%以内。

（2）母联失灵保护。

按上述试验步骤模拟母线区内故障，保护向母联发跳令后，向母联 CT 继续通入大于母联失灵电流定值的电流，并保证两母差电压闭锁条件均开放，经母联失灵保护整定延时母联失灵保护动作切除两母线上所有的连接组件。

（3）母联死区保护。

1）母联开关处于合位时的死区故障。

用母联跳闸接点模拟母联跳位开入接点，按上述试验步骤模拟母线区内故障，保护发母线跳令后，继续通入故障电流，经延时 150ms 母联电流退出小差，母差保护动作将另一条母线切除。

2）母联开关处于跳位时的死区故障。

短接母联 TWJ 开入（TWJ=1），并投入母联分列运行连接片，按上述试验步骤模拟母线区内故障，保护应只跳死区侧母线。（注意：故障前两母线电压必须均满足电压闭锁条件。）

（4）断路器失灵保护。

投入断路器失灵保护连接片及投失灵保护控制字，并保证失灵保护电压闭锁条件开放。

对于线路支路：短接任一分相跳闸接点，并在对应组件的对应相别 CT 中通入大于 $0.04I_n$ 的电流，还应保证对应组件中通入的零序/负序电流大于相应的零序/负序电流整定值，失灵保护动作。

而对于主变压器支路：短接任一三相跳闸接点，并在对应组件的任一相 CT 通入大于失灵相电流定值的电流，或在对应组件中通入的零序/负序电流大于相应的零序/负序电流整定值，失灵保护动作。

失灵保护启动后经“失灵延时 1”动作于母联，经“失灵延时 2”切除该组件所在母线的各个连接组件。

在满足电压闭锁组件动作的条件下，分别检验失灵保护的相电流、负序和零序电流定值，误差应在±3%以内。

在满足失灵电流组件动作的条件下，分别检验保护的电压闭锁组件中相电压、负序和零序电压定值，误差应在±3%以内。

重复上述试验，失灵保护电压闭锁条件不开放，同时短接试验支路的解除失灵电压闭锁接点（不能超过 1s），失灵保护应能动作。

（5）交流电压断线报警。

1）模拟单相断线，母线电压 $3U2$ 大于 12V，即断线相残压小于 44V 时，延时 1.25s 报该母线 PT 断线。

2）模拟三相断线，当$|U_a|$与$|U_b|$、$|U_c|$相等且都小于 18V，并在母联 CT 通入大于 $0.04I_N$ 电流时，延时 1.25s 报该母线 PT 断线。

（6）交流电流断线报警。

1）在电压回路施加三相平衡电压，在任一支路通入三相平衡电流大于 CT 断线闭锁定值，延时 5 秒发支路 CT 断线信号。

2）在任一支路通入电流大于 CT 断线报警定值，延时 5s 发 CT 断线报警信号。

4．母联保护整组试验

（1）充电过流保护。

1）投充电过流保护连接片。

2）定值控制字“充电过流保护 I 段”置 1，退出其他保护。

3）加充电过流 I 段定值的 1.05 倍电流。

4）装置面板上跳闸灯亮，液晶上显示“充电过流保护 I 段动作”。

5）加 0.95 倍过流 I 段定值，充电过流保护不应动作。

6）同 1）～5）条校验充电过流保护Ⅱ段、零序过流保护（注意加故障量的时间应大于保护定值时间）。

三、SV 报文规范性检验

1. SV 报文发送检验

（1）检验内容及要求。

SV 报文中标识与设置参数应一致。

样本计数必须和实际采样点顺序相对应。样本计数应根据采样频率顺序增加并翻转，在同步脉冲出现的时刻，采样值的样本计数应翻转置 0。样本计数器不能跳变或越限。

（2）检验方法。

逐一修改合并单元配置文件 VLAN—ID、VLAN—PRIORITY、svID、datSet、APPID、confRev、MAC—Address 等参数，核对 SV 报文中标识与设置参数的变化是否一致。

检查 SV 报文中的采样值数据的 SmpCnt。

2. SV 报文接收检验

（1）检验内容及要求。

保护装置的功能应正确反映，根据收到的报文和采样值接收控制块的配置信息，判断报文配置不一致，并给出相应报警信号；保护装置应监视 MU 采样值发送间隔离散值，当超出保护装置允许范围时，应报警并闭锁相关保护功能；当 SV 报文中额定延时 Delay 字段大于允许值时，保护装置应闭锁与该 MU 数据相关且受影响的保护功能；SV 报文对应的品质中的 Validity 变化，接收方应能正确识别并作出正确反映。

（2）检验方法。

模拟 SV 报文的 svID、APPID、confRev 等参数异常；模拟 SV 报文间隔时间变化；模拟 SV 报文中额定延时 Delay 字段发生变化；模拟 SV 报文对应的品质中的 Validity 字段发生变化。

3. SV 报文中断、重启检验

（1）检验内容及要求。

通信中断后，保护装置应可靠闭锁并发出告警信号；通信恢复后，保护装置告警信号应自动返回，保护功能应恢复正常。

合并单元重启后，发送的 SV 报文内容应反映当前所有输入量的真实状态。

（2）检验方法。

第一步，模拟合并单元与保护装置之间通信中断。

第二步，重启合并单元。

四、GOOSE 报文规范性检验

1. GOOSE 报文发送检验

（1）检验内容及要求。

GOOSE 报文中标识与设置参数的变化应一致。

StNum、SqNum 应能正确识别并反映开关量变位情况。

GOOSE 事件报文应至少连续发送 5 帧，发送间隔应为 T1、T1、T2、T3、……、T0；T1 不应大于 2ms，GOOSE 心跳时间 T0 宜为 1～5s，生存时间应为 2T0。

（2）检验方法。

逐一修改 VLAN—ID、VLAN—PRIORITY、APPID、GOID、GoCBRef、datSet、confRev、MAC-Address、T0、T1，核对 GOOSE 报文中标识与设置参数的变化是否一致。

模拟开关量变位，对 GOOSE 报文中的 StNum、SqNum 的功能进行检查。

对 GOOSE 报文时间间隔进行检查。

2. GOOSE 报文接收检验

（1）检验内容及要求。

装置应能正确反映 GOOSE 报文中的 APPID、GOID、GOCBRef、datSet、ConfRev 等参数的异常，并给出相应告警信号。

（2）检验方法。

模拟 GOOSE 报文中的 APPID、GOID、GOCBRef、datSet、ConfRev 等参数的异常。

3. GOOSE 中断检查

（1）检验内容及要求。

GOOSE 通信中断时，保护装置接收 GOOSE 信息宜保持中断前状态。

（2）检验方法。

模拟保护装置中断接收 GOOSE 报文。

4. GOOSE 重启检查

（1）检验内容及要求。

装置重启后，发送的 GOOSE 报文内容应反映当前所有输入量的真实状态。

（2）检验方法。

重启装置。

5. GOOSE 事件时间精度检验

（1）检验内容及要求。

时间精度应达到 1ms。

（2）检验方法。

利用 GPS 同步检验装置在整数秒时开出断路器变位信号，检查装置变位报文中时标的精度。

五、间隔设备配合检验

1. 检修机制配合性能检验

（1）检验内容及要求。

保护装置应将接收的 SV 报文中的 Test 位与装置自身的检修连接片状态进行比较，只有两者一致时才将该信号用于保护逻辑，不一致时只用于显示采样值，不参与保护逻辑运算，同时应发出告警信号并闭锁相关保护；GOOSE 接收端装置应将接收的 GOOSE 报文中的 Test 位与装置自身的检修连接片状态进行比较，只有两者一致时才将信号视为有效进行处理或动作，不一致时宜保持之前的状态；若母线合并单元检修投入，则其级联的间隔合并单元的发送数据中仅来自母线合并单元的通道数据应带检修标记；当接收装置的检修连接片状态和收到报文的检修品质位不一致时，接收装置应有告警信号发出。

（2）检验方法。

第一步，分别投入合并单元、保护装置、智能终端的检修连接片，进行模拟故障试验。

第二步，同时投入合并单元、保护装置的检修连接片，进行模拟故障试验。

第三步，同时投入保护装置、智能终端的检修连接片，进行模拟故障试验。

第四步，同时投入合并单元、智能终端的检修连接片，进行模拟故障试验。

第五步，同时投入合并单元、保护装置、智能终端的检修连接片，进行模拟故障试验。

2. 通讯异常试验

（1）检验内容及要求。

互感器与合并单元之间通信中断后，装置应告警并采取措施防止保护误动，在通信恢复后装置功能恢复正常。

合并单元与装置之间通信中断后，装置应告警并采取措施防止保护误动，在通信恢复后装置功能恢复正常。

装置与站控层网络之间的通信异常不应影响装置的性能。

（2）检验方法。

模拟电子式互感器与合并单元之间通信中断、通信恢复，并在通信恢复后模拟保护区内、外故障。

模拟合并单元与装置之间通信中断、通信恢复，并在通信恢复后模拟保护区内、外故障。

模拟装置与站控层网络之间的通信异常，并分别模拟保护区内、外金属性接地故障。

3. 合并单元失步检验

（1）检验内容及要求。

保护装置性能不应受合并单元同步状态的影响。

（2）检验方法。

模拟采样值出现同步位无效标识，并模拟保护区内、外故障；模拟合并单元同步信号丢失导致同步异常、及恢复同步过程，并在同步异常及恢复过程中分别模拟保护区内、外故障。

4. 网络压力试验

（1）检验内容及要求。

在网络端口负载率低于 50%时，装置性能不应受影响，不误发异常告警及报文。

（2）检验方法。

通过网络性能检验装置分别增大 MMS 网、GOOSE 网的信息流量（增大至网络端口负载率的 30%、40%及 50%），并模拟保护区内、外故障。

第四节　站控层设备检验及要求

智能变电站站控层设备检验，包含站控层网络分析仪的检验、对故障录波器、保护故障信息子站和监控后台的要求。

一、网络分析仪检验

网络分析仪应具备对 GOOSE、SV、MMS、时间同步等报文进行实时监视、捕捉、分析、存储和统计的功能，并具备变电站网络通信状态在线监视和状态评估的功能。网络分析仪所记录的数据应真实、可靠，电源中断或按装置上任意一个开关、按键时已记录数据不应丢失，满足合并单元的双 A/D 要求进行记录。网络分析仪应具有必要的自检功能，应具有装置异常、电源消失、事件信号的硬触点输出。

1. 网络状态实时监视及分析功能检验

如图 6-26 所示构建检验环境，将被测网络报文记录及分析装置的两个端口连接至网络性能检验仪。网络报文记录、分析装置网络状态实时监视及分析功能的检验结果应符合 Q/GDW 715—2012 中第 6.6.2 条的相关规定。网络性能检验仪 1 端口构建随机帧长的报文，报文格式设置为 GOOSE、SV 以及其他类型报文（如 PTP 时间同步报文等）的混合，总负载 100Mbit/s。

图 6-26 网络状态实时监视及分析功能检测框图

网络性能检验仪 2 端口构建两组不同地址的 SV 报文、GOOSE 心跳报文、广播报文（超过 50%）的混合，总负载 100Mbit/s。

被测装置设置流量异常阈值，网络检验仪 1 端口开始发送数据，装置应无任何告警，启动网络检验仪 2 端口的数据发送，10s 后停止所有数据发送，观察被测网络报文记录及分析装置的实时分析界面，应至少具备以下信息：

（1）网络节点的增加和删除。

（2）报文流量、帧速率统计以及通信状态。

（3）给出流量异常、网络风暴、节点突增、通信超时、通信中断等预警信息并启动报文记录。

查询检验过程中的历史报文时，装置应无损存储 1、2 记录端口接收到的报文。

2. 报文实时监视及分析功能检验

如图 6-27 所示构建检验拓扑，网络性能检验仪的端口 1 直接连接至交换机，端口 2 通过网络损伤模拟器连接至交换机，被测装置的两个记录端口分别连接至交换机。网络报文记录及分析装置报文实时分析统计功能的检验结果应符合 Q/GDW 715—2012 中 6.6.1 的相关规定。

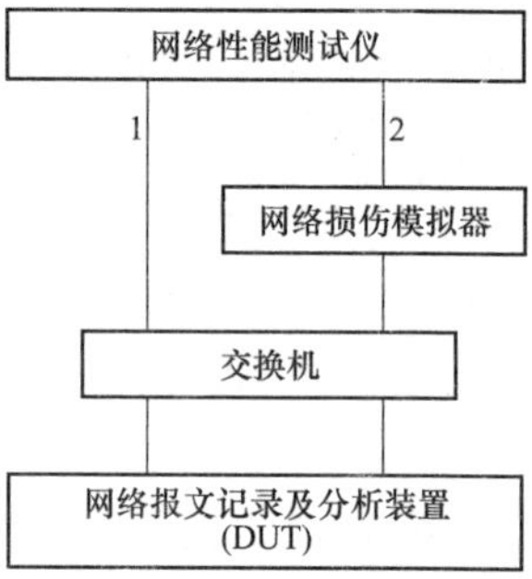

图 6-27 报文实时分析统计功能检测框图

网络性能检验仪分别构建符合以下限定格式的报文，并通过端口 1 进行发送，被测装置应启动记录，并给出相应的告警信息。

（1）错误格式的 SV、GOOSE、MMS、PTP 协议报文。

（2）SV 报文不同步。

（3）SV 品质因数变化。

（4）SV 中断。

（5）SV 丢帧。

（6）SV 报文格式与配置文件不一致（如条目数、SvID、ConfRev、组播地址不一致等）。

（7）SV 报文发送间隔离散度记录及越限告警。

（8）GOOSE 报文通信中断（停止发送 GOOSE 报文达到 2 倍 GOOSE 报文存活时间）。

（9）GOOSE 报文发送超时（GOOSE 报文发送时间间隔大于 2 倍最大发送时间间隔）。

（10）GOOSE 重启（sqNum、stNum 均为 1）。

（11）GOOSE 变位。

（12）GOOSE 状态虚变（StNum 变化但 Data 不变）。

（13）GOOSE 报文与配置文件不一致（如 dataSet、条目数、GoID、ConfRev、组播地址不一致等）。

（14）GOOSE 报文处于检验模式。

（15） PTP 同步报文超时。

（16）PTP 请求响应报文超时。

（17）PTP 报文中 CF 域值超差。

（18）除以上所列之外的装置支持的其他类型的报文实时分析和统计功能。

网络性能检验仪端口 2 构建格式正确的 SV、GOOSE、MMS 报文并发送，网络损伤模拟器分别设置丢帧、重复、延时等网络损伤模式，被测装置在上述网络损伤情况下应启动记录功能，给出相应的告警信息。

3. 数据分析功能检验

网络报文记录及分析装置数据分析功能的检验结果应符合 Q/GDW 715—2012 中第 6.6.4 条的相关规定。

将被测装置的一个记录端口接至网络性能检验仪，网络性能检验仪分别设置如下格式的数据报文进行发送，每项发送时间 60s。

（1）帧长为 63 字节的组播报文，流量 5Mbit/s。

（2）帧长为 64 字节、CRC 校验错误的组播报文，流量 5Mbit/s。

（3）帧长为 64 字节的广播报文，流量 60Mbit/s。

（4）帧长为 64 字节的 TCP/IP 单播报文，流量 20Mbit/s。

（5）帧长为 256 字节的 SV、GOOSE 报文（含 6.3.1 条中设定的所有异常情况），流量 5Mbit/s。

（6）符合 IETF RFC791、RFC 792、RFC 793、RFC 826 及 IEEE802.1D 等标准规定的其他类型报文，如 ARP、ICMP、GMRP 报文等，流量 5Mbit/s。

被测装置记录完毕后，需对导出记录的数据文件进行离线分析，被测装置至少应具备下列离线分析功能：

（1）非法报文分析。

（2）背景流量分析。

（3）报文分类统计，根据报文类型进行流量统计。

（4）报文内容分析，至少应具有实时分析功能中实现的所有报文的分析功能。

4. 数据管理功能检验

网络报文记录及分析装置数据管理功能的检验结果应符合 Q/GDW 715—2012 中第 6.7 条的相关规定。

检查网络报文记录及分析装置的人机交互接口，通过人机接口检查装置的管理功能、数据查询和调用功能等。被测装置对数据的管理应至少具备以下功能：

（1）用户管理、操作记录。

（2）数据文件管理列表，历史数据的查询、分析、打印、导出等。

（3）根据时间、类型和服务等关键字对存储的数据进行查询。

（4）根据设定的条件（如时间段、故障类型等）生成故障分析报告。

（5）根据设定的条件上传有关数据和分析报告，采用 DL/T 860 标准规定的文件服务进行传送。

5. 报文异常事件记录存储检验

将被测网络报文记录及分析装置的一个记录端口连接至网络性能检验仪，网络性能检验仪分别设置如下格式的报文进行发送，每项发送时间 60s。

（1）帧长为 63 字节的组播报文，流量 1Mbit/s。

（2）帧长为 64 字节、CRC 校验错误的组播报文，流量 1Mbit/s。

（3）帧长为 64 字节、CRC 校验正确的组播报文，流量 1Mbit/s。

（4）帧长为 256 字节、格式错误的 SV、GOOSE 混合报文，流量 1Mbit/s。

（5）帧长为 256 字节、格式正确的 SV、GOOSE 混合报文，流量 1Mbit/s。

被测网络报文记录及分析装置应能启动异常事件记录功能，查看被测装置异常事件记录，应与网络性能检验仪设置的异常情况一致。

网络报文记录及分析装置对报文异常事件记录存储的检验结果应符合 Q/GDW 715—2012 中 6.5b 条的相关规定，报文异常事件记录存储条数应不低于 1000 条。

二、故障录波器要求

检查故障录波器 SV、GOOSE 信息采集和记录、故障起动判别、信号转换、录波文件远传等功能是否正确，装置定值是否正确，装置动作、异常、告警等信号是否正确。装置对时误差不应超过±500μs，在外部同步时钟信号中断的情况下应具备守时功能并能正常录波。用继电保护测试仪模拟报文异常，装置应能正确告警并启动录波。

装置提供的故障信息报告至少包括故障元件、故障类型、故障时刻、起动原因（第一个起动暂态记录的判据名称）、保护及断路器动作情况、安全自动装置动作情况等内容。对线路故障，还应能提供故障测距结果。装置应具备原始报文检索和分析功能，应显示原始 SV 报文的波形曲线。在故障录波器上查看装置的记录端口，它不应向外发出任何形式的报文。

1. 录波器配置原则

对 220kV 录波器来说，每台录波器录制线路（含母联、分段、旁路）的数目，双母线接线一般不超过 6 条，3/2 接线一般不超过 4 条；每台录波器录制线路和主变压器的数目、线路不超过 2 条，主变压器单台；每台录波器单独录制主变压器的数目为 2 至 3 台。录波器标配容量宜为 64 路模拟量、128 路开关量（其中要求交流电压量 16 路、直流电压量 8 路、交流电流量 40 路；若录有主变压器则要求交流电压量 28 路、直流电压量 8 路、交流电流量 28 路），最大容量不超过 80 路模拟量、160 路开关量。

110kV 录波器来说，每台录波器录制线路（含母联、分段、旁路）的数目，一般不超过 8 条。录波器标配容量宜为 80 路模拟量（其中要求交流电压量 32 路、直流电压量 8 路、交流电流量 40 路）、96 路开关量。

2. 220kV 录波器录制量要求

（1）本室两组直流电源正对地和负对地的直流电压量。

（2）应至少录制以下交流电压量：

1）220kV 母线电压互感器的各相对地电压和零序电压。

2）有 220kV 线路电压互感器时（单相抽取电压互感器除外），还应录制线路互感器的各相对地电压和零序电压。

（3）应至少录制以下交流电流量：

1）220kV 线路各相电流和零序电流。

2）220kV 电厂升压站主变压器压器和启动/备用变压器的高压侧电流、中性点电流（宜录制于发变组录波器）。

3）220kV 母联、分段、旁路开关电流。

（4）应至少录制以下开关量：

1）220kV 线路保护（纵联保护、后备保护、远跳保护等）的分相跳闸及重合闸接点，专用收发信机（或复用接口设备）的收讯输出（或命令输出）接点，纵差保护收对侧远跳令的接点。

2）220kV 断路器保护、短引线保护装置的跳合闸接点。

3）220kV 母线保护、失灵保护跳各母线的出口接点。

4）220kV 断路器分相辅助接点。

5）220kV 断路器非全相保护动作接点。

6）220kV 断路器操作箱的分相跳闸信号接点。

7）其他重要接点。

（5）220kV 主变压器应录制以下量：

1）主变压器各侧相对地电压和零序电压。

2）主变压器各侧电流和公共绕组电流。

3）主变压器电气量保护的跳闸接点，非电量保护跳闸接点，主变压器各侧断路器的辅助接点、非全相保护动作接点和各操作箱的分相跳闸信号接点。

3. 110kV 录波器录制量要求

（1）应录制本室两组直流电源正对地和负对地的直流电压量。

（2）应至少录制的交流电压量为，110kV 母线各相对地电压和零序电压。

（3）应至少录制以下交流电流量：

1）110kV 线路各相电流和零序电流。

2）110kV 母联、分段或内（外）桥开关及旁路开关电流。

（4）应至少录制以下开关量：

1）110kV 线路保护的跳合闸接点。

2）110kV 母线保护的跳闸接点。

3）110kV 充电保护等辅助保护的跳闸接点。

4）110kV 断路器辅助接点。

5）其他重要接点。

（5）有地方电厂并网于 220kV 变电站低压母线时，110kV 录波器还应录制低压母线电压，低压侧并网线路电流，低压侧母联、分段开关电流，及其相应的母线保护、线路保护的跳合闸接点和自动装置的动作接点等。

三、保护故障信息子站要求

1. 数据采集

（1）子站系统自检。

1）自动检测子站系统与每一套微机装置的通信情况，并及时上送到主站。

2）将异常信息记入数据库，并自动传送给主站系统或自动化监控系统（如果要求传送）。

（2）信息采集。

1）信息分类。

装置参数：定值清单、软件版本、软件校验码、连接片信息等。

装置状态：当前定值组别、开入量状态、模拟量信息、装置与子站的通信状态、装置的检修状态等。

装置报告：装置正常、异常、启动、动作时产生的报告。巡检微机自动装置（轮询时间间隔要可以定制），自动收集装置的动作、告警信息，应保证多套微机自动装置或同一套微机自动装置在短时间内产生多份报告时不会遗漏。

2）信息存储。

为确保子站信息不丢失，子站系统具有相当容量的存储介质将每次收到的信息进行存储以方便以后用户对故障信息进行查询统计；数据库容量应没有扩充的限制，存储信息时应做到每次收到的信息与上一次记录进行比较，若有变化则记入数据库，若没有变化时无须保存从而减少信息存储的冗余度；存储信息包括保护及录波文件数据。数据库应有完善的自动备份功能。在子站系统本身发生故障后恢复时，数据库能自动恢复到系统故障前的状态。

3）强制召唤。

子站需能够及时响应主站或工作站下发的强制召唤命令，即可以打断当前事务优先响应主站的召唤操作；强制召唤主要包括召唤装置录波列表、录波文件以及定值信息。

4）远方控制（可选功能）。

根据用户实际需要完成对装置的定值修改、定值组切换、软连接片投退、对时等远方控制操作。

2. 子站智能预处理

（1）实现对录波器无用信息的过滤功能。

（2）对运行状态标示成“调试”的设备产生的信息的过滤功能。

（3）从故障录波信息中智能提取故障起始时间、故障持续时间、故障相别、故障类型、故障前后相量等故障简况。

（4）能从故障录波文件中智能提取 SOE、故障前后指定周期波形、故障通道波形等，并生成消除冗余信息的简化录波文件供用户调用分析。

（5）能够将子站一次发生的故障相关信息（动作事件、录波、简要分析情况等）进行收集整理并形成故障报告并上传主站。

3. 子站通信服务

子站通信服务是数据采集与主站以及外部其他系统连接的枢纽，必须为智能故障信息处理系统提供稳定、可靠、先进的信息传送途径。必须具备强大的数据处理能力，具体要求如下。

（1）通信接口。

1）通信规范必须严格按照《国家电网公司继电保护故障信息处理系统主—子站系统通信规范》执行。

2）保证能与任何一个支持《国家电网公司继电保护故障信息处理系统主—子站系统通信规范》的其他系统进行无条件正常通信，确保其“黑盒”性能。

（2）信息定制。

1）子站系统要求必须能支持多个主站的接入。

2）可以根据不同主站用户的不同需求分别为其进行信息定制。

（3）信息分级。

由于电网发生故障后所产生的信息数量非常大，为了避免通道阻塞，能在第一时间将运行人员关心的主要信息传输到主站，这就要求所有信息按优先级次序进行上送，具体优先级顺序如下：动作—自检事件—SOE 信息—故障报告—大型的录波文件。

（4）信息完备性。

对于自动上传的信息，在子站和主站的网络发生中断期间如果有系统故障发生，子站应能够及时将本次故障的所有信息进行本地存储，待网络恢复正常后能及时的将故障信息上传到主站，保证信息的完备性。

4. 人机交互界面

工程师工作站，即客户端软件模块，具有良好的人机交互界面，提供电力系统厂站主接线图显示设备实时状态、保护事件实时通知、事件历史查询、召唤定值、信号复归、保护对时等功能。

5. 查询统计

方便用户对保护装置或录波器发生的所有上传事件信息、故障信息、微机保护和录波器的信息进行查询和统计。

6. 对时

要求保证子站系统本机时间随时和站内时钟同步系统保持一致。

7. 故障录波文件分析

为用户提供对 COMTRADE 文件的数据处理，实现波形描绘、波形测量、波形同步、谐波分析、向量分析、阻抗轨迹、故障分析、故障定位等众多强大的功能；可以做到离线分析。

8. 权限日志管理

为了加强该套系统运行的安全性，该系统应该具备严格的权限管理功能，可以为不同级别的用户进行功能操作定制，并对所有用户的操作进行记录，一旦出现问题可以做到有据可寻。例如：

（1）高级用户：有普通用户的全部权限；并可进行系统设置以及设置普通用户权限。

（2）普通用户：仅能对权限范围内的微机装置和数据库信息进行查询、浏览、打印等。

四、监控后台要求

在监控后台显示界面中，继电保护设备、连接片、信号应符合 Q/GDW 11162—2014 的要求，显示软、硬连接片状态应与装置实际一致，连接片名称应与 Q/GDW 1161—2013、Q/GDW 1175—2013 中的规定一致，可操作的连接片与只监视不操作的连接片应有明显区分。

监控后台显示继电保护设备的定值，其顺序和量纲应与装置液晶面板上显示定值的顺序和量纲一致。

监控后台可操作的软连接片：保护功能软连接片、GOOSE 出口软连接片、GOOSE 接收软连接片、SV 接收软连接片、间隔投入软连接片、母线隔离开关位置强制等。

监控后台只监视不操作的软连接片：远方修改定值、远方切换定值区、远方投退连接片等。

监控后台监视的硬连接片：除常规保护、智能终端出口硬连接片外的其余硬连接片，包括“远方操作”和“检修状态”硬连接片。

第五节 继电保护系统试验及投运

智能变电站继电保护系统试验及投运，包含继电保护系统整组试验、与调控系统、站控层系统的配合检验以及装置投运前后的检查等。

一、整组试验

整组试验是在装置单体试验的基础上，以 SCD 文件为指导，着重验证保护装置之间的相互配合。整组试验应根据现场实际，在满足合并单元、保护装置、智能终端“检修逻辑”的情况下进行。采用电子式互感器的场合，通过数字输出保护检验仪给保护装置加入电流、电压及相关的 GOOSE 开入，并通过接收智能终端开出的硬接点确定保护的动作行为。采用电磁式互感器的场合，通过模拟输出保护检验仪给合并单元加入电流、电压及相关的接点开入，并通过接收智能终端开出的硬接点确定保护的动作行为。

每一套保护应分别带断路器进行整组传动，宜从合并单元前端输入试验电流、电压。传动时应检查各保护装置之间的配合、直采直跳唯一性、各保护装置动作行为、断路器动作行为是否正确，查看故障录波器、网络报文记录及分析装置、自动化监控系统、继电保护设备在线监视与分析应用模块信号是否正确，满足相应规程规范要求。对于母差失灵保护、主变压器失灵联跳及安全自动装置，应通过联调方式确认虚端子连线和动作逻辑是否正确。

对于线路纵联保护、远方跳闸等应与线路对侧保护进行一一对应的联动试验，两侧保护在各种故障条件下动作应正确。对具有重合闸功能的设备还需验证重合闸的充放电条件、动作逻辑的正确性以及重闸能否按规定的方式动作且重合次数符合相关规定。

整组试验中着重检查如下问题：各套保护间的电压、电流回路的相别和极性是否一致；所有相互间存在闭锁关系的回路，其性能是否与设计符合；所有在运行中需要由运行值班员操作的把手及连片的联机、名称、位置标号是否正确，在运行过程中与这些设备有关的名称、使用条件是否一致；各套保护在直流电源正常及异常状态下（自端子排处断开其中一套保护的负电源等）是否存在寄生回路；断路器跳、合闸回路的可靠性，其中采用重合闸的线路，验证电压、电流、断路器回路相别的一致性及与断路器跳合闸回路相连的所有信号指示回路的正确性。

通过整组试验测试保护各回路整组动作时间应满足以下要求：在输入 2 倍整定值，测试保护整组动作时间时，对于采用“常规互感器+合并单元”模式的情况，线路纵联保护（不带通道延时）不应大于 39ms，母线保护不应大于 29ms，变压器差动速断保护不应大于 29ms，变压器比率差动保护不应大于 39ms。对于采用常规互感器不带合并单元的情况，应在上述时间的基础上减少 2ms。

通过试验测试二次回路同步性能应满足以下要求。间隔合并单元级联母线合并单元后，其电压、电流通道的相位差应不大于 10°（10μs）；从各间隔合并单元均通入额定电流时，相应纵联差动保护、母线差动保护、变压器差动保护的差流值应不大于 $0.04I_n$。

整组试验结束后应在恢复接线前测量交流回路的直流电阻。工作负责人应在继电保护记录本中注明哪些保护可以投入运行，哪些保护需要利用负荷电流及工作电压进行检验以后才能正式投入运行。

二、与调控系统、站控层系统的配合检验

1. 检验前的准备

检验人员在与厂站自动化系统、继电保护及故障信息管理系统的配合检验前应熟悉图纸，并了解各传输量的具体定义并与厂站自动化系统、继电保护及故障信息管理系统的信息表进行核对。通过 SCD 文件检查各种继电保护装置的动作信息、告警信息、状态信息、录波信息和定值信息的传输正确性从而制定配合检验的传动方案。

2. 检验内容及要求

继电保护装置的离线获取模型和在线召唤模型，两者应该一致，且应符合 Q/GDW 396—2012 中的规定。重点检查各种信息描述名称、数据类型、定值描述范围。

检查继电保护发送给站控层网络的动作信息、告警信息、保护状态信息、录波信息及定值信息的传输正确性。继电保护设备应能够支持不小于 16 个客户端的 TCP/IP 访问连接；报告实例数应不小于 12 个。继电保护设备应支持上送采样值、开关量、连接片状态、设备参数、定值区号及定值、自检信息、异常告警信息、保护动作事件及参数（故障相别、跳闸相别和测距）、录波报告信息、装置硬件信息、装置软件版本信息、装置日志信息等数据。继电保护设备主动上送的信息应包括开关量变位信息、异常告警信息和保护动作事件信息等。继电保护设备应支持远方操作（即在调度端对继电保护及安全自动装置实施远方修改定值、远方切换定值区、远方投退软连接片的操作）、设备复归功能，并具备权限管理功能。继电保护设备的自检信息应包括硬件损坏、功能异常、与过程层设备通信状况等。继电保护设备应支持远方召唤所有录波报告的功能。继电保护设备应将检修连接片状态上送站控层设备；当继电保护设备检修连接片投入时，报文中信号的品质 q 的 Test 位应置位。

3. 检验方法

继电保护模型离线获取方法：设计单位将 SCD 文件提交变电站调试验收人员。

继电保护模型在线召唤方法：站控层设备通过召唤命令在线读取继电保护装置的模型。

继电保护信息发送方法：通过各种继电保护试验、通过继电保护设备的模拟传动功能、通过响应站控层设备的召唤读取等命令。

继电保护远方操作检验方法：配合值班监控员在调度端通过 D5000 系统远方操作模块，对站端远动机及继电保护设备进行远方操作验收。

三、装置投运

1. 投入运行前的准备工作

检查全站 SCD 文件及相应 CRC 校验码，所有被检设备的保护程序、通信程序、配置文件、CID 文件及相应 CRC 校验码是否都正确保存。

调试检验结束后，工作负责人应检查试验记录有无漏试项目，核对保护装置的整定值是否与定值通知单相符，试验数据、试验结论是否完整正确。盖好所有保护装置及辅助设备的盖子，对必要的元件采取防尘措施。拆除在检验时使用的试验设备、仪表及一切连接线，清扫现场，所有被拆动的或临时接入的连接线应全部恢复正常，所有信号装置应全部复归。启动投运前，应对所有端子、连接片、旋钮等进行紧固，防止松动。清除试验过程中微机装置及故障录波器产生的故障报告、告警记录等所有报告。填写继电保护工作记录，将主要检验项目和传动步骤、整组试验结果及结论、定值通知单执行情况详细记载于内，应对变动部分及设备缺陷、运行注意事项加以说明，并修改运行人员所保存的有关图纸资料。向运行负责人交代检验结果，并写明该装置是否可以投入运行。最后办理工作票结束手续。

2. 投运前继电保护相量检查

“投运前继电保护相量检查”利用微机继电保护采样值显示灵敏度高的特点，通过取自站变的电气量，从一次系统施加试验电压，同时产生试验电流，经 PT 和 CT 传变及完整的二次回路将电流、电压引入继电保护装置，完成工程投产前继电保护相量检查，验证变电站站内全部继电保护的交流电流和电压回路接线、极性等的正确性。其核心与《继电保护和电网安全自动装置检验规程》DL/T 995—2016 要求的“工作电压、负荷电流，且有规定的相位关系”本质上是完全一致的，完全可以替代传统的相量检查方法。

（1）试验接线。

接线完毕后，检查试验系统接线的正确性。应首先确认试验电源相序、幅值及试验设备输出电压相序、幅值，确认输出电压为等幅值、正相序。

（2）试验方法。

1）线路、母线保护试验。

采用试验电抗器作为试验负载，利用母线支路 M（M 为变压器或者线路）作为试验设备加压间隔，母线支路 L—线路 L 作为试验负载间隔，分别进行 M 支路、L 支路的相量检查及母线保护中 M、L 支路的相量检查（见图 6-28，见表 6-10 和表 6-11）。同上述方法，利用两两比较原则，以母线支路 M 为基准，进行母线支路 M 与支路 N 的相量检查（N 应包含该母线所有支路）。

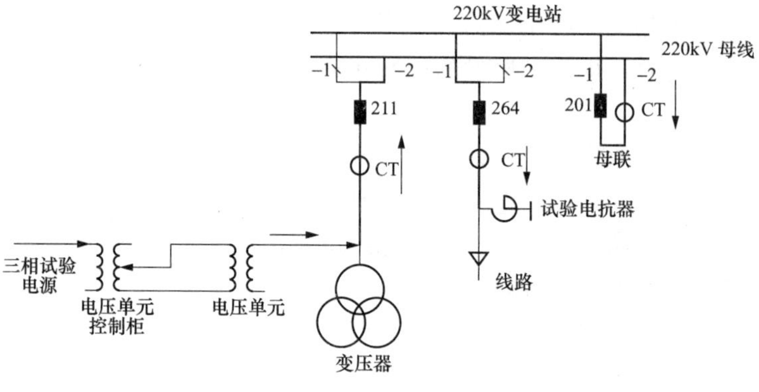

图 6-28　线路、母线保护相量检查试验

表 6-10　试验理论计算（电抗器参数：15Ω、星接线）

示例 1：试验设备 示例 2：输出容量	示例 3：一次值	示例 4：变比	示例：二次读数
示例 6：1.25kV 50A	示例 7：35A、525V（相）	示例 8：220kV PT：220×0.1； 示例 9：211 变压器开关间隔 CT：1600/1	示例 10：0.02A、0.23V（相）
		示例 11：264 线路间隔 CT：1600/1	示例 12：0.02A、0.23V（相）
		示例 13：CT：1600/1	示例 14：0.02A、0.23V（相）

表 6-11　母线保护相量检查试验结果

间　隔	地　点	回路号	变比	A相（A或V/度）	B相（A或V/度）	C相（A或V/度）
220kV 母联	201 母联保护					
220kV Ⅰ母 PT	220kV 母差 Ⅰ					
220kV Ⅱ母 PT						
220kV 264 线路						
1#变压器						
220kV 母联						
Ⅰ母小差						
Ⅱ母小差						
大差						
220kV Ⅰ母 PT	220kV 母差 Ⅱ					
220kV Ⅱ母 PT						
220kV 264 线路						
1#变压器						
220kV 母联						
Ⅰ母小差						
Ⅱ母小差						
大差						
220kV Ⅰ母 PT	264 线路保护 Ⅰ					
220kV Ⅱ母 PT						
220kV 264 线路						
220kV Ⅰ母 PT	264 线路保护 Ⅱ					
220kV Ⅱ母 PT						
220kV 264 线路						

2）变压器保护相量检查试验。

采用变压器阻抗作为试验负载，采用变压器高压侧短路、中压侧加试验量的方法进行变压器中高压侧保护差动相量检查、中压侧后备保护相量检查；采用变压器低压侧短路、中压侧加试验量的方法进行变压器中低压侧保护差动相量检查（变压器高、低压侧的后备保护向量检查应在母线保护试验中完成）。

3）线路纵差试验。

采用线路一端短路，线路另一端加试验量的方法，进行线路纵差保护相量检查。扩建线路的试验应做好扩建线路 CT 进母线保护的隔离工作，防止试验造成运行母线保护误动。

4）PT 二次定相。

采用试验设备对变压器进行空载升压带变压器各侧母线，检查各间隔 PT 的二次相序、幅值，进行 PT 二次定相工作。

3. 用一次电流及工作电压的检验

对于接入电流、电压的相互相位、极性有严格要求的保护装置（如带方向的电流保护、距离保护等）及电流差动保护在新安装或设备回路有较大变动时，在投入运行以前必须用一次电流及工作电压检验以判定电流、电压的相别、相位关系以及所保护的方向是否正确；各组电流回路的相对极性关系及变比是否正确；每组电流互感器（包括备用绕组）的接线是否正确，回路连线是否牢靠。

通常用一次电流与工作电压检验需要进行如下项目：测量电流差动保护各组电流互感器的相位、差动回路中的差电流及各中性线的不平衡电流，测量电压、电流的幅值及相位关系。对使用电压互感器三次电压或零序电流互感器电流的保护装置，应利用一次电流与工作电压向装置中的相应元件通入模拟的故障量或改变被检查元件的试验接线方式，以判明装置接线的正确性。由于整组试验中已判明同一回路中各保护元件间的相位关系是正确的，因此该项检验在同一回路中只须选取其中一个元件进行检验即可。除此之外，还需使用钳形电流表检查流过保护二次电缆屏蔽层的电流，从而确定 $100mm^2$ 铜排是否有效起到抗干扰的作用，当检测不到电流时，应检查屏蔽层是否良好接地。对于线路纵联保护，还要在线路带电运行情况下检验通道的衰减及延时，以测定通道运行的可靠性。对变压器差动保护，需要用在全电压下投入变压器的方法检验保护能否躲开励磁涌流的影响。

用一次电流检查时应根据一次设备潮流，对需要检查电流电压相量的保护装置进行相量检查，如发现保护装置相量与实际负荷相量不一致，应首先检查合并单元 MU 显示相量与实际负荷是否一致，再检查保护装置与 MU 相量是否一致，根据检查结果对 MU 或保护装置配置参数进行修改。

进行双母线电压核相、定相操作时，用 1 路电源给一组母线充电，合上母联开关，通过母线电压间隔 MU 同时采集两组母线电压并进行幅值、相位和频率比较，如一致则说明电压间隔 MU 二次核相成功。将母联开关断开，用 2 路电源分别给两组母线充电，通过母线电压间隔 MU 采集两组母线电压并进行幅值、相位和频率比较，如一致则说明电压间隔 MU 二次定相成功。

对用一次电流及工作电压进行检验的结果，必须按当时的负荷情况加以分析，拟订预期的检验结果，凡所得结果与预期的不一致时，应进行认真细致的分析，查找确切原因，不允许随意改动保护回路的接线。

第七章　智能变电站验收、校验及维护

第一节　智能变电站继电保护工作中的安全措施

一、智能变电站安全措施隔离技术

继电保护安全措施的主要目的是为了对检修设备进行隔离，防止工作中误跳运行开关、影响运行二次回路、综自系统等。常规微机保护装置通过二次电缆与其他一、二次设备之间构成各种各样的复杂二次回路，同时各保护屏柜之间的联系也是通过端子排之间的二次电缆实现连接，因此常规站继电保护的安全措施主要是断开出口连接片和断开二次回路连接线实现二次回路的电气隔离。智能变电站采用光纤或网络取代了传统的二次电缆，过程层网络实现了二次回路的全部功能，智能变电站中检修设备与其他运行设备的联系主要依靠光纤和网络，在不破坏网络结构的前提下，物理上就不能完全将检修设备和其他运行设备隔离。为此智能变电站保护设备增加了发送软连接片、接收软连接片和新的检修连接片，实现检修设备和运行设备逻辑回路上的隔离。发送软连接片、接收软连接片和新的检修连接片功能如下：

发送软连接片和接收软连接片，用于从逻辑上隔离信号的输出、输入。装置输出信号由保护输出信号和发送连接片数据对象共同决定，装置输入信号由保护接收信号和接收连接片数据对象共同决定，通过改变软连接片数据对象的状态便可以实现某一路信号的逻辑通断。其中，GOOSE 发送软连接片，负责控制本装置向其他智能装置发送 GOOSE 信号。软连接片退出时，不向其他装置发送相应的保护指令；GOOSE 接收软连接片：负责控制本装置接收来自其他智能装置的 GOOSE 信号。软压板退出时，本装置对其他装置发送来的相应 GOOSE 信号不作逻辑处理；SV 软连接片：负责控制本装置接收来自合并单元的采样值信息。软连接片退出时，相应采样值不显示，且不参与保护逻辑运算。

检修连接片为硬连接片，继电保护、安全自动装置、合并单元及智能终端均设有检修连接片。装置将接收到的 GOOSE 报文 TEST 位、SV 报文数据品质 TEST 位与装置自身检修连接片状态进行比较，做“异或”逻辑判断。两者一致时，信号进行处理或动作；两者不一致时则报文视为无效，不参与逻辑运算。

因此智能变电站保护检修可采取的隔离措施通常有以下几种：

（1）断开光纤连接回路：拔光纤有明显的断开点，能可靠隔离信号，但会破坏网络。

（2）断开智能终端跳合闸出口硬连接片（断开智能终端二次跳合闸线）：该措施回路明显的电气断开点，能可靠隔离信号，但会导致共用出口连接片的保护（如母线保护、备自投保护）无法跳闸出口。

（3）退出相关装置 GOOSE 出口软连接片：GOOSE 出口软连接片相当于常规变电站的出口硬压板，仅需要对被检修设备进行操作且操作简单，不会涉及运行设备，但装置出现软件异常时，可能失效，无法可靠隔离信号。

（4）退出 GOOSE 接收软连接片：该措施能可靠隔离信号，需对运行设备进行操作。对于未设置 GOOSE 接收连接片的装置不能实施智能终端。

（5）对于使用多个间隔合并单元的保护装置（如母线保护、自投、主变压器过负荷联装置、主变压器差动保护等）不停运而所使用的合并单元检修时，必须退出该装置的SV接收连接片。

（6）投入装置检修连接片：该措施仅需要对被检修设备进行操作，不会涉及运行设备，操作简单明确，但装置出现软件异常时，可能失效，无法可靠隔离信号，下一级设备缺乏对上一级设备检修状态的确认。采用此种措施需注意使用多合并单元的保护装置，应在保护装置中退出相应间隔后，才能投入检修连接片。

二、安全措施实施原则

（1）校验、消缺等现场检修作业时，应隔离采样、跳闸（包括远跳）合闸、启失灵等与运行设备相关的联系，并保证安全措施不影响运行设备的正常运行。

（2）单套配置的装置校验、消缺等现场检修作业时，需停役相关一次设备。双重化配置的二次设备仅单套设备校验、消缺时，可不停役一次设备，但应防止一次设备无保护运行。

（3）断开装置间光纤的安全措施存在装置光纤接口使用寿命缩减、试验功能不完整等问题，对于可通过退出发送侧和接收侧两侧软连接片以隔离虚回路连接关系的光纤回路，检修作业不宜采用断开光纤的安全措施。

（4）对于确无法通过退检修装置发送软连接片、且相关运行装置未设置接收软连接片来实现安全隔离的光纤回路，可采取断开光纤的安全措施方案，但不得影响其他装置的正常运行。

（5）断开光纤回路前，应确认其余安全措施已做好，且对应光纤已作好标识，退出的光纤应用相应保护罩套好。

（6）智能变电站虚回路安全隔离应至少采取双重安全措施，如退出相关运行装置中对应的接收软连接片、退出检修装置对应的发送软连接片，投入检修装置的检修连接片。

（7）智能终端出口硬连接片、装置间的光纤可实现具备明显断点的二次回路安全措施。

（8）对重要的保护装置，特别是复杂保护装置或有联跳回路（以及存在跨间隔SV、GOOSE联系的虚回路）的保护装置，如母线保护、失灵保护、主变压器保护、安全自动装置等装置的检修作业，应编制经技术负责人审批的继电保护安全措施票。

三、检修工作中的注意事项

（1）作业过程中，现场检修人员在未获得现场运行人员许可或无法保证与其他运行设备安全隔离的情况下，不得对现场运行人员所做的运行隔离措施（含用于与其他运行设备隔离的连接片）进行操作或变更，包括投退保护装置内的软连接片。

（2）作业过程中，现场检修人员应根据装置检修手册确定工作中影响的保护功能，采取相应安全措施。如某现场110kV主变压器保护更换电源插件时，10kV备自投保护频繁退出运行，经检查自投装置在GOOSE断链时自动闭锁。因此验收工作中需要对装置断链逻辑详细试验，正确编写检修手册。

（3）作业过程中执行“三信息”安全措施核对技术，在“检修装置”、“相关联运行装置”及“监控系统”三处核对装置的检修连接片、软连接片等相关信息，以确认安全措施执行到位。

（4）保护装置、合并单元、智能终端等的“检修状态”硬连接片以及保护装置内的软连接片，由现场检修人员根据现场工作需要投退，列入二次工作安全措施票（安全措施卡）。

（5）装置检修压板操作原则如下：

1）操作保护装置检修连接片前，应确认保护装置处于信号状态，且与之相关的运行保护装置（如母线保护、安全自动装置等）二次回路的软连接片（如失灵启动连接片板等）已退出。

2）在一次设备停役时，操作间隔合并单元检修压板前，需确认相关保护装置的SV软连接片已退出，特别是仍继续运行的保护装置。在一次设备不停役时，应在相关保护装置处于信号或停用后，方可投入该合并单元检修连接片。对于母线合并单元，在一次设备不停役时，应先按照母线电压异常处理、根据需要申请变更相应继电保护的运行方式后，方可投入该合并单元检修连接片。

3）在一次设备停役时，操作智能终端检修连接片前，应确认相关线路保护装置的“边（中）断路器置检修”软连接片已投入（若有）。在一次设备不停役时，应先确认该智能终端出口硬连接片已退出，并根据需要退出保护重合闸功能、投入母线保护对应隔离开关强制连接片板后，方可投入该智能终端检修连接片。

4）操作保护装置、合并单元、智能终端等装置检修连接片后，应查看装置指示灯、人机界面变位报文或开入变位等情况，同时核查相关运行装置是否出现非预期信号，确认正常后方可执行后续操作。

（6）检修作业采取的所有二次安全措施，应预先确定其相应的信号、信息、位置等具体反应，并在采取措施后予以检查并核对正确性。如软连接片位置确认要在监控系统与保护装置上，光纤断开后查看相关装置是否有断链告警信息。与预定反应不一致时，应暂停工作，分析清楚原因并采取可靠措施后，方可继续工作。

（7）检修作业结束时，现场检修人员负责恢复到工作许可时的状态，如有变动，应恢复到可以投运的正确状态。

四、SV采样、GOOSE跳闸模式、220kV线路间隔校验及消缺安全措施案例

以220kV线路间隔第一套保护为例，采用SV采样、GOOSE跳闸模式的典型配置及其网络联系，如图7-1所示。

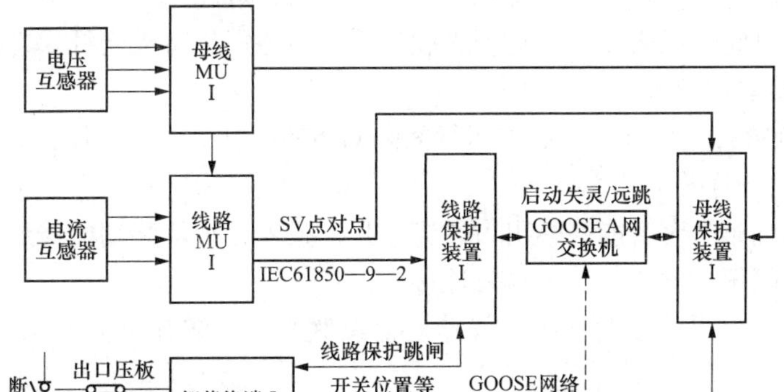

图7-1　SV采样、GOOSE跳闸模式的典型配置及其网络联系示意图

——SV采样；——GOOSE点对点；---------GOOSE组网

安全措施实施细则（以220kV线路第一套保护为例）内容如下：

1. 一次设备停电情况下220kV线路保护校验的安全措施

（1）采用电子式互感器（不校验合并单元）。

1）退出220kV第一套母线保护该间隔SV接收软连接片、GOOSE启失灵接收软连接片、间隔投入连接片，投入该母线保护内该间隔隔离开关强制分软连接片。

2）退出该间隔第一套线路保护GOOSE启失灵发送软连接片。

3）投入该间隔第一套线路保护、智能终端、合并单元检修连接片。

（2）采用传统互感器。

1）退出220kV第一套母线保护的间隔SV接收软连接片、GOOSE启失灵接收软连接片、间隔投入连接片，投入该母线保护内该间隔隔离开关强制分软连接片。

2）退出该间隔第一套线路保护GOOSE启失灵发送软连接片。

3）投入该间隔第一套合并单元、线路保护及智能终端检修连接片。

4）在该合并单元端子排处将CT短接并断开，PT回路断开。

2. 一次设备停电情况下线路保护校验时与220kV第一套母线保护失灵回路试验时的安全措施

（1）退出220kV第一套母线保护内运行间隔GOOSE软连接片、失灵联跳软连接片，投入该母线保护检修连接片。

（2）投入该间隔第一套线路保护、智能终端、合并单元检修连接片。

（3）在该合并单元端子排处将CT短接并断开，PT回路断开。

3. 一次设备不停电情况下220kV线路间隔装置缺陷处理时的安全措施

（1）间隔合并单元。

合并单元缺陷时，申请停役相关受影响的保护，必要时申请停役一次设备。

（2）线路保护。

缺陷处理时安全措施：

1）退出220kV第一套母线保护该间隔GOOSE启失灵接收软连接片。

2）退出该间隔第一套线路保护内GOOSE出口软连接片、启失灵发送软连接片，投入该线路保护检修连接片。

3）如有需要可断开线路保护至对侧纵联光纤及线路保护背板光纤。

缺陷处理后传动试验时：

1）退出220kV第一套母线保护内运行间隔GOOSE出口软连接片、失灵联跳软连接片，投入该母线保护检修连接片。

2）退出该间隔第一套智能终端出口硬连接片，投入该智能终端检修连接片。

3）投入该间隔第一套线路保护检修连接片。

4）如有需要则退出该线路保护至线路对侧纵联光纤、解开至另外一套智能终端闭锁重合闸回路。

5）本安全措施方案可传动至该间隔智能终端出口硬连接片，如有必要可停役一次设备做完整的整组传动试验。

（3）智能终端处理缺陷时：

1）退出该间隔第一套智能终端出口硬连接片，投入装置检修连接片。

2）退出该间隔第一套线路保护GOOSE出口软连接片、启失灵发送软连接片。

3）投入220kV第一套母线保护内该间隔隔离开关强制软连接片。

4）如有需要可断开智能终端背板光纤、解开至另外一套智能终端闭锁重合闸回路。

缺陷处理后传动试验时：

1）退出该间隔第一套智能终端出口硬连接片，投入装置检修连接片。

2）退出220kV第一套母线保护内运行间隔GOOSE出口软连接片、失灵联跳软连接片，投入该母线保护检修连接片。

3）投入该间隔第一套线路保护检修连接片。

4）如有需要可退出该线路保护至线路对侧纵联光纤、解开至另外一套智能终端闭锁重合闸回路。

5）本安全措施方案可传动至该间隔智能终端出口硬连接片，如有必要可停役一次设备做完整的整组传动试验。

五、多间隔设备不停电装置检修安全措施

以220kV双母线接线的母线保护为例。常规220kV母线微机保护不停电定检校验时，二次安全措施的执行步骤为：首先断开母线保护所有间隔出口跳闸连接片、母线保护动作启动主变压器失灵跳三侧连接片；然后将母线保护所有电流回路短接，断开电压二次回路。常规220kV母线微机保护校验整组传动试验时，采用测量“跳闸脉冲”的方法验证回路的完整性。

智能变电站母线保护二次安全措施仅靠投入保护装置检修连接片、退出保护出口跳所有间隔GOOSE发送软连接片时，安全隔离措施显然不够完善，对于电流、电压二次回路只能依靠拔尾纤的方法实施。智能变电站母线保护采用直跳光纤传输跳闸信息，因此母线保护整组传动试验无法采用测量“跳闸脉冲”的方式验证回路的完整性。智能变电站母线保护可通过抓取GOOSE报文的形式验证保护动作行为的正确性。为了通过网络报文分析仪获取母线保护动作GOOSE报文，需投入所有间隔GOOSE发送软连接片。由于缺少硬件上的隔离措施，采用这种方法将带来一定风险。考虑到母线保护的重要性，通常做法是拔下保护所有直跳及网跳光纤，将其接入数字报文分析仪，从而进行保护动作行为分析。

第二节　智能变电站继电保护和安全自动化装置的验收

一、智能变电站继电保护和安全自动化装置验收总体要求

（1）检修单位应参加继电保护系统、装置的出厂验收、施工图的会审。审查、验收继电保护系统、装置符合标准及合同、设计的要求。出厂验收结束时应封存备份装置软硬件版本及智能变电站配置文件（继电保护工程文件、交换机配置文件、装置插件配置文件等）等技术资料。

（2）隐蔽工程宜采用随工验收的方式进行，包括二次电缆埋管敷设、电缆头制作、等电位接地网安装、变压器和电抗器套管端子盒内接线等工程。

（3）新安装检验完成，继电保护系统投运前，检修单位应进行生产验收。验收前，检修单位应制定验收大纲、验收记录表，并在验收中填写。

（4）生产验收应在项目建设单位以及设计、制造、集成、安装调试等单位的配合下进行，各方均应配备充足的验收人员，保证合理的验收流程、验收时间等，不宜采用随工验收方式。

（5）验收中发现的问题，设计、制造、集成、安装调试等相关单位应进行整改。整改后，验收方应及时予以复验。对影响继电保护系统安全可靠运行的问题，应在投运之前解决。对投产遗留问题，检修单位应在投运前及时汇报相关继电保护专业管理部门，并负责监督遗留问题的责任处理单位限期解决。

（6）生产验收包括资料验收、仪器仪表工具及备品备件验收、设备及回路验收、投运工作验收等。验收应依据工程的相关文件、施工图纸、定值单、相关标准及反措要求等。无论采用何种验收方式，设计、制造、集成、安装调试等单位均应对相应的质量问题负全责。

（7）为保证继电保护系统运行的可靠性，继电保护专业验收时应收集专业介入范围内设备的有关资料备查，相关专业应予以配合。

（8）设备及回路验收项目主要包括但不限于如下内容：

1）设备软件（各模块）、硬件（各插件）ICD 文件版本。

2）设备及回路安装。

3）线缆敷设、等电位地网及回路接地。

4）回路绝缘。

5）装置外观及标识。

6）电子文件。

7）反措执行。

8）整组传动及系统功能。

（9）验收过程中，应结合验收工作验证检修手册中规定的技术措施、安全措施的可行性和正确性。

（10）投运时，相应设计安装的继电保护系统应同步投入运行，且应满足下列条件：

1）新安装检验项目齐全。

2）图纸、资料、验收报告齐全且完整。

3）所有备品备件、专用工具、仪器仪表齐全完好。

4）设备及回路没有缺陷，性能指标、安装质量及施工工艺满足要求。

5）按照现场运行和现场检修管理的要求，继电保护系统的各设备、各线缆，包括备用设备和线缆，已进行规范命名和标识。

6）全站继电保护系统及其各设备的配置文件、软件版本等已确认并备份，并且已按规定上报备案。

7）继电保护系统检修手册已编制完成，且其技术措施、安全措施已验证。

8）继电保护定值已按调控机构（或其授权单位确认的正式定值单）执行，并核对无误。

二、智能变电站继电保护及监控系统验收项目

1. 资料验收

（1）技术资料。

1）设计施工图纸（含设计变更）应齐全，图纸资料应与现场实际一致，并符合相关规程规范要求。

2）全站 SCD 配置文件、IED 工程配置文件应与设计一致且包含版本信息及修改记录，SCD 配置工具及相关软件应齐全。

3）保护装置 ICD 模型文件、全站虚端子接线联系表、IED 名称和地址（IP、MAC）分

配表、全站网络拓扑结构图、交换机端口配置图、全站链路告警信息表、装置连接片设置表、IED 设备端口分配表、交换机 VLAN 划分表、二次设备软件版本等资料应齐全完整，与现场实际一致。

4）全站保护装置及相关一次设备的合格证、出厂检验报告、出厂图纸资料、技术（使用）说明书、ICD 模型文件一致性检测报告等资料应齐全，数量满足合同要求。

5）全站高级应用功能策略文件应齐全，与现场实际一致。

（2）调试报告。

1）集成联调应合格并具备相关调试报告。

2）常规电压、电流互感器所有绕组极性、变比、准确级应与铭牌参数一致，与设计相符，二次绕组（各抽头）应进行了直流电阻测试，相关试验记录应完整、正确。电流互感器二次绕组应进行了伏安特性测试、10%误差曲线校核，相关试验记录应完整、正确。

3）电子式互感器准确度、延时、离散度、丢帧率应测试合格，相关试验记录应完整、正确。

4）应具备线路长度、正序阻抗、零序阻抗、线路阻抗实测参数报告。有互感的平行线路应具备零序互感阻抗实测参数报告。

5）应具备变压器（电抗器）各侧容量、额定电压、短路阻抗、零序阻抗等参数。

6）应具备套管电流互感器、气体继电器、压力释放装置、油位表、温度计、压力表等附属设备试验报告。

7）断路器应具备与继电保护专业相关试验项目的调试报告。试验项目包括：双跳圈极性检查，断路器机构防跳检查，三相不一致回路中间继电器、时间继电器试验，断路器分合闸时间、合闸不同期时间、辅助触点的切换时间、跳合闸线圈电阻值、断路器最低跳合闸电压试验等。

8）试验项目及数据应完整、正确，应包括保护装置单体调试、整组试验、二次回路绝缘电阻实测数据、光口发送及接收功率测试、光缆（含预制光缆）衰耗测试等内容，并符合相关规程规范要求。

9）保护通道应调试合格，通道设备参数、通道时延等试验数据应齐全，相关测试报告试验项目及数据应完整、正确，符合相关规程规范要求。

2. 专业检测一致性验收

（1）现场投运装置应为通过国家电网公司专业检测的装置，投运装置的各项信息应与国家电网公司正式发布的合格产品公告中对应装置的备案发布信息完全一致。

（2）进行现场保护装置专业检测一致性验收时应重点验收以下内容：

1）装置的生产厂家、设备类别、装置型号、装置名称等基本信息应与国家电网公司正式发布的合格产品公告中对应装置的备案发布信息完全一致。

2）装置的软件版本号、校验码等软件信息应与国家电网公司正式发布的合格产品公告中对应装置的备案发布信息完全一致，应对比的软件信息表见第六章表 6-1。

3）装置的各项硬件信息应与国家电网公司正式发布的通过专业检测对应装置的备案发布照片信息一致，应比对的硬件信息见第六章表 6-2。

3. 屏柜、二次回路验收

根据第六章验收屏柜及二次回路。电流互感器的类型、准确度和容量、直流电阻和回路负载进行10%误差分析电压互感器，二次回路绝缘可通过查看报告或现场校验的方式检查，其他项目应现场校验。

验收现场还应重点检查以下二次回路：

（1）330kV及以上和涉及系统稳定的220kV智能变电站采用常规互感器时，应通过二次电缆直接接入保护装置；110kV及以下和不涉及系统稳定问题的220kV智能变电站采用常规互感器时，可采用“常规互感器+合并单元”模式接入保护装置。

（2）双重化配置的两套保护及其相关设备（电子式互感器、合并单元、智能终端、网络设备、跳闸线圈等）的直流电源应一一对应，每套系统的直流电源应相互独立，并且应是取自不同蓄电池组供电的直流母线段。同一系统的设备装置电源、断路器操作电源应分别由独立的直流空开（或熔断器）供电。

（3）双重化配置的两套保护应确保与其他装置的联络关系（如通道、失灵保护等）一一对应。

（4）对于3/2、4/3、角形接线等多断路器接线形式，断路器两侧均应配置电流互感器，且其二次绕组应布置合理，以消除断路器与电流互感器之间的死区，防止死区故障延时切除造成系统稳定问题。

（5）独立的、与其他电流或电压互感器没有电气联系的互感器二次回路，应在开关场（GIS室）的端子箱（智能控制柜）一点接地。对于有电压并列或切换的接线方式，两段母线的电压互感器二次回路应在开关场（GIS 室）的端子箱（智能控制柜）一点接地。

（6）电压互感器端子箱（智能控制柜）处应配置带失电告警辅助触点的分相空开。

（7）双重化配置的两套保护，跳闸回路应与两个智能终端分别一一对应，两个智能终端应与断路器的两个跳闸线圈分别一一对应。若断路器仅有一个跳闸线圈，则两套智能终端应同时作用于该跳闸线圈。

（8）主变压器非电量保护装置应就地布置，并采用电缆就地直接跳闸方式。

（9）复用通信通道的光电装换装置告警接点不应引出，通道告警功能应由继电保护和安全自动装置自行引出实现。

4. 配置文件验收

（1）ICD模型文件。

1）查看智能二次设备DL/T 860通信一致性测试报告满足相关规程规范要求。

2）ICD模型文件命名应符合国家电网公司统一的标准文件命名规则，文件应包含反映模型特征的数字签名、版本号、文件校验码等标识信息。

3）检查ICD模型文件的开入、开出、软连接片数量及功能、软连接片描述、站控层信息等应与设计一致。

（2）SCD配置文件。

1）检查SCD配置文件与装置实际运行数据、装置ICD模型文件版本号、校验码、数字签名是否一致。

2）检查SCD配置文件IP地址、MAC地址、APPID等通信参数设置是否正确。

3）宜采用可视化工具检查SCD配置文件虚端子连线是否符合设计要求。

4）检查SCD配置文件命名是否符合国家电网公司统一的标准文件命名规则，文件名中包含文件校验码等标识信息。

5）SCD配置文件中智能二次设备的配置信息应使用调度规范命名。

5. 网络验收

（1）保护装置、交换机、合并单元、智能终端等智能二次设备之间的光纤回路应与设计一致。

（2）现场验证保护装置采用直接采样方式，单间隔保护采用直接跳闸方式。

（3）继电保护之间的联闭锁信息、失灵启动等信息宜采用GOOSE网络传输方式。例如，变压器保护跳母联、分段断路器及闭锁备自投、启动失灵等可采用GOOSE网络传输，变压器保护可通过GOOSE网络接收失灵保护跳闸命令，并实现失灵跳变压器各侧断路器。

（4）现场检验双A/D采样数据应同时连接虚端子。

（5）继电保护装置采用双重化配置时，对应的过程层网络亦应双重化配置，第一套保护接入A网，第二套保护接入B网。

（6）每台交换机均应至少预留3个备用光端口。任意两台IED设备之间的数据传输路由不应超过4个交换机。

6. 保护设备验收

（1）合并单元验收。

根据第六章验收合并单元，MU发送SV报文检验、失步再同步性能检验可通过查阅报告或现场校验方式来验收。MU检修状态检验、电压切换功能检验、电压并列功能检验、MU精度检验、MU延时检验、合并单元级联检验和其他项目应现场校验。

（2）智能终端验收。

根据第六章验收智能终端，所有项目应现场校验。

（3）过程层交换机验收。

根据第六章验收交换机、配置文件、以太网端口、VLAN设置应现场检查。其他项目可以通过查看报告的方式检查。

（4）继电保护装置验收。

根据第六章验收继电保护装置，定值校验可通过查看报告或现场校验的方法检查，其他验收项目应现场校验。

（5）间隔设备配合试验验收。

根据第六章验收间隔设备配合试验，所有项目应现场校验。

7. 整组试验

整组试验时要验证本保护处于该间隔全部检修电压投入和正常运行两种状态下，与智能终端和相关保护之间的配合关系。线路保护传动试验至少应模拟A、B、C单相和AB两相瞬时接地短路和任意单相永久性短路；变压器保护不同的保护装置分别传动，电量保护和非电量保护分别传动。整组传动时应检查各保护装置之间的配合、直采直跳唯一性、各保护装置动作行为、断路器动作行为正确。查看故障录波器、网络报文记录及分析装置、自动化监控系统、继电保护设备在线监视与分析应用模块信号正确，满足相应规程规范要求。

对于监控系统要检查各种继电保护的动作信息和告警信息的回路正确性及名称的正确性对于信息子站要检查各种继电保护的动作信息、告警信息、保护状态信息、录波信息及定值信息的传输正确性；对于网络记录仪要检查相应交换机上的GOOSE报文的正确性。

8. 网络报文记录及分析装置验收

根据第六章验收网络报文记录及分析装置的验收，数据分析功能检验、数据管理功能检验、报文异常事件记录存储检验应现场校验，其他项目可以通过查看报告的方式检查。同时还应检查以下项目：

（1）装置应具备对GOOSE、SV、MMS、时间同步等报文进行实时监视、捕捉、分析、存储和统计的功能，并具备变电站网络通信状态在线监视和状态评估的功能。

（2）装置所记录的数据应真实、可靠，电源中断或按装置上任意一个开关、按键后，已记录数据不应丢失。

（3）装置应具有必要的自检功能，应具有装置异常、电源消失、事件信号的硬触点输出。

（4）网络报文记录及分析装置应对合并单元的双A/D进行记录。

9. 故障录波器验收

根据第六章验收故障录波器。同时还应检查以下项目：

（1）检查故障录波器SV、GOOSE信息采集和记录、故障起动判别、信号转换、录波文件远传等功能正确，装置定值正确，装置动作、异常、告警等信号正确。

（2）装置提供的故障信息报告至少包括故障元件、故障类型、故障时刻、起动原因（第一个起动暂态记录的判据名称）、保护及断路器动作情况、安全自动装置动作情况等内容。对线路故障，还应能提供故障测距结果。

（3）在故障录波器上查看装置的记录端口，不应向外发出任何形式的报文。

（4）装置对时误差不应超过±500μs，在外部同步时钟信号中断的情况下应具备守时功能并能正常录波。

（5）用继电保护测试仪模拟报文异常，装置应能正确告警并启动录波。

（6）装置应具备原始报文检索和分析功能，应显示原始SV报文的波形曲线。

（7）故障录波器应对合并单元的双A/D进行录波。

10. 保护故障信息子站验收

根据第六章验收保护故障信息子站进行验收。

11. 投运前检查与带负荷试验

（1）投运前应检查的项目如下：

1）启动投运前，应对所有二次接线、光纤、网线、连片等进行紧固，防止松动。

2）检查智能二次设备、二次回路及链路通信无异常。

3）现场运行规程满足实际运行需求。

4）装置整定值与定值通知单相符，定值通知单与现场实际相符。

5）试验记录无漏试项目，试验数据、结论完整、正确。

6）在所有工作结束后进行连续通电检查，检查无装置异常告警及断链信号，确保装置运行正常、光纤回路连接可靠。

（2）投运前继电保护相量检查。

220kV智能变电站投运前可进行继电保护相量检查，对变电站内全部继电保护的交流电流和电压回路接线、极性等的正确性进行验证。试验方法见第六章。

（3）送电后用一次电流及工作电压的相量检查。

对用一次电流及工作电压进行检验的结果，必须按当时的负荷情况加以分析，拟订预期的检验结果，凡所得结果与预期的不一致时，应进行认真细致的分析，查找确切原因，不允许随意改动保护回路的接线。

第三节 智能变电站继电保护及监控系统定期校验

一、智能变电站继电保护及监控系统定期校验安全措施检查和执行

智能变电站定期校验工作开始前，工作负责人需进行现场勘查，并根据设备停电方式、工作内容分析工作中的危险点，并编写现场作业指导卡。工作班成员工作开始前应掌握工作内容和工作中的危险点。

智能变电站安全隔离措施分为两部分，一部分由运行人员执行，一部分由检修人员执行。

1. 检查运行人员所做安全措施是否完善和正确

（1）检查运行人员对检修设备相邻运行设备、检修设备同屏的运行设备（运行设备、空开、连接片、端子排）用安全措施隔离。

（2）检查运行人员已正确退出保护装置软连接片，连接片位置的检查应不仅在监控系统画面确认，还应在保护装置上面核查连接片状态。

1）线路停电时，线路保护校验应检查的连接片如下：

为了防止线路合并单元的工作使母线保护误动作或母线保护退出，应检查母线保护中相应间隔单元投入连接片、SV 投入连接片已退出。

检查母线保护中相应间隔失灵接收连接片已退出。

检查线路保护失灵启动连接片已退出。

2）主变压器停电时，主变压器保护校验应检查的连接片如下：

为了防止主进合并单元的工作使母线保护误动作或母线保护退出，检查母线保护中相应间隔单元投入连接片、SV 投入连接片已退出。

检查母线保护中相应间隔失灵接收连接片已退出。

检查主变压器保护失灵启动连接片已退出。

对于 110kV 变电站内桥接线主变压器停电检修，为了防止桥合并单元上的工作使运行主变压器差动保护误动或退出，应检查运行主变压器保护中桥开关间隔单元投入连接片、SV 投入连接片已断开。

母联或并网线路未停电时，应检查主变压器保护跳相应间隔连接片已退出。

3）母联开关停电时，母联保护校验应检查的连接片如下：

检查母线保护中相应间隔单元投入连接片、SV 投入连接片已退出。

检查母线保护中相应间隔失灵接收连接片已退出。

检查母联保护失灵启动连接片已退出。

4）母线保护校验、母线保护涉及多间隔，一般在一次设备不停电的条件下进行，应检查的连接片有：

检查母线保护中各支路跳闸出口连接片已退出，启动主变压器失灵联跳三侧连接片已退出。

检查主变压器保护中主变压器失灵联跳三侧开入连接片已退出。

2. 工作开始前，检修人员执行安全措施

（1）工作现场安全交底。

（2）220kV 间隔远动报开工、封锁相关间隔的遥测、遥信数据。

（3）记录智能终端、合并单元、保护装置、测控装置等设备等的原始运行状态（包括连接片、把手、电源空开装置指示灯等）。

（4）投入检修设备的检修连接片。

（5）校验母线保护、备自投保护、低周、过负荷联切等装置时，因一次设备不停电仅靠退出软连接片隔离不可靠，并且保护测试出口时需将出口连接片投入，为了防止误跳运行开关，应断开运行开关跳闸的光纤回路（应根据投运注意事项检查是否具备网络跳闸方式）。

二、智能变电站继电保护及监控系统定期校验项目

1. 装置清扫、外部检查及元器件、接线连接可靠性及常规二次回路检查

（1）使用绝缘工具，防止误碰运行回路和交、直流电源回路。

（2）拔插件时采取防静电措施，防止损坏插件。

（3）电缆封堵严密，二次电缆屏蔽层及保护装置的箱体与接地网连接可靠。各类标示齐全清晰，插件印刷电路板无损伤或变形，元件焊接良好，变换器、继电器固定良好，无松动现象。

（4）屏柜上的切换开关、按钮、空气开关、保险、端子排、装置外壳、连接片等应清洁、无损坏、安装紧固、无变形、标识清晰、操作灵活。

（5）检查光纤连接应正确、牢固，无光纤损坏、弯折现象；检查光纤接头应完全旋进或插牢，无虚接现象；检查光纤标号应正确；检查备用接口应有防尘帽。

（6）二次回路反事故措施检查、整改。

2. 绝缘检查

（1）拔出电源及弱电插件，断开相应回路接地点。

（2）再次确认母线保护中本间隔合并单元 SV 接收软连接片已退出，合并单元、智能终端及线路保护的检修连接片已投上，通知有关人员暂时停止在回路上的一切工作，拆开回路接地点。测试后，应将各回路对地放电并恢复。

（3）绝缘检查应注意对不同的回路使用规定的电压等级。

3. 装置上电检查、逆变电源试验。

（1）恢复插件时注意插件顺序，防止插错。

（2）电源的自启动性能良好，拉合直流开关，逆变电源应可靠启动。

（3）在装置上电、掉电瞬间，装置不应发异常数据，继电器不应误动作。

（4）更换运行到期的电源插件。

4. 光纤回路正确性检查

（1）操作前核实光纤标识是否规范、明确，且与现场运行情况一致。取下的光纤应做好记录，恢复时应在专人监护下逐一进行，并仔细核对。恢复后应检查相关光纤信号恢复。

（2）拔插光纤过程应小心、仔细，光纤拔出后应及时套上防尘帽，避免光纤白色陶瓷插针触及硬物，从而造成光头污染或光纤损伤。恢复原始状态后，检查光纤无明显折痕，弯曲度符合要求。

（3）严禁将光纤对着自己和他人的眼睛。

（4）按照设计图纸检查光纤回路的正确性，包括保护设备、合并单元、交换机、智能终端之间的光纤回路。

（5）光纤回路外观检查：光纤尾纤应呈现自然弯曲，不应存在弯折、窝折的现象，不应承受任何外重，尾纤表皮应完好无损；尾纤接头应干净无异物，如有污染应立即清洁干净；尾纤接头连接应牢靠，不应有松动现象。

（6）光纤衰耗检验：检查光纤回路的衰耗是否正常，1310nm 和 850nm 光纤回路（包括光纤熔接盒）的衰耗不应大于 3dB。

5. 开入量检查

在智能终端处，按照图纸、GOOSE 联系表格及装置技术说明书，通过接通、断开连片及转动把手等方法依次加入激励量，观测相关接收方的开关量变化是否与实际相符。

6. 采样检查

从合并单元分别输入额定电流、电压至保护、监控系统、录波等相关装置。观察相关装置和合并单元的采样值是否满足装置技术条件的规定。注意断开合并单元上的交流电压回路，试验电压加到合并单元侧，防止向一次侧反送电。

7. 整定值的整定及功能检验

（1）禁止对保护装置内的 SCD 或 CID/CCD 文件进行修改、下载等工作，工作结束后检查文件无变动。

（2）线路纵联保护光差保护光纤通道应断开，将本侧保护装置光纤通道自环，防止误跳对侧开关。

（3）跳闸矩阵检查，检查跳闸矩阵出口行为与定值要求一致，动作时间满足规程要求。

8. 整组试验

（1）保护装置与连接片处于正常运行状态。

（2）断路器传动前应通知运行人员及相关人员，开关处需派人看守，防止机械伤人。

（3）线路保护传动试验至少应模拟 A、B、C 单相和 A、B 两相瞬时接地短路和任意单相永久性短路。

变压器保护不同的保护装置分别传动，电量保护和非电量保护分别传动。

（4）与监控系统、保护信息子站、网络记录仪的配合检验。

对于监控系统，要检查各种继电保护的动作信息和告警信息的回路正确性及名称的正确性。

对于信息子站，要检查各种继电保护的动作信息、告警信息、保护状态信息、录波信息及定值信息的传输正确性。

对于网络记录仪，要检查相应交换机上的 GOOSE 报文的正确性。

注意检查各装置接收软报文时间是否正确。

9. CT 回路直阻检查

（1）CT 回路盘上、盘下电阻测试，最大误差值不应大于 10%。当大于 10%时，应查明原因。

（2）直阻与原始数据相差较大时，应查明原因。

（3）测量完毕应及时恢复电流回路连片。

10. 定值核对

核对定值时需符合定值通知单，且定值区运行正确。

11. 工作收尾

（1）恢复检修人员自己执行的安全措施，对照二次拆接线记录恢复拆除的二次线、确保CT无开路现象；检查光纤连接可靠。

（2）复归试验过程中产生的保护动作及分路事故总信号。

（3）根据工作前记录的设备原始状态，恢复设备的连接片、把手、电源空开等，注意连接片位置的核对不仅要在监控系统的监控画面核对，更应在保护装置上核对。防止监控系统故障，无法反应保护装置连接片的实际位置。

特别注意检查合并单元、智能终端、保护装置的检修连接片已取下，应通过查看装置的检修连接片开入、检修指示灯及监控系统检修连接片状态、检修连接片不一致状态（网分），任何有异常时应检查处理，防止因检修不一致造成保护装置不正确动作。

（4）检查检修的断路器在分闸位置。

（5）检查智能终端、合并单元、保护装置、测控装置等设备的GOOSE链路是否正常，状态指示是否正常，当存在设备告警指示时应核查装置告警由什么引起，确定未遗留设备故障（当级联母线电压的合并单元失去开关位置、保护装置的PT断线告警因实际隔离开关位置断开引起时）。

上述检查均应在监控系统和智能终端、合并单元、保护装置、测控装置等设备上检查。

（6）220kV间隔远动报收工、解封相关间隔的遥测、遥信数据。

第四节　智能变电站装置升级

更换装置插件、进行软件升级、执行反措、变动回路等工作后，应进行针对性检验，以保证各智能电子设备及系统运行的可靠性。并应特别注意在设备参数设置、装置CID文件下装等完成并调试正确后才能接入运行网络。

工作开始前根据停电范围、工作内容编写施工方案，分析工作中危险点及安全措施，防止误升级、误跳合断路器。

（1）工作前检修设备安全措施可靠，与运行相关设备做好隔离措施。已断开与运行设备的联系时应做好记录。

（2）检查升级的装置、插件型号、软件版本是否为国网检测版本。

（3）升级前将合并单元、智能终端、保护测控装置配置文件、程序备份，记录装置参数。

（4）升级后合并单元、智能终端、保护测控装置下装配置文件，整定参数和定值。并连接装置核对装置实际版本及校验码，保存装置的配置文件，并与SCD文件和下装的配置文件对比。

（5）升级完毕后需进行遥控断路器、连接片等操作时，为防止监控系统配置错误而造成误遥控运行间隔一次设备或二次设备，试验时应将全变电站运行间隔的远方就地操作把手打在就地位置、保护装置断开远方操作硬连接片。

（6）工作结束后恢复安全措施，检查设备运行正常、无异常信号。

（7）一次设备配合停电时应进行整组试验。

（8）当升级后装置的模型文件发生变化时，需要更新全站配置文件。装置输出数据发生变化时，需对使用该数据的装置进行重新配置。相关装置应退出运行，并进行相关试验。如合并单元配置模型改变时，使用该合并单元的所有保护也应退出运行、重新配置，并进行相关试验。

下面以智能站合并单元、智能终端、保护装置升级为例介绍装置升级的具体实施流程。

一、合并单元升级

1．检查运行人员所做安全措施

间隔合并单元升级前应退出该合并单元对应的所有保护（退出保护装置的出口软连接片，包括跳合闸出口软连接片、失灵联跳软连接片等）。

110kV 等级及以下线路保护单套配置，因此需要一次设备停电。

220kV 母线合并单元升级时应退出使用该套合并单元的所有保护。

2．检修人员执行安全措施

（1）投入合并单元的检修连接片。

（2）对于常规电流采样回路的合并单元，工作前应将 CT 回路短封断开，防止 CT 开路。

（3）对于常规电压采样回路的合并单元，工作前应断开电压二次回路，防止电压二次回路短路或反送电压。

（4）双重化配置间隔合并单元升级一次设备不停电时退出智能终端出口硬连接片。

3．合并单元升级

（1）装置升级前应备份配置文件。

（2）硬件升级时，拔插插件前应断开装置电源，防止损坏插件。

（3）升级完毕后需连接装置核对装置实际版本及校验码。

（4）检查配置文件、CT 变比正确。

4．合并单元检验

（1）合并单元升级后应根据工作内容进行合并单元校验。整机更换时应根据第六章全项目校验。

（2）在合并单元处通入交流量，在保护装置查看电流、电压幅值相位是否正常。

5．恢复检修所做安全措施

（1）投入智能终端出口硬连接片（投入前检查出口连接片电位正确）。

（2）恢复电流电压回路。

（3）退出合并单元检修连接片。

6．相量检查

当合并单元升级、SV 接线变动、合并单元参数配置变动涉及交流采样变动时，应进行投运后一次相量检查。

二、智能终端升级

1．检查运行人员所做安全措施

智能终端升级时，宜停运相应一次设备。

110kV 等级及以下线路，因保护、智能终端单套配置，间隔智能终端升级时，需要一次设备停电。

220kV 线路保护、母联保护、母线保护及主变压器保护双重化配置，一次设备可以不停电，但应退出使用该套智能终端的保护。检查使用该套智能终端的保护出口连接片均已退出。

2. 检修人员执行安全措施

一次设备不停电时间隔智能终端升级，应退出该间隔智能终端的出口硬连接片，必要时拆除二次跳合闸线。

3. 智能终端升级

（1）装置升级前备份配置文件。

（2）硬件升级时，拔插插件前应断开装置电源，防止损坏插件。

（3）升级完毕后需连接装置核对装置实际版本及校验码。

（4）检查配置文件、虚端子连接正确。

4. 智能终端校验

（1）智能终端升级后应根据工作内容进行智能终端校验。整机更换时应根据第六章全项目校验。

（2）应在智能终端处模拟开关量变化在相关保护装置和监控系统处查看遥信变位正确。

（3）一次设备停电时相关保护动作跳合开关。一次设备不停电时，应通过测量智能终端出口连接片电位验证智能终端出口的正确性。

（4）用数字试验仪模拟母线保护跳闸报文检查智能终端是否正确动作。

5. 恢复检修所做安全措施

（1）根据记录恢复拆除的二次接线。

（2）投入智能终端出口硬连接片（投入前检查出口连接片电位正确）。

（3）退出装置检修连接片。

三、保护装置升级

1. 检查运行人员所做安全措施

110kV 等级及以下线路，因保护单套配置，因此需要一次设备停电。

220kV 保护双重化配置因此一次设备不需停电，保护升级前应退出该套保护装置（退出保护装置的出口软连接片，包括跳合闸出口软连接片、失灵启动软连接片、失灵联跳软连接片等），并且退出母线保护中该间隔失灵接收连接片。

2. 检修人员执行安全措施

（1）投入保护的检修连接片。

（2）母线保护、备自投保护、过负荷联切等装置升级时，因一次设备不停电仅靠退出软连接片隔离不可靠，并且保护装置测试出口时需将出口连接片投入，为了防止误跳运行开关，应断开跳运行开关的光纤回路（应根据投运注意事项检查是否具备网络跳闸方式）。

（3）一次设备不停电，间隔保护升级时退出该间隔智能终端跳合闸硬连接片。

（4）间隔保护升级前为防止误启动母线失灵保护，应断开保护启动母线失灵保护网络光纤。

3. 保护装置升级

（1）装置升级前应备份程序、配置文件。

（2）硬件升级时，拔插插件前应断开装置电源，防止损坏插件。

（3）升级后检查硬件型号、程序版本符合升级要求。

（4）检查配置文件、虚端子连接是否正确。

4. 保护装置校验

（1）保护装置升级后应根据工作内容进行保护装置校验。

（2）一次设备停电时，应在合并单元处通入交流量，验证保护装置跳合开关正确。

（3）一次设备不停电时，可以通过智能终端跳合闸指示灯确定保护出口正确。

（4）应进行监控系统遥控连接片试验，验证连接片状态对应正确。

5．恢复检修所做安全措施

（1）根据记录恢复拆除的二次接线。

（2）投入智能终端出口硬连接片（投入前检查出口连接片电位正确）。

（3）退出装置检修连接片。

6．相量检查

保护升级后，应进行投运后一次相量检查。

第五节　智能变电站扩建

一、智能变电站扩建总体要求

智能变电站扩建间隔时，涉及运行设备的部分需做好安全和技术措施，保证新投设备和运行设备的安全可靠运行。

（1）根据设计院的设计文件，如图纸、GOOSE 连接表等，离线生成新的全站 SCD 配置文件，对 SCD 文件进行检测，确认无误。

（2）新间隔所有一二次设备安装就位。配置新间隔的合并单元、智能单元、交换机等。

（3）监控系统导入新的 SCD 文件，由于现有装置有所变动，个别信号进行重新传动。通过传动验证设备配置文件及模型文件的正确性。

（4）扩建间隔时，需停用跨间隔的公用交换机，此时公用交换机上的 IED 设备无法正常运行，如主变压器保护、母线保护、过负荷联切、录波器、网络记录仪等，监控系统某些信号失效。主要工作内容有：①母线保护配置文件，验证新配置文件的正确性。②公用交换机端口、VLAN 及整体配置，验证新配置文件的正确性。③光纤网络连接。④失灵启动和母线保护跳新间隔开关功能传动试验等。

（5）扩建施工时严禁随意将光纤插入运行设备。

（6）智能变电站进行扩建间隔保护传动试验时，应防止误跳运行开关，防止误启动或闭锁运行间隔保护。安全措施可有以下几种：①相关一次设备陪停。②采用调试交换机进行脱网调试。③试验保护装置置检修态，区别运行设备。④取下试验保护与运行设备间的出口压板及接收压板。

一般采用调试交换机进行脱网调试。调试过程中，通过检测试验报文来确定新增间隔试验报文正确、跳合闸信息正确和运行设备没有冲突。

（7）新增间隔保护校验项目参照本章智能变电站保护验收项目进行。

（8）扩建施工时必须有完善的技术管理制度和措施。施工方必须有完整的施工方案，扩建时施工方应提出对运行设备的影响和要求停电的设备及所做措施。施工过程中维护人员可随工验收。

（9）新建工程施工完成后由施工人员备份施工涉及的设备 CID 文件、ICD 文件、更新后的全站配置 SCD 文件、GOOSE 联系表、网络参数表等，记录施工涉及设备的版本号和 CRC 码，并提交检修人员做备份管理。

下面介绍已投运母线保护在间隔扩建时的工作。

二、间隔扩建时的母线保护工作

变电站新建时，母线保护装置一般不按照工程最终规模配置，因此间隔扩建时，一般有母线保护增加间隔的工作。母线保护增加新间隔时重新下装配置文件，增加新间隔的采样、出口等配置，不应影响已运行间隔，为了确保母线保护配置正常，除了验证新增间隔功能，还需要验证运行间隔的采样及出口回路。运行间隔采样的正确性，可在母线保护停电时期内通过数字试验仪载入间隔增加前的SCD文件，通入母线保护验证和母线保护投运后查看装置的实际采样来验证。运行间隔的跳闸正确性宜通过开关的实际跳闸或测量智能终端的出口连接片来验证。

母线保护升级工作内容如下：

（1）检查母线保护支路跳闸出口连接片已退出、主变压器失灵联跳三侧出口已退出、相应主变压器保护中失灵联跳三侧开入连接片已退出。

（2）为防止母线保护误跳运行开关，工作前应先断开母线保护直跳光纤，当母线保护具备网络跳闸功能时应断开网落跳闸光纤（光纤回路断开时各支路智能终端会发出装置告警和相关GOOSE断链信息）。

（3）母线保护重新下装配置文件，应仔细检查配置文件中其他间隔的虚端子连接保护不变。

（4）母线保护根据定值通知单整定值。

（5）投入新增间隔的间隔投入连接片。

（6）验证母线保护中新增间隔隔离开关位置能够正确反映一次状态。一次母线不停电时，可以通过在智能终端处模拟隔离开关位置验证。

（7）投入新增支路SV接收连接片，在该支路合并单元通入相应电流、电压，核对母线保护装置显示的电流幅值和相位正确。

（8）在新增支路做相应保护试验，验证逻辑及回路的正确性。

（9）出口传跳新间隔断路器，验证跳闸回路正确性。

（10）投入该支路失灵接收软连接片，核对GOOSE信息输入的正确性。

（11）验证已投运间隔采样、出口、开入正确。

（12）在监控系统该母线保护画面中添加该间隔SV接收连接片、间隔投入连接片、GOOSE出口连接片，并进行遥控操作，验证各连接片状态对应正确。

（13）工作结束前检查GOOSE报文出口均已复归。

（14）根据拆线记录及光纤标签恢复断开的光纤。

（15）母线保护投入运行后对新投间隔及已投运间隔进行相量检查和母线隔离开关位置检查。

第六节 缺陷处理

继电保护的作用是当电力系统发生故障或出现非正常状态时，保护电气设备不受损害和缩小事故范围。因此，快速消除缺陷是避免系统事故、提高电网运行安全水平的重要保证。

投入运行的继电保护缺陷按严重程度共分为三级：危急缺陷、严重缺陷、一般缺陷。

（1）危急缺陷是指继电保护装置自身或相关设备及回路存在问题，导致其失去主要保护功能，直接威胁安全运行并须立即处理的缺陷。

（2）严重缺陷是指继电保护装置自身或相关设备及回路存在问题，导致部分保护功能缺失或性能下降，但在短时内尚能坚持运行，需尽快处理的缺陷。

（3）一般缺陷是指上述危急、严重缺陷以外的不直接影响设备安全运行和供电能力，继电保护功能未受到实质性影响，性质一般、程度较轻，对安全运行影响不大，可暂缓处理的缺陷。

缺陷处置基本要求为：

（1）危急缺陷：消缺时间不超过 24h。

（2）严重缺陷：消缺时间不超过 72h。

（3）一般缺陷：不影响保护性能，装置能继续运行，可在不退出保护的情况下或随检验工作开展消缺，消缺时间不宜超过 1 个月。

为了尽快消除缺陷，在消缺的工作中我们应重视信息的收集。通过向缺陷发现人员询问缺陷现象，有条件时通过监控系统收集报文及光子牌等相关信息。缺陷汇报时现象描述往往不够详细，需要检修人员获取缺陷信息后，根据工作经验分析产生缺陷的可能原因，并对可能产生的相关信息（报文、光子牌、设备的状态指示灯等）核实后才能更精确地定位缺陷。检修人员应对工作中遇到的缺陷进行整理，编写典型缺陷经验库，通过缺陷的总结和共享提高检修人员的缺陷处理水平。

一、缺陷处理的注意事项

缺陷处理时，应按照检修手册采取必要的安全措施和技术措施，并应注意：

（1）对异常设备的隔离措施应按防误动考虑，应有可靠的隔离措施。

（2）装置异常可能导致出口软连接片失效时，应退出相关装置的出口硬连接片或采取其他物理隔离措施。

间隔单元任一智能电子设备关闭电源、故障异常处理及更换时，对整站一次及二次系统的影响和注意事项见表 7-1：

表 7-1　设备异常处理表

故障设备	注意事项
间隔合并单元	对双重化配置的，退出相应母线保护、本间隔保护及受其影响不能正常运行的相关智能设备，相关联装置出现报警信息 对单套配置的，对应一次设备应停电，并退出母线保护相应间隔
母线 PT 合并单元	对从本合并单元引出电压的装置，根据装置原理做出失去电压后的相应处理
线路保护装置	对双重化配置的，对于配置线路失灵功能的母线保护，当保护装置故障可能导致误开出失灵 GOOSE 时，退出相应母线保护的失灵功能；反之，不考虑对母线保护失灵功能的影响，相关联装置出现报警信息 对单套配置的，对应一次设备应停电，并退出母线保护相应间隔
母联及分段保护装置	仅在充电时考虑，视为无保护状态处理
备自投装置	退出备自投功能，相关联装置出现报警信息
主变压器保护装置	对双重化配置的，对于配置主进失灵功能的母线保护，当保护装置故障可能导致误开出失灵 GOOSE 时，退出相应母线保护的失灵功能；反之，不考虑对母线保护失灵功能的影响，相关联装置出现报警信息 对单套配置的，对应一次设备应停电，并退出母线保护相应间隔

续表 7-1

故障设备	注意事项
母线保护装置	对双重化配置的，应退出故障母线保护装置防止其对系统造成影响，相关联装置出现报警信息 对单套配置的，母线将失去保护
主变压器过负荷联切装置	主变压器过负荷时将失去联切功能，相关联装置出现报警信息
低周低压保护装置	系统将失去低频低压减载功能，相关联装置出现报警信息
间隔交换机	影响本间隔 GOOSE 链路，应视为失去本间隔保护处理
公用交换机	根据交换机所处网络位置以及网络结构确定其影响范围。可能影响母线保护、变压器保护、过负荷联切等公用设备
线路智能终端	双重化配置时，考虑与本智能终端相关联设备的影响 单套配置的，正常运行时考虑母线保护、联切装置、自投、低周减载及本保护不能执行本间隔动作的影响
母联智能终端	单套配置的，在充电保护投入时视为控断处理，正常运行时考虑主变压器联跳母联（分段）备自投母联（分段）不能执行的影响 双重化配置时，考虑与本智能终端相关联设备（如主变压器保护、备自投等）的影响
主进智能终端	单套配置时，正常运行时考虑主变压器保护跳本侧、母线保护跳本侧主进不能执行的影响 双重化配置时，考虑与本智能终端相关联设备的影响
主变压器本体智能终端	影响通过本智能终端的遥控、遥调、遥信功能
PT 智能终端	影响通过本智能终端的遥控、遥信功能
GOOSE 光纤通道	影响通过该 GOOSE 链路连接的相关联设备的运行
交流光纤通道	影响通过该交流光纤连接的相关联设备的运行

二、智能变电站常见缺陷及处理

1. 保护装置采样异常

保护装置电流异常会闭锁保护，保护运行灯灭。电压异常时保护装置发 PT 断线相关报文，保护装置异常，告警灯亮，不能复归，影响电压相关逻辑。

（1）采样异常对不同保护的影响。

1）母线保护。

支路电流通道异常：差动保护及相应支路的失灵保护，其他支路的失灵保护不受影响。

电压通道异常：不闭锁保护，开放该段母线电压闭锁。

母联电流通道异常：影响母联充电保护、过流保护，异常时会使母联所连接的两条母线差动保护互联。

2）变压器保护。

变压器差动相关电流通道异常：影响相应的差动保护和该侧的后备保护。

变压器中性点零序电流、间隙电流异常：闭锁该侧后备保护中对应使用该电流通道的零序、间隙保护。

相电压异常：保护逻辑按照该侧 TV 断线处理，若该侧零序电压采用自产电压，则闭锁该侧的间隙保护和零序过压保护。

零序电压异常：闭锁该侧的间隙保护和零序过压保护。

3）线路保护。

线路保护相关电流通道异常：闭锁相应的差动保护和该侧的后备保护。

相电压异常：保护逻辑按照该侧 TV 断线处理。

保护装置采样功能由合并单元、保护装置共同实现。常规采样回路、合并单元、保护装置、光纤回路故障均会引起采样异常。

（2）造成采样异常的可能原因。

1）合并单元常规二次回路故障。

“电流反序”、“电流断线”、“电压反序”、“断线或失压”、“线路电压断线”。常规二次回路故障可以使用相位表进行测量分析，与合并单元输出采样数据进行比较判断。

2）合并单元插件故障。

采样板故障、CPU 插件故障、电源插件故障都有可能引起采样异常。

3）合并单元配置、定值错误。

电流电压变比整定错误、通道延时（包括级联电压）配置错误、电流、级联电压通道配置错误、通道顺序配置错误、装置实际模型文件与 SCD 文件中模型文件不一致都会引起采样异常。配置错误经常出现在保护新安装调试、装置升级后调试的过程中，会造成保护采样反序、双 AD 不一致、电流电压幅值、相位错误等现象。

4）电压切换回路异常。

电压切换回路异常可能是由合并单元级联电压光纤断链、母线隔离开关位置错误、电压切换插件故障等原因引起的。合并单元级联电压光纤断链合并单元有明显的指示灯指示。母线隔离开关位置错误可能由合并单元接收的智能终端位置信息错误引起，或合并单元本身的母线隔离开关开入错误、电压切换插件故障引起。

5）光纤回路故障。

监控系统有断链告警信号，可以通过查看报文、测量光功率的方法进行检查。

6）保护装置插件故障。

采样板故障、CPU 故障、电源故障都有可能引起采样异常。

7）保护装置配置错误、虚端子连接错误、模型文件与实际不一致。

处理采样异常，通过观察同样使用该合并单元的其他装置采样是否正确来判断合并单元是否故障；通过数字试验仪接收合并单元报文判断合并单元是否故障；通过数字试验仪输出采样值来判断保护装置是否故障；通过测量合并单元发送光功率判断合并单元光发模块是否故障。

2. 开入异常

开关量的采集功能由智能终端、保护装置共同实现。常规二次回路、智能终端、保护装置、光纤回路故障均会引起开入异常。造成开入异常的原因通常有以下几种：

（1）智能终端常规二次回路故障。

可能引起开入频繁变位、开入节点抖动、开入双位置异常、开入位置不一致、开入位置不变位。一般可通过测量开入电压和检查二次回路接线是否牢固的方法来检查。

（2）智能终端插件故障。

电源插件、开入插件、CPU 插件故障都有可能引起开入异常。

（3）光纤回路故障。

监控系统有断链告警信号，可以通过查看报文、测量光功率的方法检查。

（4）保护装置插件故障。

电源插件、CPU 插件都有可能引起开入异常。

（5）保护装置配置错误、虚端子连接错误、装置实际模型文件与 SCD 文件中模型文件不一致都会引起开入异常。

处理开入异常，可以通过观察同样使用该间隔的智能终端的其他装置如网络分析仪、故障录波器开入量是否正确来判断智能终端是否故障；通过智能终端隔离开关位置指示的判断二次回路是否正确；通过数字试验仪接收智能终端报文判断智能终端是否故障；通过数字试验仪输出开关量来判断保护装置是否故障；通过测量智能终端发送光功率判断智能终端光发模块是否故障。

3. 保护跳合闸故障

保护的出口由智能终端、保护装置共同实现。常规二次回路、智能终端、保护装置、光纤回路故障均会引起跳合闸故障。造成保护跳合闸故障的原因有：

（1）智能终端常规二次回路故障。

二次回路故障引起的跳合闸异常时，一般智能终端跳合闸指示灯正确。通常可通过测量开入电压和检查二次回路接线是否牢固的方法来检查。

（2）智能终端插件故障。

电源插件、出口插件、CPU 插件、光接收模块故障都有可能引起跳合闸异常。出口插件故障引起的跳合闸异常时，一般智能终端跳合闸指示灯正确。智能终端接收模块故障时智能终端告警、智能终端 GOOSE 接收告警灯亮。

（3）智能终端配置错误。

跳闸相别连接错误、保护跳闸连接到永跳（手跳）、跳合闸未连接等虚端子连接错误，装置实际模型文件与 SCD 文件中模型文件不一致都有可能引起跳合闸异常。

（4）光纤回路故障。

监控系统有断链告警信号，可以通过查看报文、测量光功率的方法检查。

（5）保护装置插件故障。

电源插件、出口插件、CPU 插件、光接收模块故障都有可能引起跳合闸异常。

处理保护跳合闸不正确动作时通过观察网络分析仪、故障录波器等装置检测保护装置是否故障，通过数字试验仪接收保护装置跳闸报文来判断智能终端是否故障，通过数字试验仪输出开关量跳闸令来判断智能终端是否故障，通过测量保护装置发送光功率来判断智能终端光发模块是否故障，通过智能终端跳合闸指示来判断保护装置是否故障。无法出口跳闸时还应检查两侧的检修连接片是否一致，跳闸出口硬连接片是否投入，保护装置 GOOSE 出口软连接片是否正常投入。

4. GOOSE 断链

监控系统发 GOOSE 断链告警信号时，现场根据 GOOSE 二维表做出判断，同时结合网络分析仪进行辅助分析确定故障点，判断 GOOSE 断链告警是否误报，若无误报，通过测量光功率和监听报文确定 GOOSE 断链是由于发送方故障引起或接收方、网络设备、光纤回路等引起。

三、现场缺陷实例

1. 测控装置插件故障

（1）缺陷现象。

测控装置收智能终端GOOSE断链、合并单元GOOSE断链、智能终端收测控装置GOOSE断链，智能终端告警。

（2）缺陷处理过程。

1）查看监控系统报文，确定除上述信号外，该间隔无其他异常信号、保护无GOOSE断链告警信号。

2）查看图纸确定测控装置、智能终端、合并单元GOOSE组网方式连接。

3）查看网络分析仪，网络分析仪有测控装置GOOSE断链告警，无智能终端、合并单元GOOSE断链告警信息。确定故障在交换机与测控装置及通讯环节。

4）测量交换机至该测控装置的光纤收发功率合格。

5）使用数字保护试验仪检测交换机该光口发送报文正常。

6）使用数字保护试验仪检测测控装置发送报文异常。

7）确定测控装置插件问题，更换测控插件，缺陷消除。

2. 测控装置频发GOOSE断链

（1）缺陷现象。

测控装置升级，升级完成后测控装置频发测控装置接收GOOSE断链。

（2）缺陷处理过程。

1）检查装置光纤连接恢复良好，测量光收功率正常。

2）查看升级后软件版本是升级要求版本。

3)通过网络分析仪查看测控装置接收GOOSE断链通讯期间上送GOOSE报文变化特点，有大量温度变化的GOOSE报文。

4）检查测控装置程序，测控底层通讯处理程序采用了直采处理程序。直采处理程序划分的缓存区小，当GOOSE报文增多时会引起通讯中断。

5）将测控底层通讯处理程序升级为网采模式，GOOSE通讯恢复。

3. 变电站保护定期校验，主变压器保护装置采样不正确

（1）缺陷现象。

主变压器保护定期校验，保护动作行为不正确。

（2）缺陷处理过程如下：

1）保护装置上查看保护采样，主变压器保护采样不正确。

2）使用其他数字试验仪通入采样，主变压器保护采样不正确。

3）使用常规试验仪在合并单元处通入交流采样，主变压器保护采样正确。

4）使用常规试验仪在合并单元处通入交流采样，使用数字试验仪查看采样不正确。

5）后经检查该装置进行过升级，装置模型文件变化，但整站的SCD文件没有更新。

6）修改SCD文件，数字试验仪通入采样保护装置显示正确。

4. 220kV线路间隔A套合并单元装置告警及闭锁

（1）缺陷现象。

某一间隔多次报线路保护装置接收合并单元SV断链、母线保护接收相应间隔合并单元

SV断链，合并单元装置告警及闭锁等信号。

（2）缺陷处理过程。

1）根据监控系统报文记录、网络分析仪记录查看确定该间隔告警信息，线路保护、母线保护、网络分析仪同时报合并单元SV断链，同时有报文合并单元装置告警及闭锁。确定该合并单元故障。

2）查看历史报文记录，发现异常信号几秒后恢复。故障可能由合并单元电源插件故障或电源接线不可靠引起。

3）申请停用相关线路保护和母线保护。

4）检查电源接线连接牢固。

5）检查电源插件接线排与电源插件连接不可靠。

6）更换电源插件，缺陷消除。

5. 10kV自投装置出口传跳失败

（1）缺陷现象。

110kV变电站全停定期校验，10kV自投传动时传跳2号主变压器低压侧开关正确，但传跳1号主变压器低压侧开关失败。

（2）缺陷处理过程。

1）检查自投装置动作报文，报文显示：自投跳1号主变压器低压侧、跳闸失败。

2）1号主变压器低压侧智能终端保护跳闸等不亮，判断1号主变压器低压侧智能终端未收到跳闸报文。

3）1号主变压器低压侧智能终端未发GOOSE断链告警，断开自投跳闸光纤后，智能终端发GOOSE断链告警，确定链路正常。

4）数字试验仪串联侦听自投装置到1号主变压器低压侧智能终端GOOSE心跳报文及跳闸报文满足GOOSE报文时间正确。

5）模拟自投跳1号主变压器低压侧开关动作，数字试验仪检测跳闸报文，跳闸报文保护动作出口置1但相应跳进行出口未置1。确认装置出口不正确。

6）检查自投装置出口软连接片投入正确。

7）检查自投装置出口矩阵设置正确。

8）装置重启后，自投跳1号主变压器低压侧。确定为保护程序问题。

附录 A　SCD 配置实例

第一步，收集、验证、检查 ICD 文件，由各单装置厂家向系统集成商提供 ICD 文件。

第二步，整理变电站全站设备清单（按电压等级、间隔顺序排列全站所有设备），如附图 A-1 所示。

所属厂家	ICD文件	装置型号及用途	IED描述
国电南瑞	NS3560_DD1A	NS3560-#1主变变高测控	CTZB1G
国电南瑞	NSR378S	NSR378S-#1主变保护	PT1
国电南瑞	NSR-303G线路保护装置	NSR303G-220kV线路一保护	PL211
国电南瑞	304DM	NSR304DM-110kV线路一保护	PL111
国电南瑞	NSR371-母线保护	NSR371-母线保护	PM1
国电南瑞	NS3620ARP_sv-DA_201200611	NSR3620-35kV电容器	PR355
国电南瑞	NSR387B合智(线路)	NSR387B-#1主变变高合智一体	MTZB1G
国电南瑞	NSR387B合智(线路)	NSR387B-#1主变变低合智一体	MTZB1D
国电南瑞	NSR386A线路	NSR386A-220kV线路一合并单元	ML211
国电南瑞	NSR386B母线	NSR386B-220kV母线合并单元	MM1
国电南瑞	NSR385A	NSR385A-220kV线路一智能终端	IL211
国电南瑞	NSR612R-S_device-V0.90-120709	NSR612RS-35kV线路1	PL351

附图 A-1　全站设备清单

第三步，填写智能变电站 IP-MAC 地址分配表，如附图 A-2 所示。

所属厂家	ICD文件	装置型号及用途	IED描述	站控层IP地址	站控层MAC地址	应用ID号	GOOSE层MAC地址	应用ID号	SMV层MAC地址	应用ID号	SV逻辑设备名
国电南瑞	NS3560_DD1A	NS3560-#1主变变高测控	CTZB1G	100.100.100.101	01-0C-CD-01-00-01	1001	01-0C-CD-01-00-02	1002			
国电南瑞	NSR378S	NSR378S-#1主变保护	PT1	100.100.100.104			01-0C-CD-01-00-03	1003			
国电南瑞	NSR-303G线路保护装置	NSR303G-220kV线路一保护	PL211	100.100.100.111			01-0C-CD-01-00-04	1004			
国电南瑞	304DM	NSR304DM-110kV线路一保护	PL111	100.100.100.121			01-0C-CD-01-00-05	1005			
							01-0C-CD-01-00-06	1006			
国电南瑞	NSR371-母线保护	NSR371-母线保护	PM1	100.100.100.126			01-0C-CD-01-00-07	1007			
国电南瑞	NS3620ARP_sv-DA_201200611	NSR3620-35kV电容器	PR355	100.100.100.155			01-0C-CD-01-00-08	1008			
							01-0C-CD-01-00-09	1009			
国电南瑞	NSR387B合智(线路)	NSR387B-#1主变变高合智一体	MTZB1G				01-0C-CD-01-00-0A	100A	01-0C-CD-04-00-01	4001	1
							01-0C-CD-01-00-0B	100B	01-0C-CD-04-00-02	4002	
							01-0C-CD-01-00-0C	100C	01-0C-CD-04-00-03	4003	
国电南瑞	NSR387B合智(线路)	NSR387B-#1主变变低合智一体	MTZB1D				01-0C-CD-01-00-0D	100D	01-0C-CD-04-00-04	4004	2
							01-0C-CD-01-00-0E	100E	01-0C-CD-04-00-05	4005	
							01-0C-CD-01-00-0F	100F	01-0C-CD-04-00-06	4006	
国电南瑞	NSR386A线路	NSR386A-220kV线路一合并单元	ML211				01-0C-CD-01-00-10	1010	01-0C-CD-04-00-07	4007	3
国电南瑞	NSR386B母线	NSR386B-220kV母线合并单元	MM1				01-0C-CD-01-00-11	1011	01-0C-CD-04-00-08	4008	4
国电南瑞	NSR385A	NSR385A-220kV线路一智能终端	IL211				01-0C-CD-01-00-13	1013			
							01-0C-CD-01-00-14	1014			
							01-0C-CD-01-00-15	1015			
国电南瑞	NSR612R-S_device-V0.90-120709	NSR612RS-35kV线路1	PL351	100.100.100.154							

附图 A-2 智能变电站 IP-MAC 地址分配表

第四步，SCD 配置步骤如下：

（1）新建工程：划分变电站电压等级与间隔。

新建工程，名称为 ARP220，如附图 A-3 所示。

点击附图 A-3 中的“Next”按钮，弹出窗口如附图 A-4 所示。

选择附图 A-4 中的“空项目”，点击“Next”按钮，弹出窗口如附图 A-5 所示。

在附图 A-5 中编辑 Header 信息，点击“Next”按钮，弹出窗口如附图 A-6 所示。

在附图 A-6 中填写 Substation 节点信息（填写变电站名称），点击“Next”按钮，弹出窗口如附图 A-7 所示。

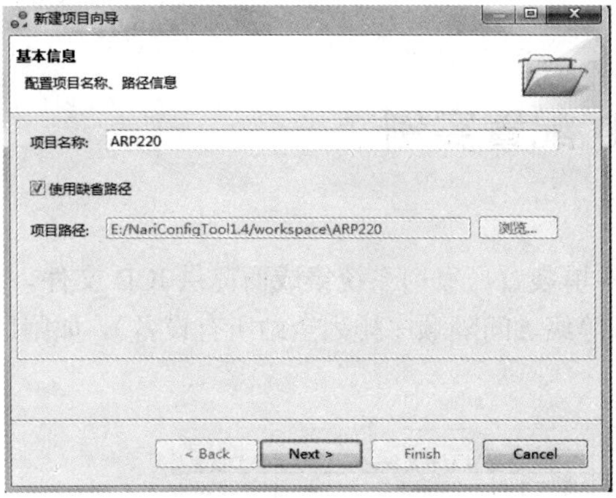

附图 A-3 新建工程第一步

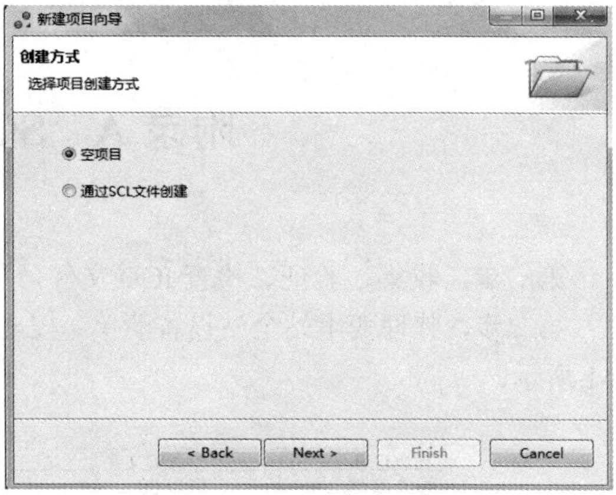

附图 A-4 新建工程第二步

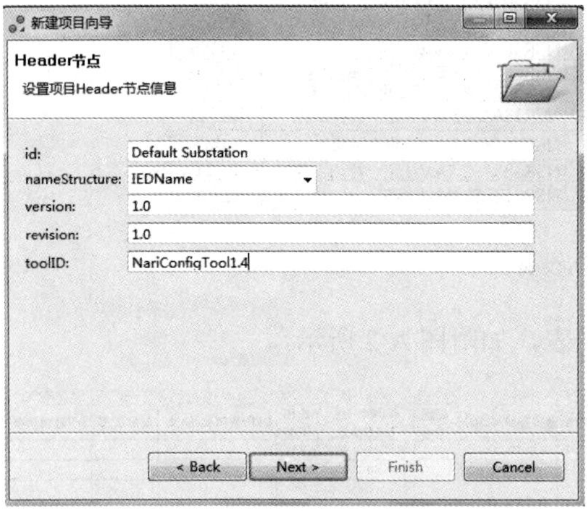

附图 A-5 新建工程第三步

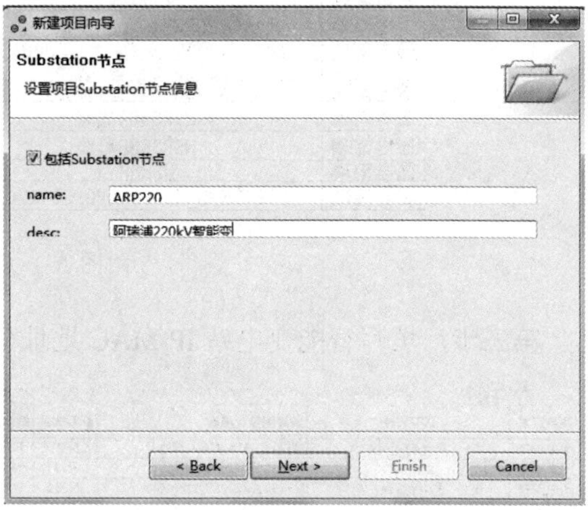

附图 A-6 新建工程第四步

在附图 A-7 中填写 Communication 节点信息（编辑通讯信息子网节点）。

（2）添加电压等级及间隔。

如附图 A-8 所示，在“IEDS”上点击右键，在弹出的对话框中选择“添加电压等级”。

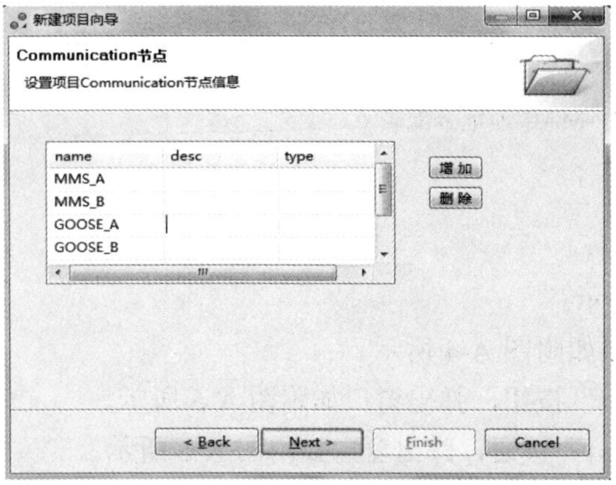

附图 A-7 新建工程第五步

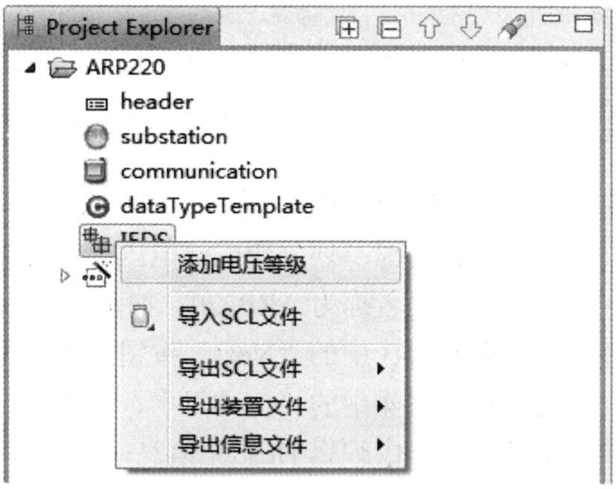

附图 A-8 添加电压等级第一步

在弹出的对话框中根据需要选择合适的电压，如附图 A-9 所示。
添加好电压等级，如附图 A-10 所示。

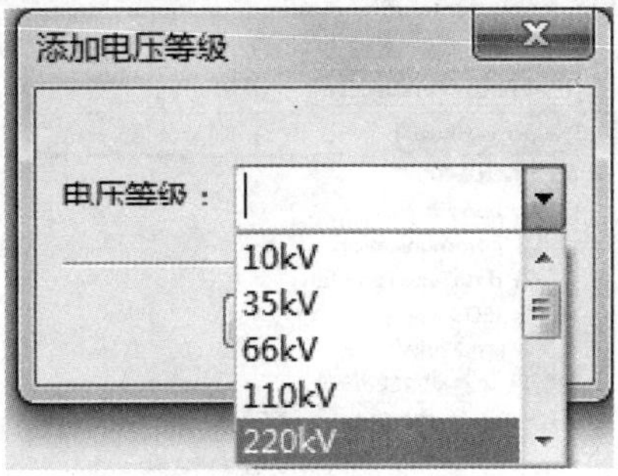

附图 A-9　添加电压等级第二步

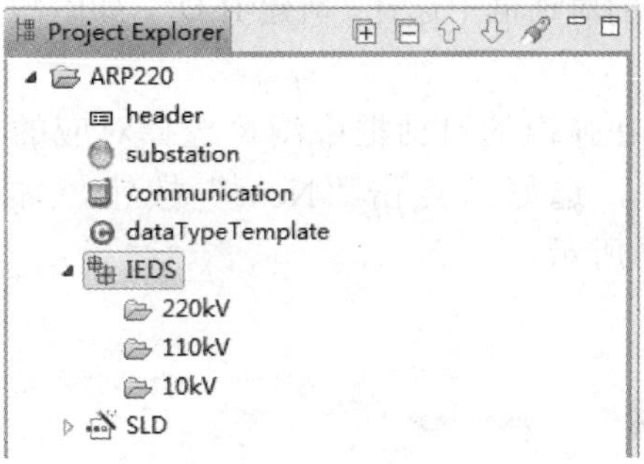

附图 A-10　添加间隔第一步

在电压等级上点击右键，在弹出的对话框中选择“添加间隔”，如附图 A-11 所示。
在弹出的对话框中填写间隔名称，如附图 A-12 所示。

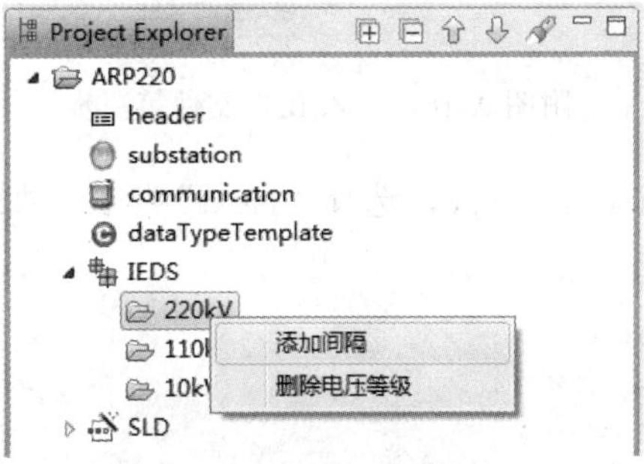

附图 A-11　添加间隔第二步

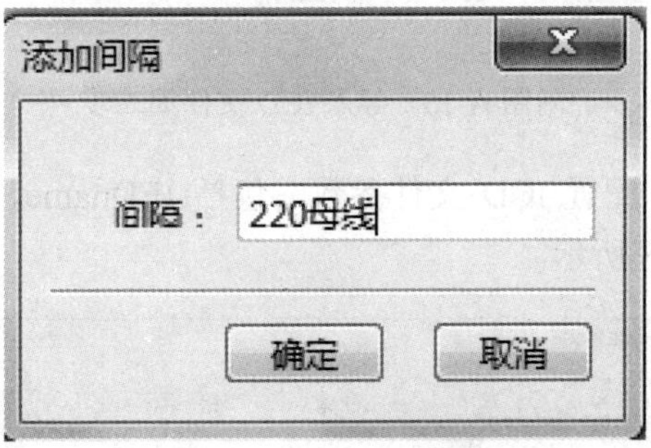

附图 A-12　添加间隔第三步

添加好电压等级及间隔信息，如附图 A-13 所示。
（3）导入 ICD 文件，修改装置 IEDname，Description，和 Type，如附图 A-14 所示。

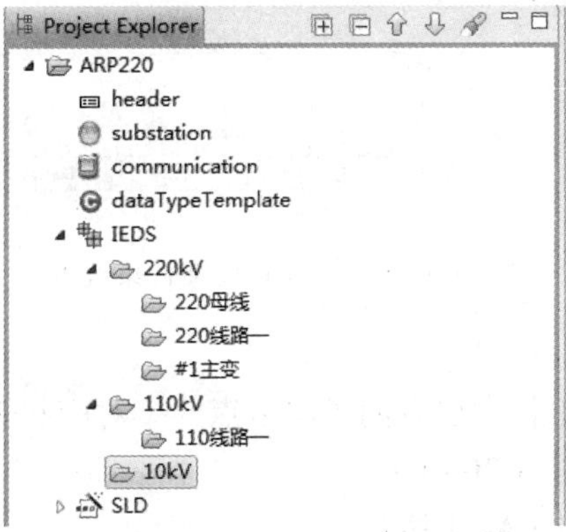

附图 A-13　添加间隔第四步

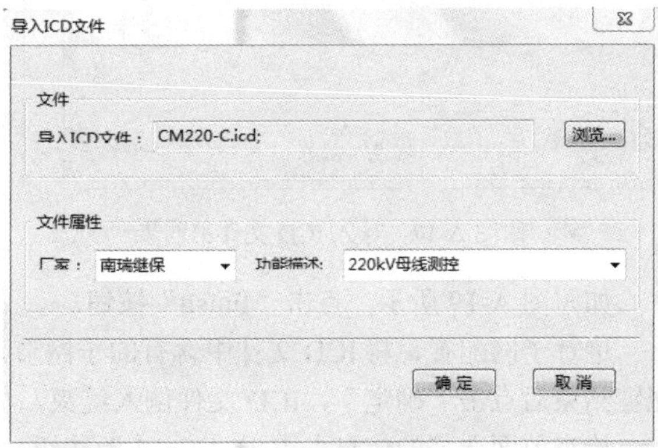

附图 A-14　导入 ICD 文件第一步

如附图 A-14 所示，选中需要导入的 ICD 文件，填写文件属性，点击确定，如附图 A-15

所示。

然后在需要添加ICD的间隔点击右键，在弹出的对话框中选择“新建IED”，如附图A-16所示。

在弹出的对话框中浏览选择对应的ICD文件，选好后点击“Next”按钮，如附图A-17所示。

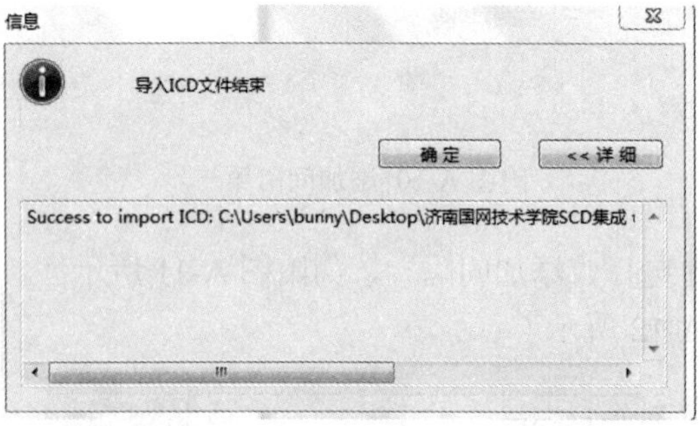

附图A-15 导入ICD文件第二步

附图A-16 导入ICD文件第三步

配置ICD文件参数，包括IEDname，Description和Type，选择“Next”按钮，如附图A-18所示。

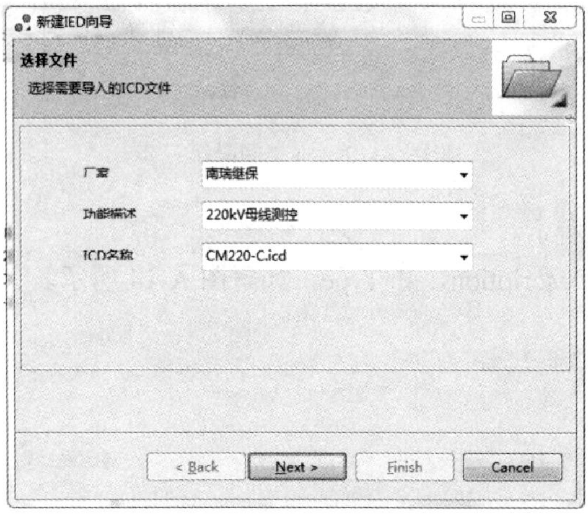

附图A-17 导入ICD文件第四步

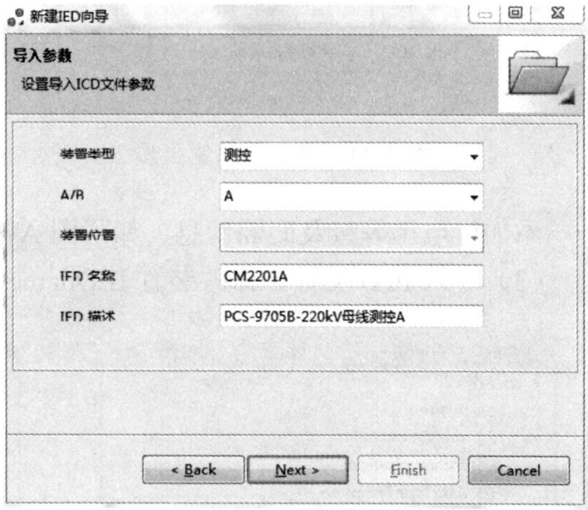

附图A-18 导入ICD文件第五步

如附图A-19所示，点击“finish”按钮。

进行子网配置，将ICD文件中含有的子网节点与工程中已有的子网节点一一对应起来，配置结束后点击“确定”，ICD文件倒入结束，如附图A-20所示。

检查前面选择的信息，点击“Finish”按钮，如附图A-21所示。

此时ICD已经成功导入到工程中来，依此类推，导入其他所有装置，多个IED使用同样的ICD文件时，只导入一次就行了，其余的采用复制IED功能即可。

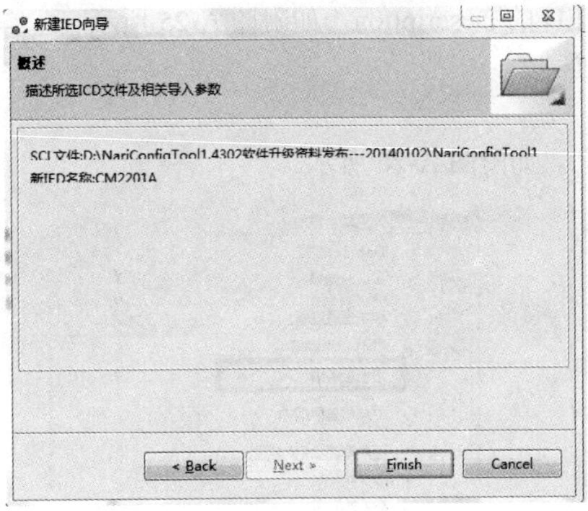

附图 A-19　导入 ICD 文件第六步

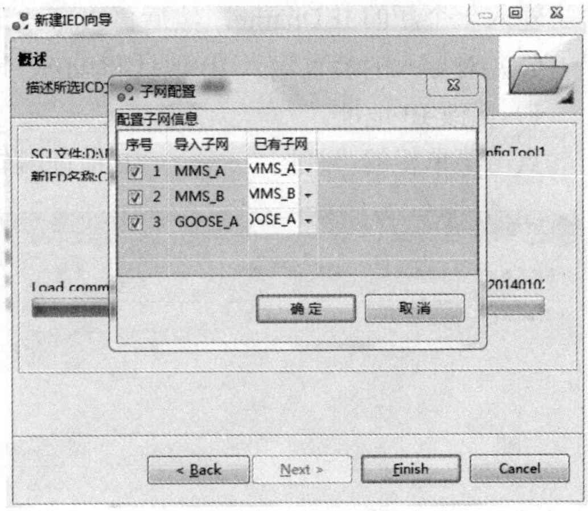

附图 A-20　导入 ICD 文件第七步

附图 A-21　导入 ICD 文件第八步

在需要复制的 IED 上右击选择“复制 IED”，如附图 A-22 所示。
在 IEDS 节点上右击选择粘贴 IED，如附图 A-23 所示。
点击 OK 按钮，如附图 A-24 所示。

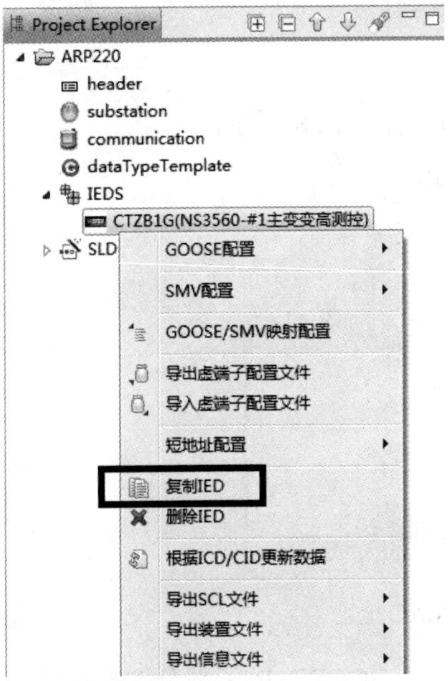

附图 A-22　多个 IED 使用同样的 ICD 文件

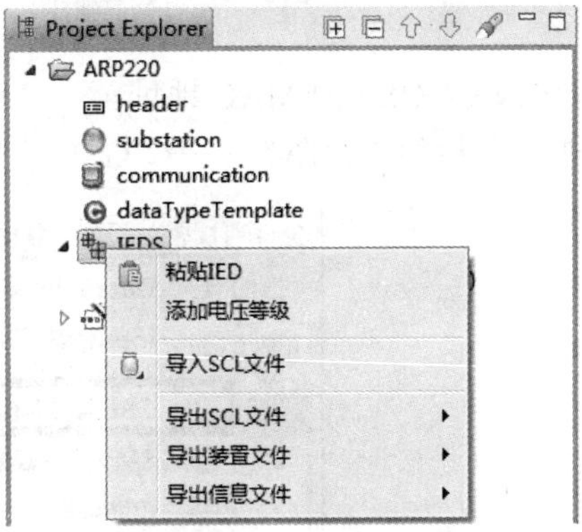

附图 A-23　粘贴 IED

附图 A-24　创建新 IED 节点

输入一个新的 IEDname，然后再去修改该 IED 的 Description，如附图 A-25 所示。

（4）对导入的装置输入 IP 地址和 MAC 地址。

1）修改 IP 地址。

点击菜单栏的“视图”——“IP 地址编辑”，如附图 A-26 所示。

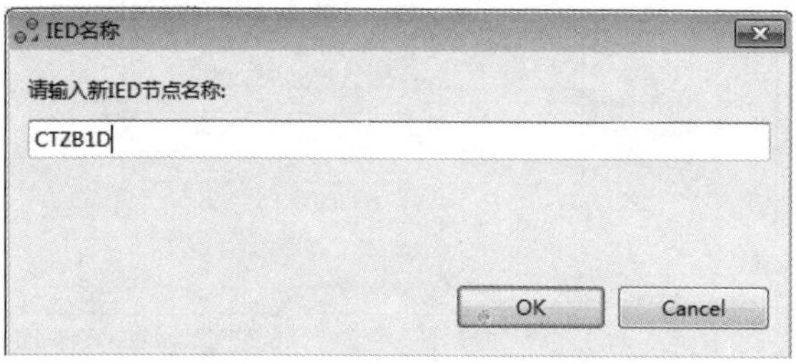

附图 A-25　输入新的 IEDname

附图 A-26　修改 IP 地址

选择存放站控层 IP 信息的 MMS_A 和 MMS_B 子网分别根据前面的 IP 信息表编辑。这边在编辑 IP 节点时可通过 B-I-P 查看对应 B、A 网的 IP 信息，如附图 A-27 所示。

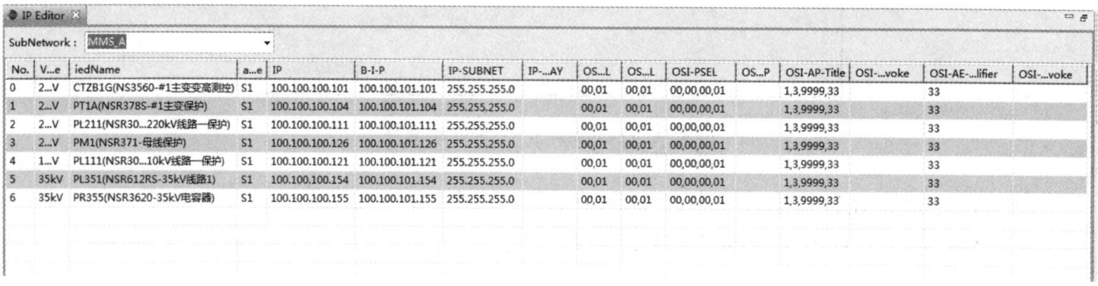

No.	V...e	iedName	a...e	IP	B-I-P	IP-SUBNET	IP-...AY	OS...L	OS...L	OSI-PSEL	OS...P	OSI-AP-Title	OSI-...voke	OSI-AE-...lifier	OSI-...voke
0	2...V	CTZB1G(NS3560-#1主变变高测控)	S1	100.100.100.101	100.100.101.101	255.255.255.0		00,01	00,01	00,00,00,01		1,3,9999,33		33	
1	2...V	PT1A(NSR378S-#1主变保护)	S1	100.100.100.104	100.100.101.104	255.255.255.0		00,01	00,01	00,00,00,01		1,3,9999,33		33	
2	2...V	PL211(NSR30...220kV线路一保护)	S1	100.100.100.111	100.100.101.111	255.255.255.0		00,01	00,01	00,00,00,01		1,3,9999,33		33	
3	2...V	PM1(NSR371-母线保护)	S1	100.100.100.126	100.100.101.126	255.255.255.0		00,01	00,01	00,00,00,01		1,3,9999,33		33	
4	1...V	PL111(NSR30...10kV线路一保护)	S1	100.100.100.121	100.100.101.121	255.255.255.0		00,01	00,01	00,00,00,01		1,3,9999,33		33	
5	35kV	PL351(NSR612RS-35kV线路1)	S1	100.100.100.154	100.100.101.154	255.255.255.0		00,01	00,01	00,00,00,01		1,3,9999,33		33	
6	35kV	PR355(NSR3620-35kV电容器)	S1	100.100.100.155	100.100.101.155	255.255.255.0		00,01	00,01	00,00,00,01		1,3,9999,33		33	

附图 A-27　IP 信息表

2）修改 GOOSE 网 MAC 地址。

点击菜单栏的“视图”——“GSE 信息编辑”，如附图 A-28 所示。

附图 A-28　修改 GOOSE 网 MAC 地址

选择存放 GOOSE 网 MAC 地址信息的 GOOSE_A 和 GOOSE_B 子网分别根据前面信息表输入对应的 MAC 地址等信息，如附图 A-29 所示。

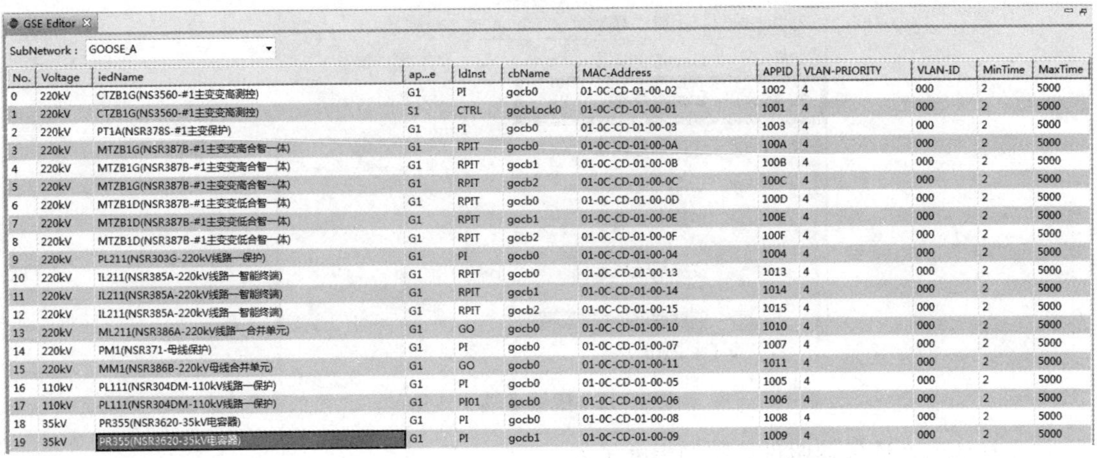

GSE Editor

SubNetwork : GOOSE_A

No.	Voltage	iedName	ap...e	ldInst	cbName	MAC-Address	APPID	VLAN-PRIORITY	VLAN-ID	MinTime	MaxTime
0	220kV	CTZB1G(NS3560-#1主变变高测控)	G1	PI	gocb0	01-0C-CD-01-00-02	1002	4	000	2	5000
1	220kV	CTZB1G(NS3560-#1主变变高测控)	S1	CTRL	gocbLock0	01-0C-CD-01-00-01	1001	4	000	2	5000
2	220kV	PT1A(NSR378S-#1主变保护)	G1	PI	gocb0	01-0C-CD-01-00-03	1003	4	000	2	5000
3	220kV	MTZB1G(NSR387B-#1主变变高合智一体)	G1	RPIT	gocb0	01-0C-CD-01-00-0A	100A	4	000	2	5000
4	220kV	MTZB1G(NSR387B-#1主变变高合智一体)	G1	RPIT	gocb1	01-0C-CD-01-00-0B	100B	4	000	2	5000
5	220kV	MTZB1G(NSR387B-#1主变变高合智一体)	G1	RPIT	gocb2	01-0C-CD-01-00-0C	100C	4	000	2	5000
6	220kV	MTZB1D(NSR387B-#1主变变低合智一体)	G1	RPIT	gocb0	01-0C-CD-01-00-0D	100D	4	000	2	5000
7	220kV	MTZB1D(NSR387B-#1主变变低合智一体)	G1	RPIT	gocb1	01-0C-CD-01-00-0E	100E	4	000	2	5000
8	220kV	MTZB1D(NSR387B-#1主变变低合智一体)	G1	RPIT	gocb2	01-0C-CD-01-00-0F	100F	4	000	2	5000
9	220kV	PL211(NSR303G-220kV线路一保护)	G1	PI	gocb0	01-0C-CD-01-00-04	1004	4	000	2	5000
10	220kV	IL211(NSR385A-220kV线路一智能终端)	G1	RPIT	gocb0	01-0C-CD-01-00-13	1013	4	000	2	5000
11	220kV	IL211(NSR385A-220kV线路一智能终端)	G1	RPIT	gocb1	01-0C-CD-01-00-14	1014	4	000	2	5000
12	220kV	IL211(NSR385A-220kV线路一智能终端)	G1	RPIT	gocb2	01-0C-CD-01-00-15	1015	4	000	2	5000
13	220kV	ML211(NSR386A-220kV线路一合并单元)	G1	GO	gocb0	01-0C-CD-01-00-10	1010	4	000	2	5000
14	220kV	PM1(NSR371-母线保护)	G1	PI	gocb0	01-0C-CD-01-00-07	1007	4	000	2	5000
15	220kV	MM1(NSR386B-220kV母线合并单元)	G1	GO	gocb0	01-0C-CD-01-00-11	1011	4	000	2	5000
16	110kV	PL111(NSR304DM-110kV线路一保护)	G1	PI	gocb0	01-0C-CD-01-00-05	1005	4	000	2	5000
17	110kV	PL111(NSR304DM-110kV线路一保护)	G1	PI01	gocb0	01-0C-CD-01-00-06	1006	4	000	2	5000
18	35kV	PR355(NSR3620-35kV电容器)	G1	PI	gocb0	01-0C-CD-01-00-08	1008	4	000	2	5000
19	35kV	PR355(NSR3620-35kV电容器)	G1	PI	gocb1	01-0C-CD-01-00-09	1009	4	000	2	5000

附图 A-29　MAC 地址信息表

3）修改 SV 网 MAC 地址。

点击菜单栏的“视图”——“SMV 信息编辑”，如附图 A-30 所示。

附图 A-30　修改 SV 网 MAC 地址

选择存放 SV 网 MAC 地址信息的 SV_A 和 SV_B 子网分别根据前面信息表输入对应的 MAC 地址等信息，如附图 A-31 所示。

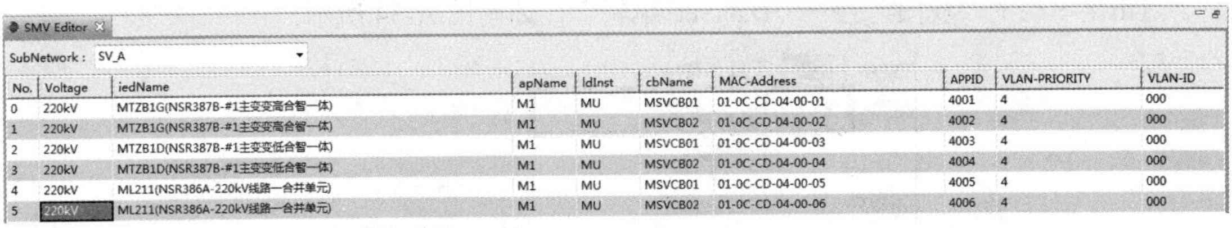

SMV Editor

SubNetwork : SV_A

No.	Voltage	iedName	apName	ldInst	cbName	MAC-Address	APPID	VLAN-PRIORITY	VLAN-ID
0	220kV	MTZB1G(NSR387B-#1主变变高合智一体)	M1	MU	MSVCB01	01-0C-CD-04-00-01	4001	4	000
1	220kV	MTZB1G(NSR387B-#1主变变高合智一体)	M1	MU	MSVCB02	01-0C-CD-04-00-02	4002	4	000
2	220kV	MTZB1D(NSR387B-#1主变变低合智一体)	M1	MU	MSVCB01	01-0C-CD-04-00-03	4003	4	000
3	220kV	MTZB1D(NSR387B-#1主变变低合智一体)	M1	MU	MSVCB02	01-0C-CD-04-00-04	4004	4	000
4	220kV	ML211(NSR386A-220kV线路一合并单元)	M1	MU	MSVCB01	01-0C-CD-04-00-05	4005	4	000
5	220kV	ML211(NSR386A-220kV线路一合并单元)	M1	MU	MSVCB02	01-0C-CD-04-00-06	4006	4	000

附图 A-31　SV 网 MAC 地址信息表

（5）根据设计院的虚端子表配置虚端子信息。

点击菜单栏的“视图”——“Inputs 编辑”，如附图 A-32 所示。

1）先选择接收端，再选择发送端。

2）只有 Data Type 信息一致的发送与接收虚端子才能连接。

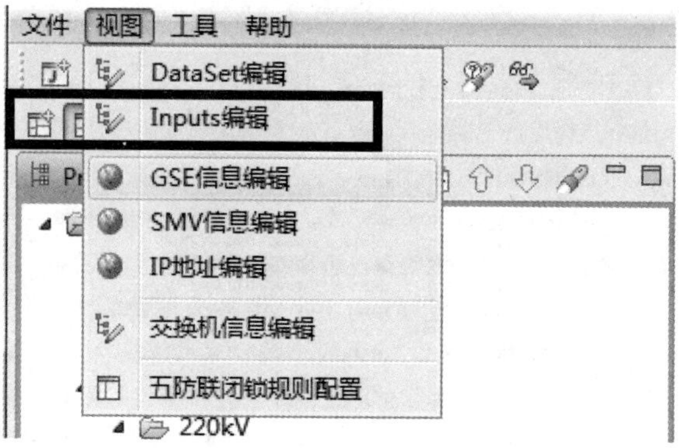

附图 A-32 配置虚端子信息

3）具体怎么连线参照设计院的虚端子表。

4）该界面可同时修改发送端和接收端的虚端子信息的描述，如附图 A-33 所示。

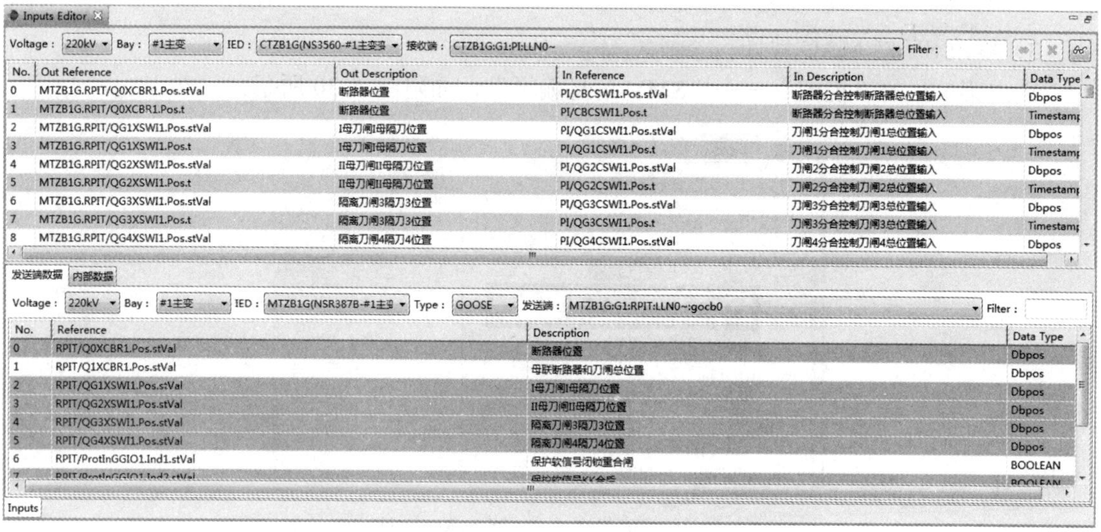

附图 A-33 虚端子信息

（6）根据设计院蓝图修改 SCD 中硬接点等信息的描述。

点击菜单栏的“视图”——“DataSet 编辑”，如附图 A-34 所示。

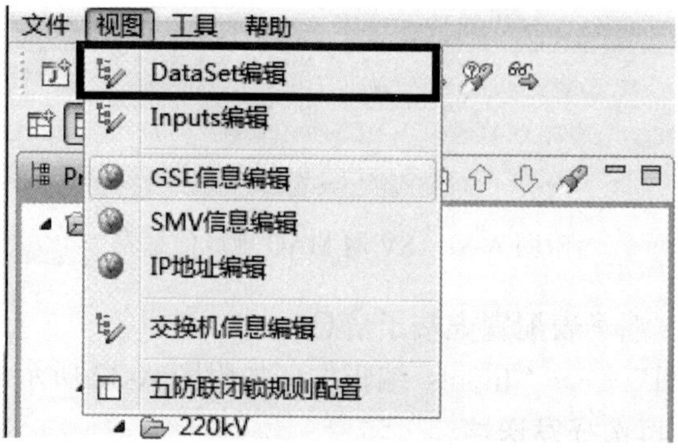

附图 A-34 修改 SCD 中硬接点信息

在该界面下对需要修改描述的 DataSet 进行修改描述，如附图 A-35 所示。

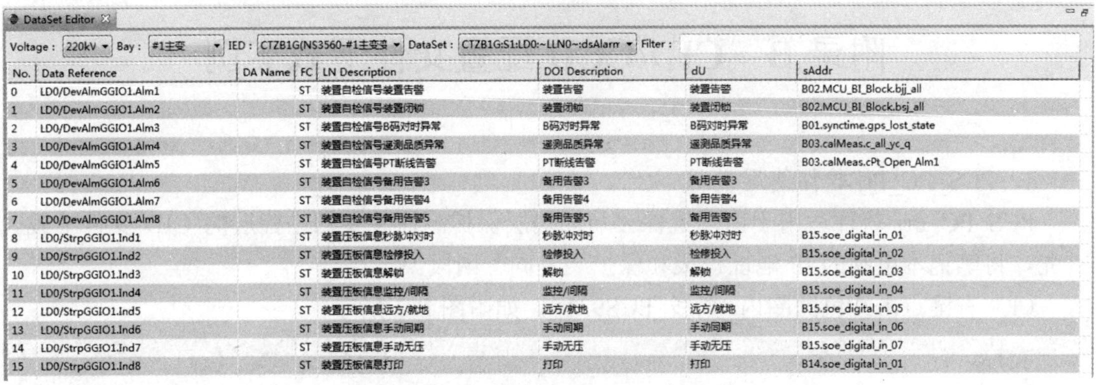

No.	Data Reference	DA Name	FC	LN Description	DOI Description	dU	sAddr
0	LD0/DevAlmGGIO1.Alm1		ST	装置自检信号装置告警	装置告警	装置告警	B02.MCU_BI_Block.bjj_all
1	LD0/DevAlmGGIO1.Alm2		ST	装置自检信号装置闭锁	装置闭锁	装置闭锁	B02.MCU_BI_Block.bsj_all
2	LD0/DevAlmGGIO1.Alm3		ST	装置自检信号B码对时异常	B码对时异常	B码对时异常	B01.synctime.gps_lost_state
3	LD0/DevAlmGGIO1.Alm4		ST	装置自检信号遥测品质异常	遥测品质异常	遥测品质异常	B03.calMeas.c_all_yc_q
4	LD0/DevAlmGGIO1.Alm5		ST	装置自检信号PT断线告警	PT断线告警	PT断线告警	B03.calMeas.cPt_Open_Alm1
5	LD0/DevAlmGGIO1.Alm6		ST	装置自检信号备用告警3	备用告警3	备用告警3	
6	LD0/DevAlmGGIO1.Alm7		ST	装置自检信号备用告警4	备用告警4	备用告警4	
7	LD0/DevAlmGGIO1.Alm8		ST	装置自检信号备用告警5	备用告警5	备用告警5	
8	LD0/StrpGGIO1.Ind1		ST	装置压板信息秒脉冲对时	秒脉冲对时	秒脉冲对时	B15.soe_digital_in_01
9	LD0/StrpGGIO1.Ind2		ST	装置压板信息检修投入	检修投入	检修投入	B15.soe_digital_in_02
10	LD0/StrpGGIO1.Ind3		ST	装置压板信息解锁	解锁	解锁	B15.soe_digital_in_03
11	LD0/StrpGGIO1.Ind4		ST	装置压板信息监控/间隔	监控/间隔	监控/间隔	B15.soe_digital_in_04
12	LD0/StrpGGIO1.Ind5		ST	装置压板信息远方/就地	远方/就地	远方/就地	B15.soe_digital_in_05
13	LD0/StrpGGIO1.Ind6		ST	装置压板信息手动同期	手动同期	手动同期	B15.soe_digital_in_06
14	LD0/StrpGGIO1.Ind7		ST	装置压板信息手动无压	手动无压	手动无压	B15.soe_digital_in_07
15	LD0/StrpGGIO1.Ind8		ST	装置压板信息打印	打印	打印	B14.soe_digital_in_01

附图 A-35　DataSet 修改描述界面

（7）根据虚端子信息修改 GOOSE、SV 告警信号等。

以上为 SCD 配置过程，至此可生成 SCD 文件给各个厂家配置生成 CID 装置文件，也可生成后台用 SCD 文件。

附录 B　CID/CCD 配置文件下载实例

1. PCS_PC_Prj 软件使用说明

PCS_PC_Prj 软件适用于南瑞继保公司间隔层保护测控装置的站控层的 CID 文件下载。首先，将笔记本电脑的 IP 地址设成和保护装置同一网段。

（1）右键点击红色圆圈内<离线 PCS931>，如附图 B-1 所示。

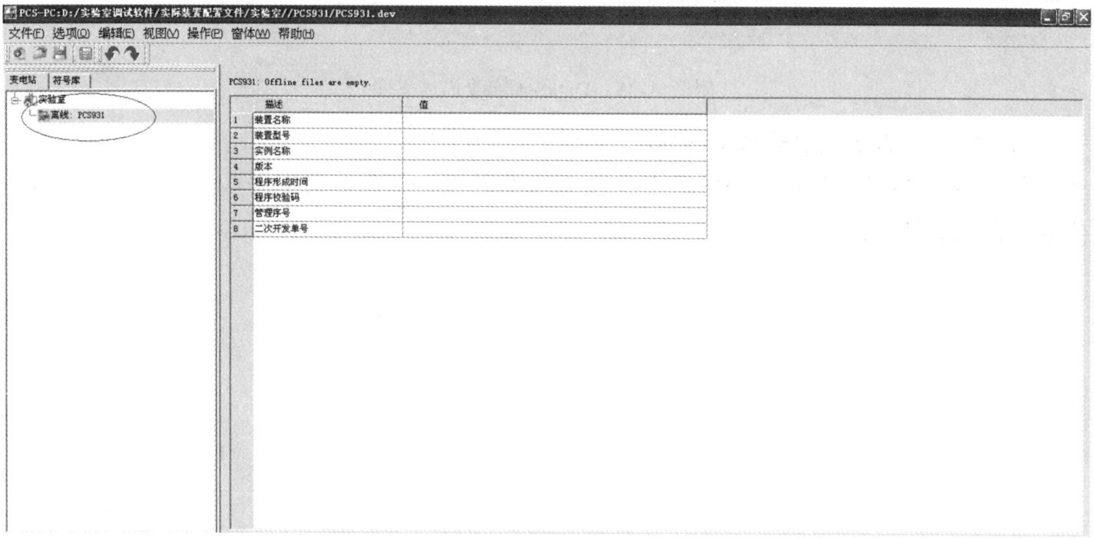

附图 B-1　PCS_PC_Prj 软件使用说明窗口一

（2）点击<连接装置>，如附图 B-2 所示。

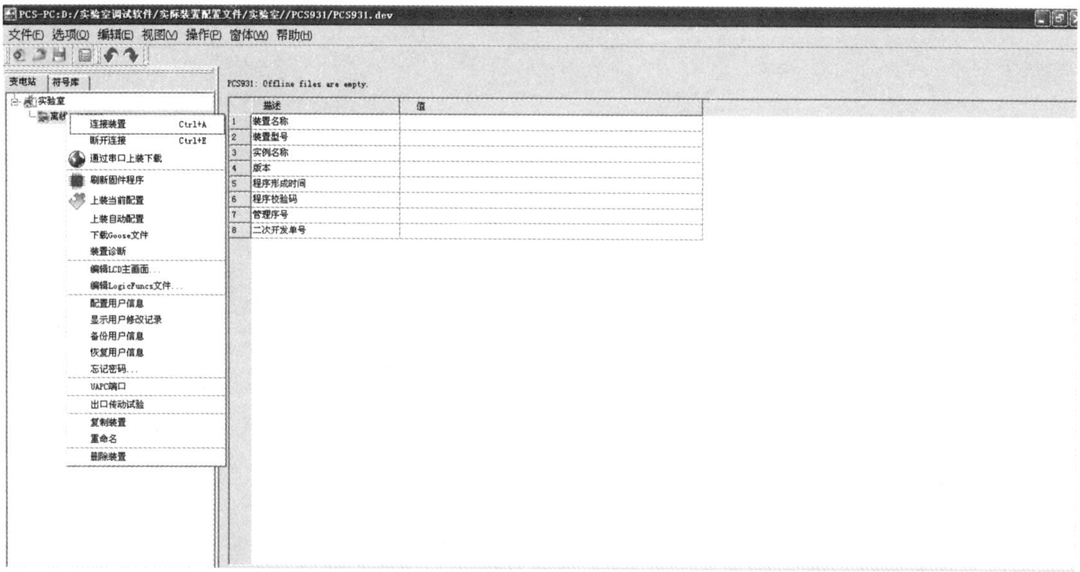

附图 B-2　PCS_PC_Prj 软件使用说明窗口二

（3）在对话框中输入装置 IP 地址，需要注意的是两个选项都需要勾选，如附图 B-3 所示。

附图 B-3　PCS_PC_Prj 软件使用说明窗口三

（4）在<下载程序>中，可下载配置文件，插件槽号为装置背板从左边到右边的槽号数，如附图 B-4 所示。

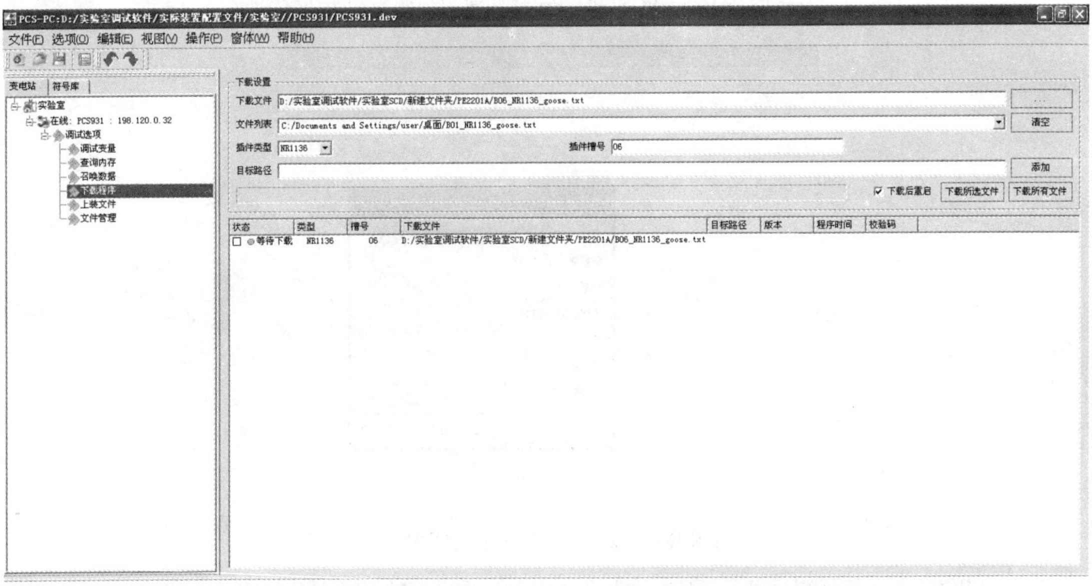

附图 B-4　PCS_PC_Prj 软件使用说明窗口四

（5）在<上装文件>中，可读取装置配置文件，插件槽号为装置背板从左边到右边的槽号数。上装 GOOSE 配置文件名为<goose.txt>上装 MMS 配置文件名为<device.cid>，如附图 B-5 所示。

2. serail 软件使用说明

serail 软件适用于南瑞继保公司间隔层保护测控装置和合并单元、智能终端的过程层 GOOSE 和 SV 配置文件下载。

（1）点击<设置>——<串口设置>，打开串口，选择 COM9，如附图 B-6 所示。

（2）点击下图红色方框中的<连接装置>按钮，如附图 B-7 所示。

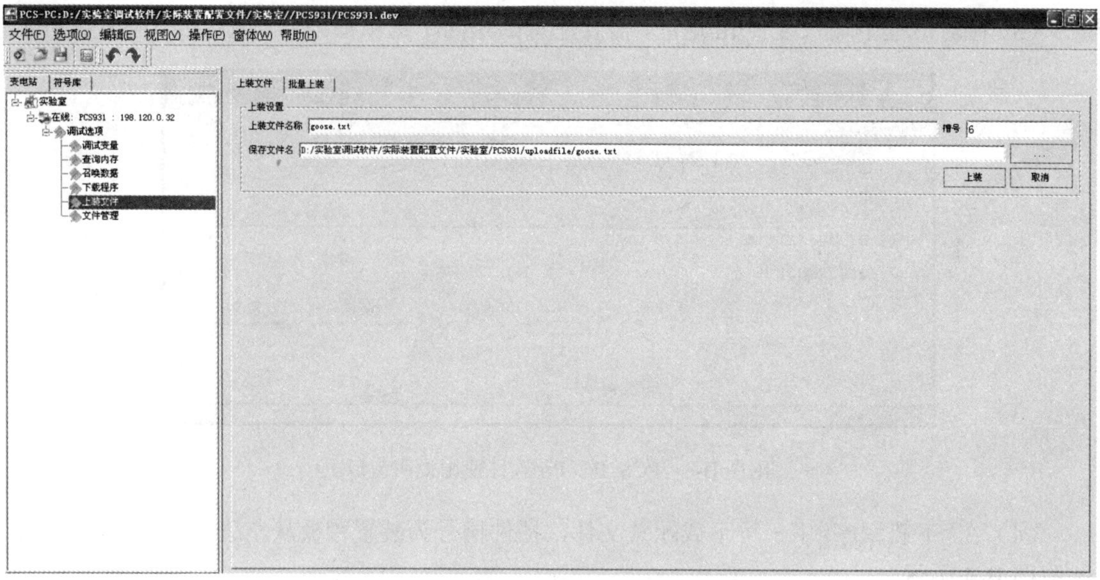

附图 B-5 PCS_PC_Prj 软件使用说明窗口五

附图 B-6 serail 软件使用说明窗口一

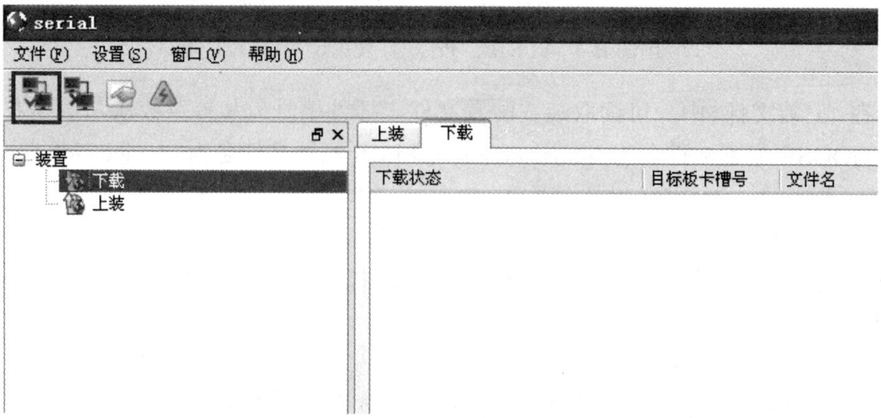

附图 B-7 serail 软件使用说明窗口二

（3）点击<上装>，弹出如下界面，如附图 B-8 所示。

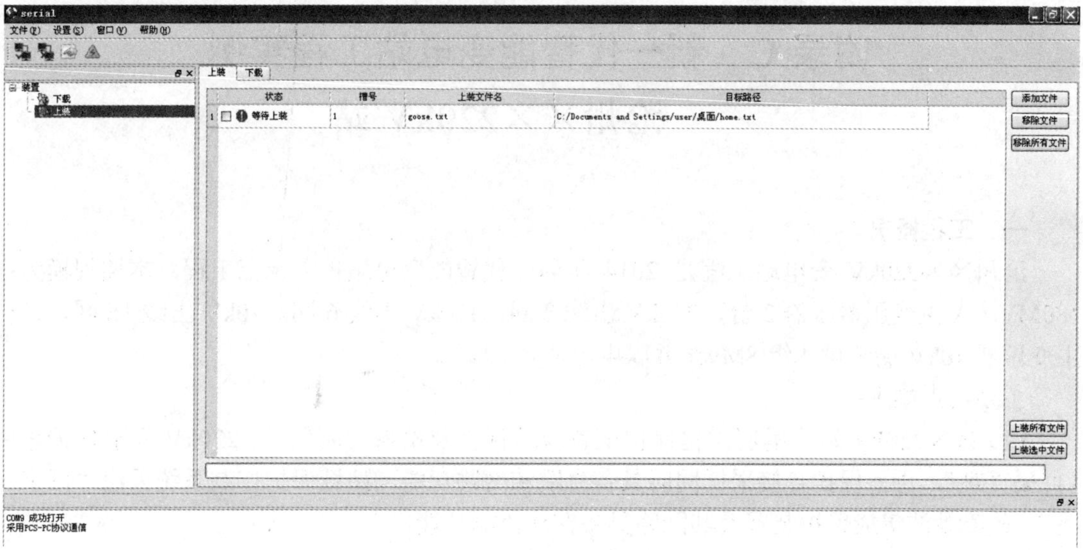

附图 B-8　serail 软件使用说明窗口三

（4）点击<下装>，弹出如下界面，如附图 B-9 所示。

附图 B-9　serail 软件使用说明窗口四

附录C　新一代智能变电站工程实例——沧州××220kV站

一、工程概况

沧州××220kV 变电站工程是 2014 年新一代智能变电站扩大示范工程，本期规模为：180MV·A 主变压器压器 2 台，220kV 出线 2 回，110kV 出线 6 回，10kV 出线 16 回，每台主变压器 10kV 侧装设 4 组 8Mvar 并联电容器。

主要特点如下：

（1）××220kV 站采用层次化保护配置就地保护及站域控制保护。220kV 间隔保护采用“直采直跳”，母差保护直接采样同时具备直跳和网跳功能，站域保护控制系统采用“网采网跳”，故障录波集成保护装置及其回路具备在线监测功能。

（2）220kV、110kV 采用隔离式智能断路器（集成电子式电流互感器），间隔层装置按照间隔独立组柜。220kV 和主变压器二次设备间隔层设备集中安装在 220kV 预制舱，220kV 系统、110kV 系统和主变压器的合并单元、智能终端均按照间隔分散布置于就地智能控制柜；110kV 采用保护测控及非关口计量集成装置，采用智能终端合并单元集成装置，110kV 间隔层设备集中安装在 110kV 预制舱；站控层设备及公用设备、通信设备集中安装在综合楼的公用二次设备室；10kV 采用常规互感器，采用集间隔层、过程层各功能设备的多合一装置，就地安装在开关柜中。

（3）间隔层设备按本期规模配置，均单套配置。过程层设备按本期规模配置。220kV 各间隔、主变压器各侧智能终端、合并单元均双套配置；主变压器本体、各级母线设备的智能终端单套、合并单元双套配置；110kV 各间隔智能终端合并单元集成装置单套配置；10kV 除主变压器进线外不配置智能终端、合并单元。

（4）站控层设备按远景规模配置。配置 2 套监控主机兼操作员工作站，1 台数据服务器，1 台综合应用服务器，2 台Ⅰ区数据通信网关机，2 台Ⅱ区及 1 台Ⅲ/Ⅳ区数据通信网关机，站内站控层设备应实现微机五防、顺序控制、智能告警、源端维护、二次设备在线监测、时间同步监测等功能。

二、220kV 电压等级配置方案

220kV 智能终端、合并单元独立配置。220kV 线路、220kV 母联、主变压器采用独立的多功能测控装置，集成非关口计量功能。

1. 线路间隔配置方案

220kV 采用 GIS 设备户外布置，取消出线回路线路侧隔离开关。共有“××—沧西单回”、“××—乐寿单回”两条 220kV 线路，每回线路按双重化配置完整的全线速动保护，直接采样、直接跳闸，跨间隔信息（启动母差失灵功能和母差保护动作远跳功能等）采用过程层网络传输方式，如附图 C-1 所示。

220kV 线路第一套保护为南瑞继保公司的 PCS—931A 产品，保护通道为专用光纤；第二套为北京四方公司的 CSC—103A 产品，保护通道为复用 2M。

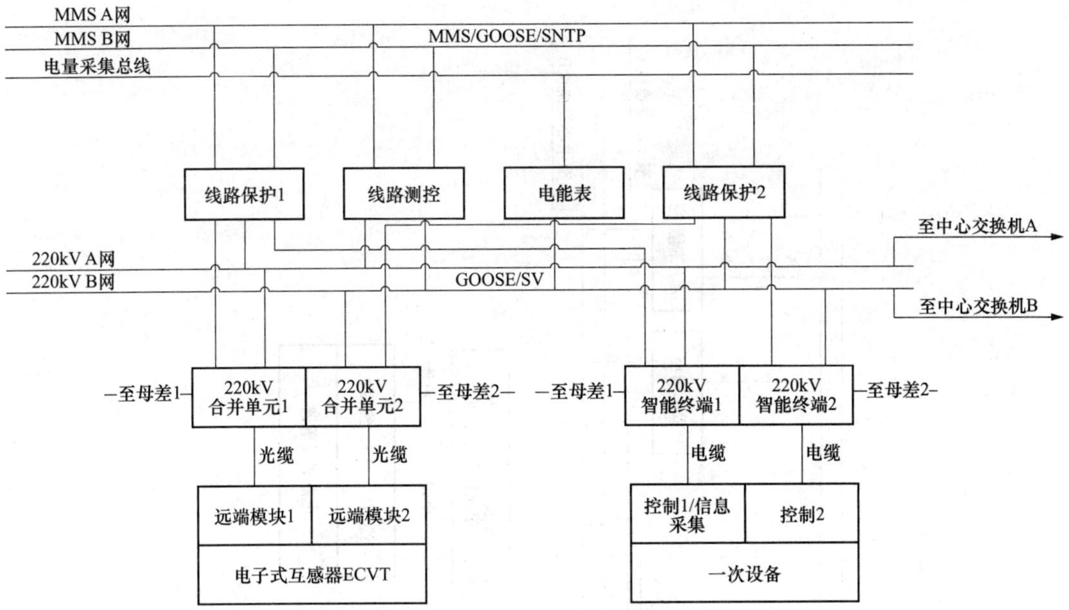

附图 C-1　线路间隔配置方案

2. 变压器间隔配置方案

主变压器220kV、110kV侧中性点经隔离开关接地，10kV经消弧线圈接地。××220kV站每台主变压器配置2套微机型电气量保护和1套非电气量保护，主变压器保护1为南瑞继保公司的PCS—978T2产品，主变压器保护2为南瑞继保公司的PCS—978T2产品，非电量保护采用南瑞继保公司的本体智能终端PCS-222TU产品。

主变压器保护直接采样直接跳各侧断路器；变压器保护跳母联、跳分段断路器及闭锁备自投、启动失灵等采用GOOSE网络传输。主变压器保护通过GOOSE网接收失灵保护跳闸命令，并实现失灵跳各侧断路器，如附图C-2和附图C-3所示。

3. 母线保护、测控配置方案

××220kV站按照终期规模配置2套220kV双母线式母线保护，每套母差保护含失灵保护功能。母线保护直接采样直接跳闸。

第一套为南瑞继保公司的PCS—915A产品。第二套为北京四方公司的CSC—150A产品，如附图C-4所示。

4. 母联间隔配置方案

每台220kV母联配置2套母联保护，含有充电保护功能。母联保护直接采样直接跳闸，启动母线失灵采用过程层网络传输。双套保护均采用南瑞继保公司的PCS—923A产品，如附图C-5所示。

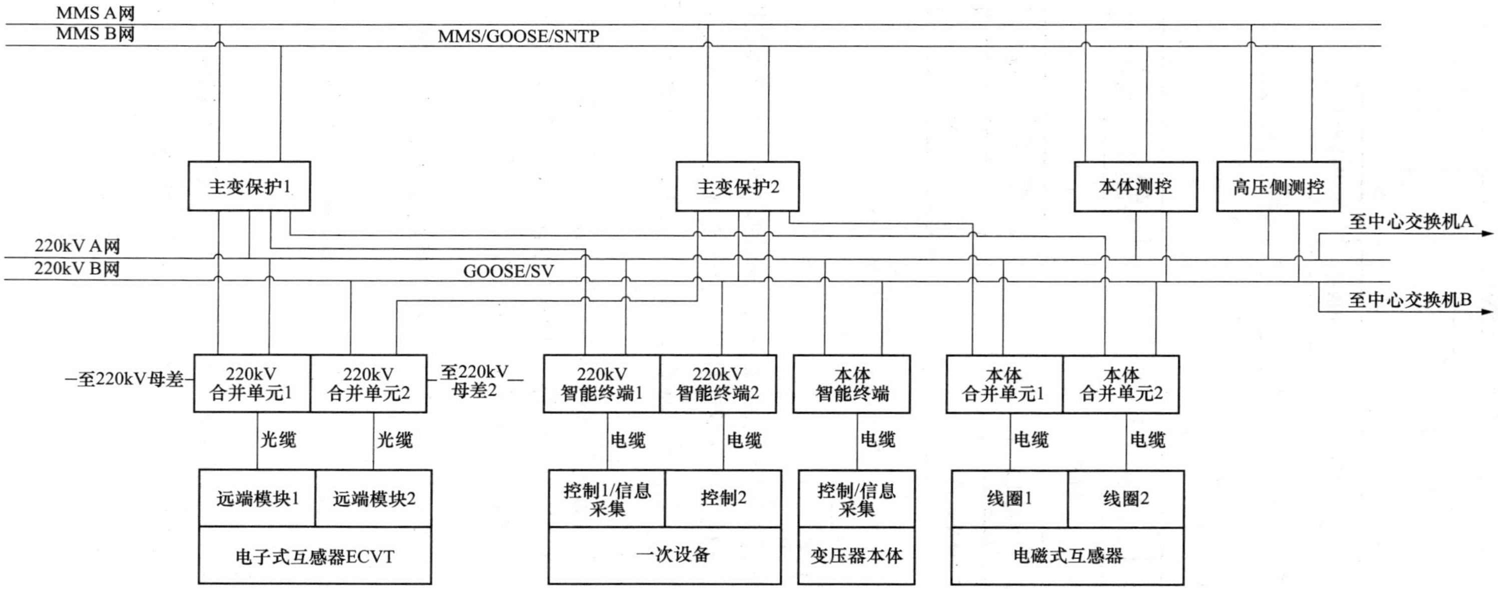

220kV部分

附图 C-2　变压器间隔配置方案（一）

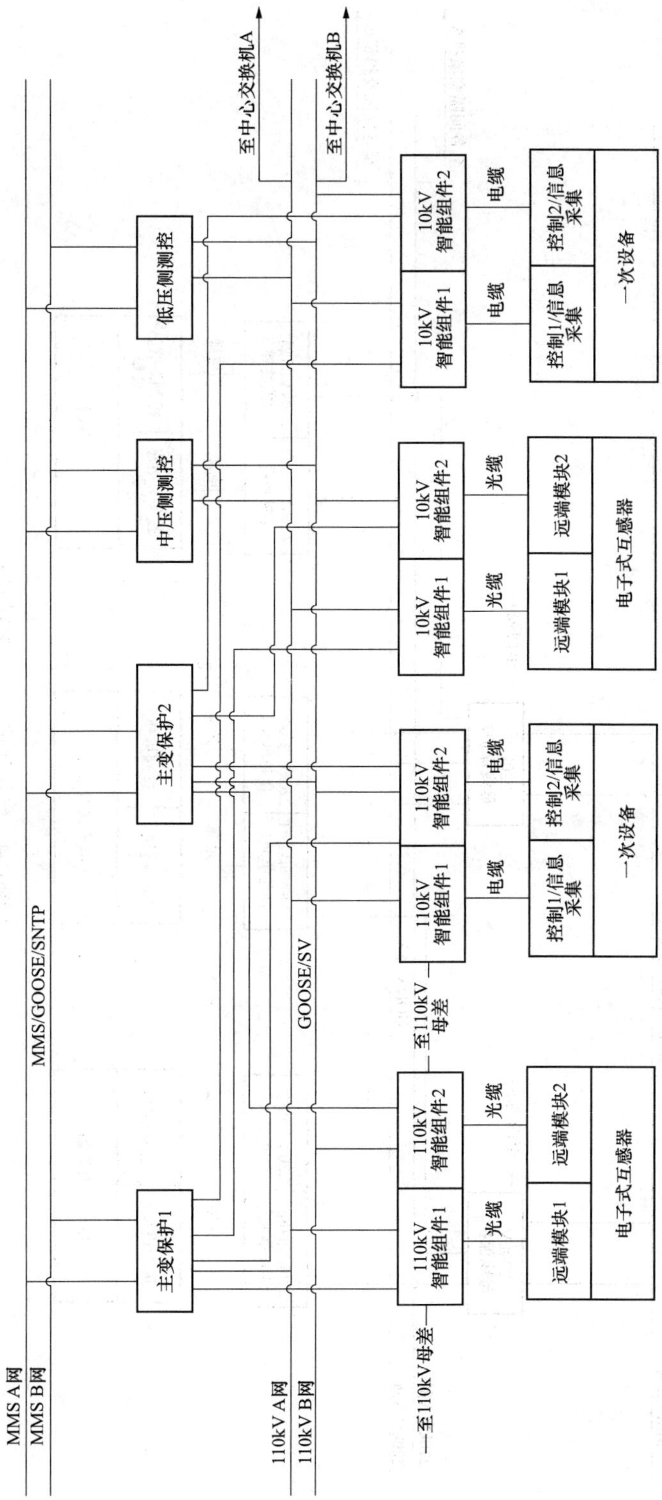

110kV及10kV部分

附图 C-3　变压器间隔配置方案（二）

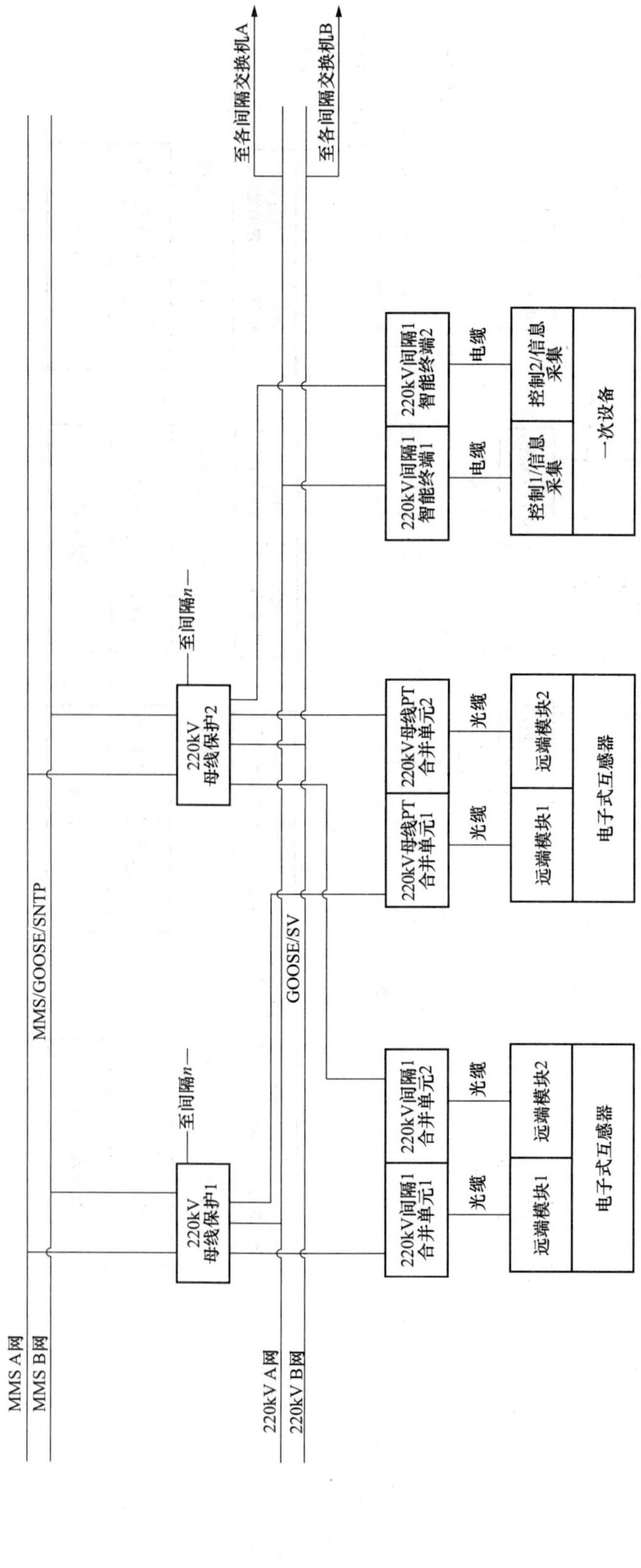

附图 C-4　母线保护、测控配置方案

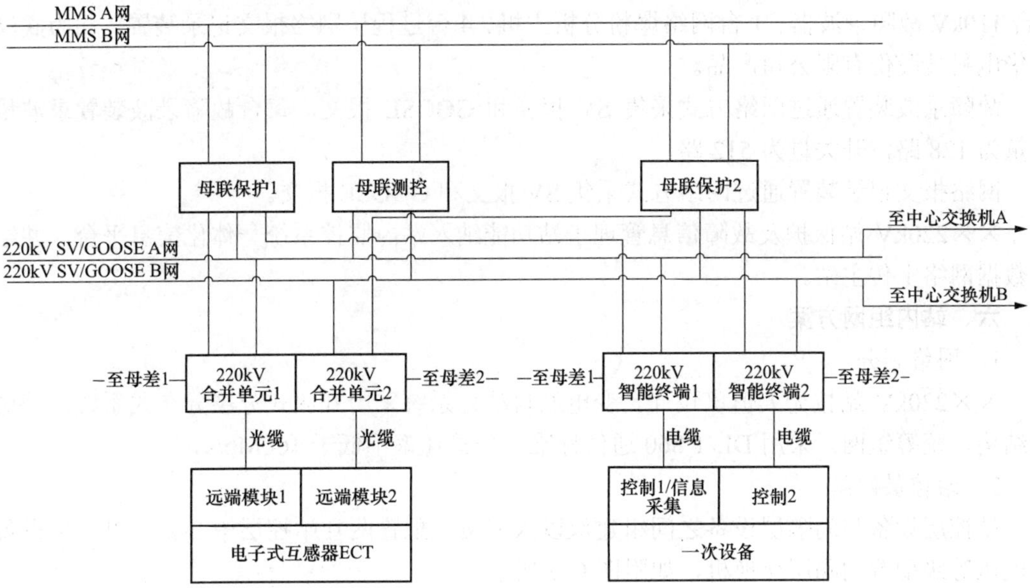

附图 C-5　母联间隔配置方案

三、110kV 电压等级配置方案

110kV 采用智能终端合并单元集成装置，110kV 线路保护、分段保护采用保护测控集成装置。

1. 线路间隔配置方案

××220kV 站每回 110kV 线路配置 1 套微机型线路保护，线路保护直接采样直接跳闸，为南瑞继保公司的 PCS—941AX 产品。

2. 母线保护、测控配置方案

××220kV 站本期为单母线分段接线，配置 1 套 110kV 母线保护，直接采样直接跳闸，为南瑞继保公司的 PCS-915DL 产品。

3. 母联间隔配置方案

110kV 分段单套配置专用的、具备瞬时和延时跳闸功能的过电流保护，为南瑞继保公司的 PCS-912AX 产品。

四、站域保护

××220kV 站配置 1 套站域保护控制系统，含两台装置，均为南瑞继保公司产品，采用网采网跳方式采集站内信息，集中决策，其中装置 1PCS—998SA—D 实现 110kV 线路保护、110kV 分段保护冗余功能，装置 2PCS—998SC—D 实现 10kV 简易母差保护、综合备自投和全站低周低压减载功能，如附图 C-6 所示。

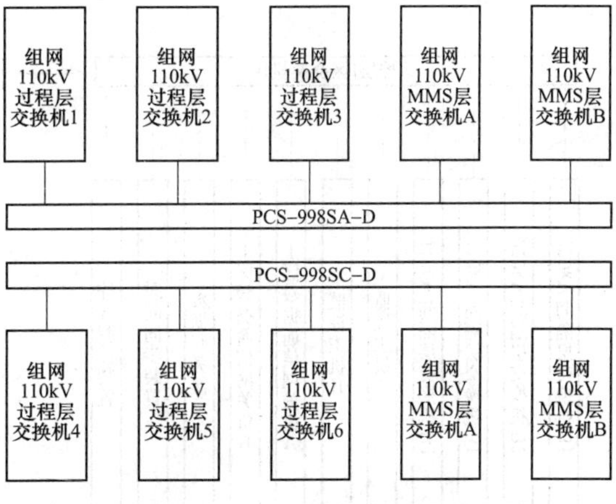

附图 C-6　站域保护控制系统

五、全站故障录波装置、网络报文记录分析装置配置方案

××220kV 站按电压等级和网络配置 2 台 220kV 故障录波器、2 台主变压器故障录波器、

1 台 110kV 故障录波器、1 台网络爆粉分析主机、4 台过程层网络报文记录装置，均为武汉中元华电科技股份有限公司产品。

故障录波装置通过网络方式采集 SV 报文和 GOOSE 报文。每台故障录波装置录波量模拟量为 128 路，开关量为 512 路。

网络报文记录装置通过网络方式采集 SV 报文和 GOOSE 报文。

××220kV 站保护及故障信息管理子站功能纳入站内监控系统一体化信息平台，并经调度数据网络上传主站。

六、站内组网方案

1. 网络划分

××220kV 站按无人值班设计。变电站自动化系统采用开放式分层分布式系统，三层设备结构，统筹组网。采用 DL/T 860 通信标准，传输速率不低于 100Mb/s。

2. 站控层网络

站控层设备与间隔层设备之间组建双以太网络，配置两套站控层中心交换机，按设备室和电压等级配置间隔层交换机，如附图 C-7 所示。

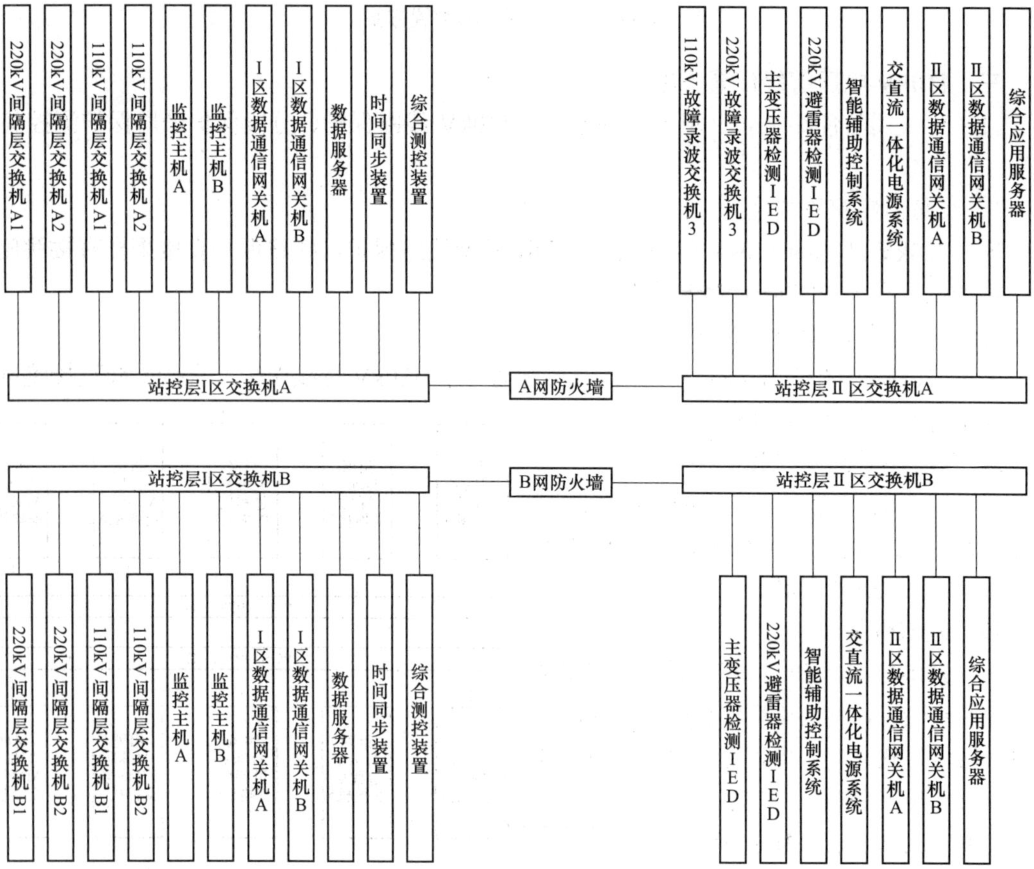

附图 C-7　站控层网络

3. 过程层网络

间隔层设备与过程层设备之间按电压等级组建过程层网络，采用 SV、GOOSE 报文共网传输方式。

220kV 过程层网络组建双网，每间隔配置 2 套过程层交换机，如附图 C-8 所示。

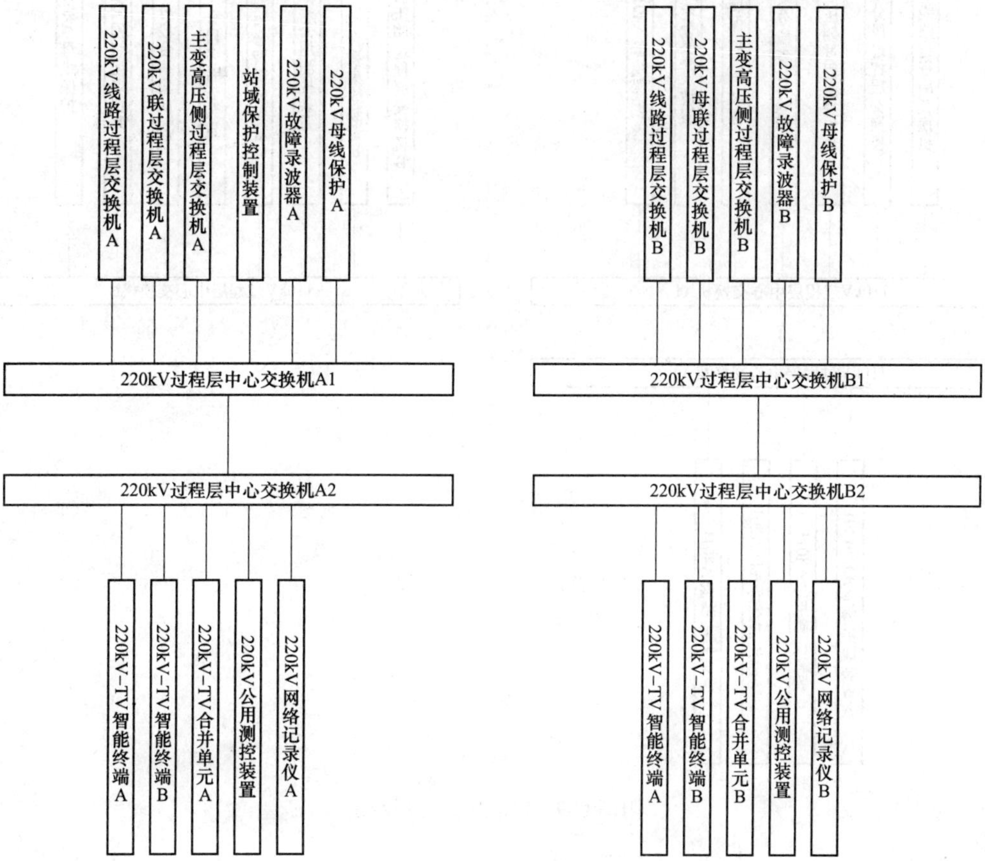

附图 C-8 220kV 过程层网络

110kV 过程层网络（除主变压器进线、分段间隔外）组建单网，供传 SV、GOOSE 报文。110kV 线路每 2 个间隔配置 1 台过程层交换机，110kV 分段间隔配置 1 台过程层交换机，110kV 主变压器进线每间隔配置 2 台过程层交换机，如附图 C-9 所示。

10kV 不配置过程层网络，GOOSE 报文利用站控层网络传输。主变压器 10kV 侧接入主变压器 110kV 侧过程层网络。

七、对时系统

全站配置 1 套公用时间同步系统，配置 2 台时钟同步扩展装置，支持北斗系统和 GPS 系统单向标准授时信号，优先采用北斗系统，时间同步精度和守时精度满足站内所有设备的对时精度要求。

站控层采用 SNTP 对时方式，间隔层采用 IRIG—B（DC）对时方式，保护测控装置采用 RS485 接口的 B 码对时，过程层设备合并单元、智能终端采样值同步采用 B 码对时，下放布置于配电装置场地的合并单元时钟输入采用光信号，如附图 C-10 所示。

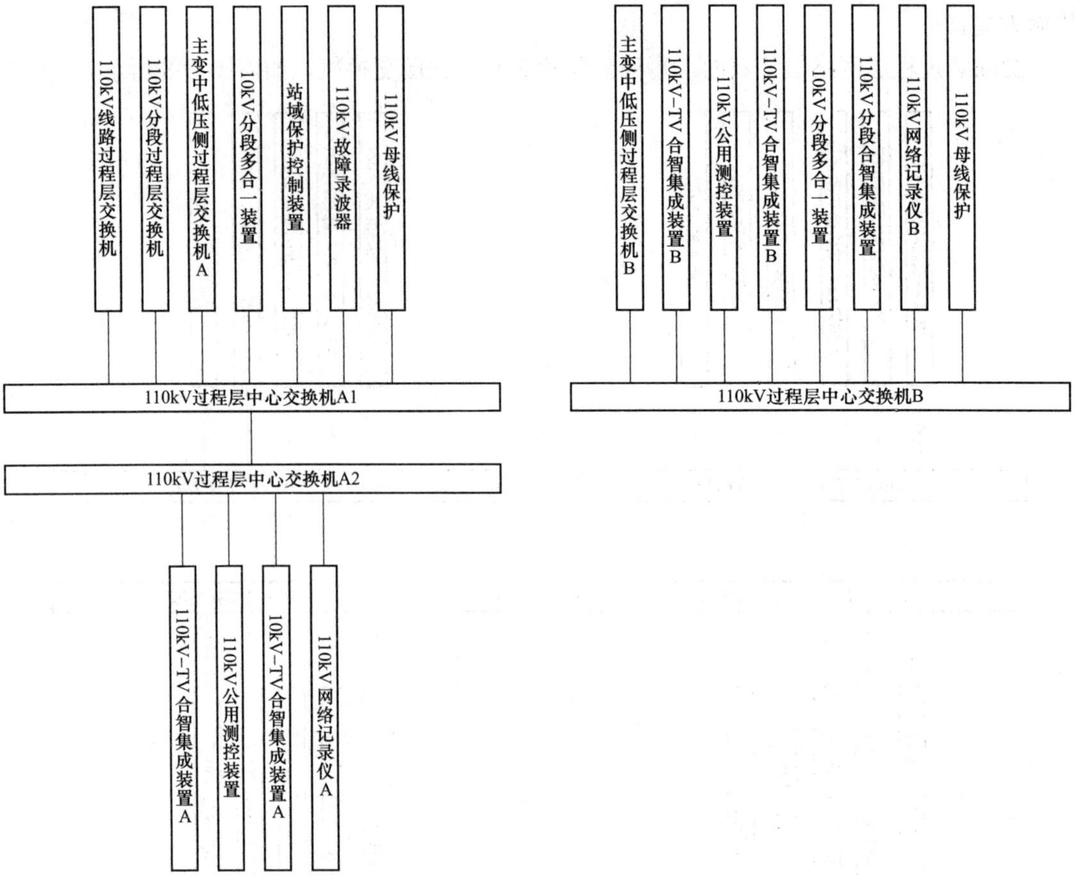

附图 C-9　110kV过程层网络

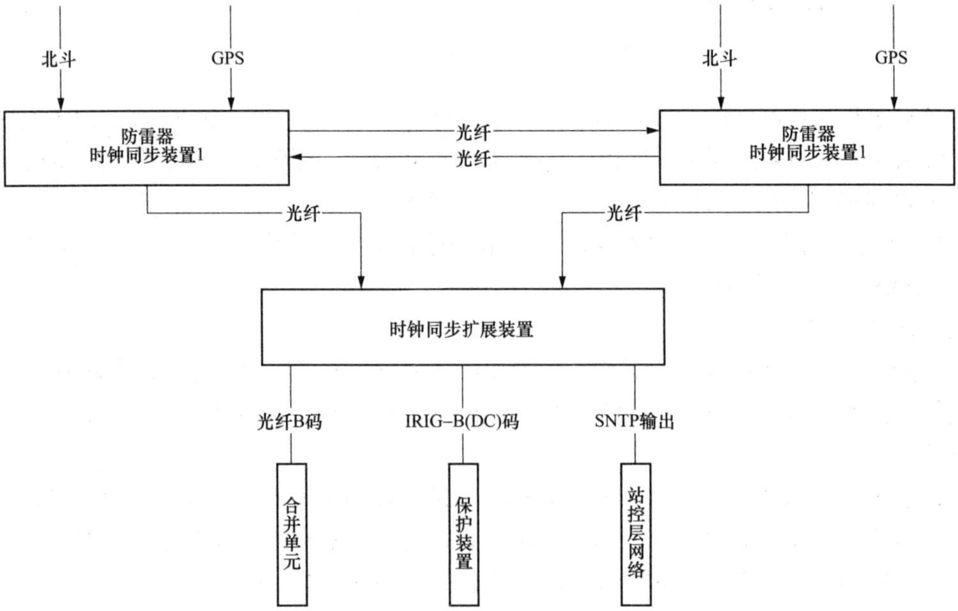

附图 C-10　对时系统

附录D　智能变电站工程实例——邯郸××220kV站

一、工程概况

邯郸××220kV变电站工程是2013年新建智能变电站，本期规模：180MV·A 220/110/10kV主变压器压器2台，220kV出线3回，110kV出线6回，10kV出线11回，每台主变压器10kV侧装设4组并联电容器，2台所变。

主要特点如下：

（1）全站电流、电压采样用常规电流、电压互感器。电流、电压通过接入合并单元实现数字化输出。

（2）220kV、110kV间隔采用GIS设备，合并单元、智能终端布置于就地智能控制柜；220kV、110kV线路、母联、母线差动保护集中布置在保护室；10kV采用常规保护装置，就地安装在开关柜中。

（3）220kV线路、母联、主变压器测控装置单独配置，110kV线路、母联采用保护测控一体装置。220kV、110kV间隔配置独立的智能电能表。

（4）220kV、110kV测控、故障录波器、网络分析仪、智能电表SV采样均通过IEC 61850—9—2协议进行点对点采样。

（5）站控层设备按远景规模配置。配置2套监控主机兼操作员工作站、2台数据服务器、2台综合应用服务器、2台Ⅰ区数据通信网关机、2台Ⅱ区及1台Ⅲ/Ⅳ区数据通信网关机，站内站控层设备应实现微机五防、顺序控制、智能告警、源端维护、二次设备在线监测、时间同步监测等功能。

二、220kV电压等级配置方案

220kV智能终端、合并单元独立配置。220kV线路、220kV母联、主变压器采用独立的保护装置。220kV设置两套母线电压合并单元，线路、主变压器、母联间隔电压通过间隔合并单元级联母线电压合并单元采集。GOOSE双网组网及单GOOSE网遥控操作断路器、隔离开关。

1. 线路间隔配置方案

220kV线路保护双重化配置，每回线路按双重化配置完整的全线速动保护，保护直接采样直接跳闸，跨间隔信息（启动母线失灵功能和母线保护动作远跳功能等）采用过程层网络传输方式，如附图D-1所示。

2. 变压器间隔配置方案

主变压器220kV、110kV侧中性点经隔离开关接地。220kV双塔站每台主变压器配置2套微机型电气量保护和1套非电气量保护。

主变压器保护直接采样直接跳各侧断路器；变压器保护跳10kV母联断路器及闭锁备自投、启动失灵等采用GOOSE网络传输。主变压器保护通过GOOSE网接收主变压器失灵联跳三侧命令，实现失灵跳各侧断路器，如附图D-2和附图D-3所示。

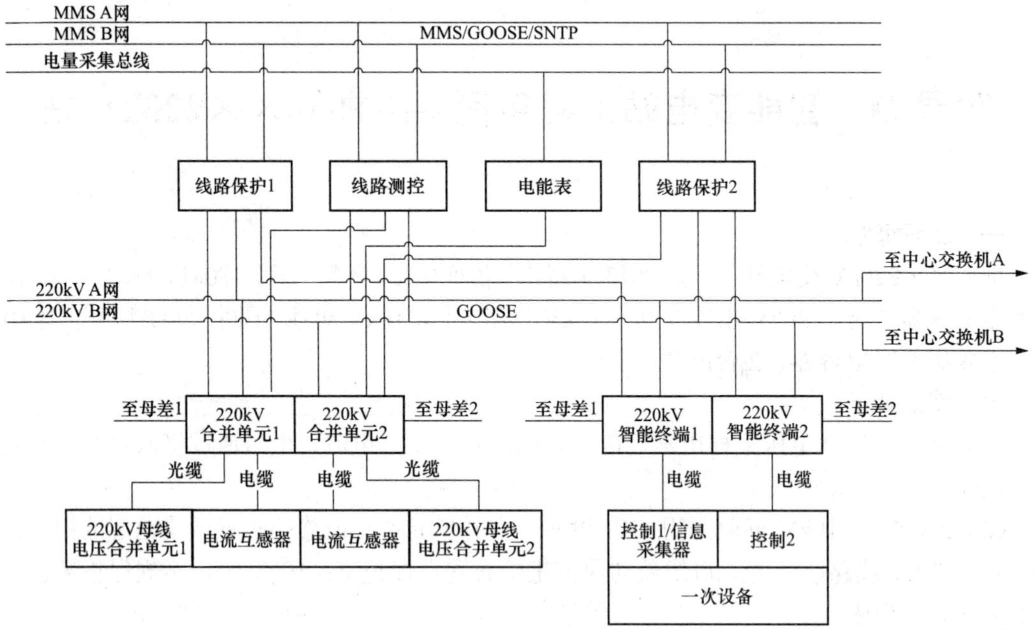

附图 D-1　220kV 线路保护双重化配置

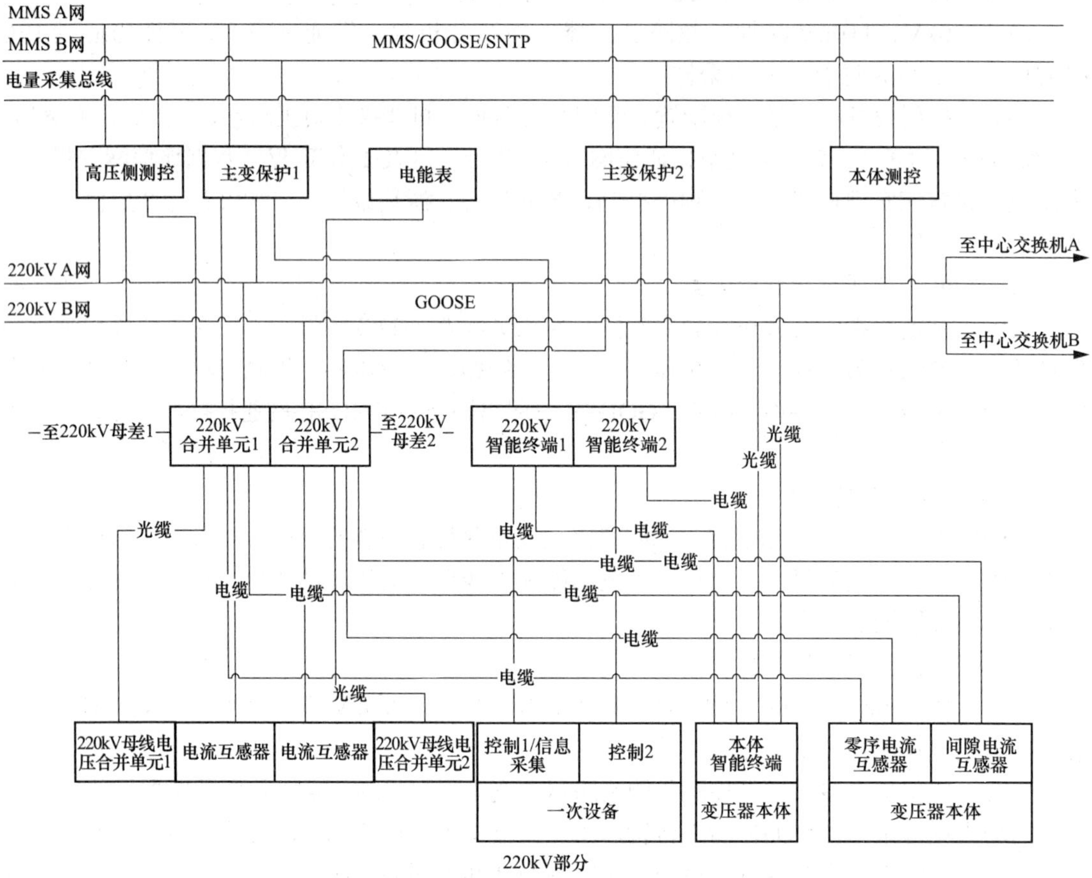

附图 D-2　变压器间隔配置方案（一）

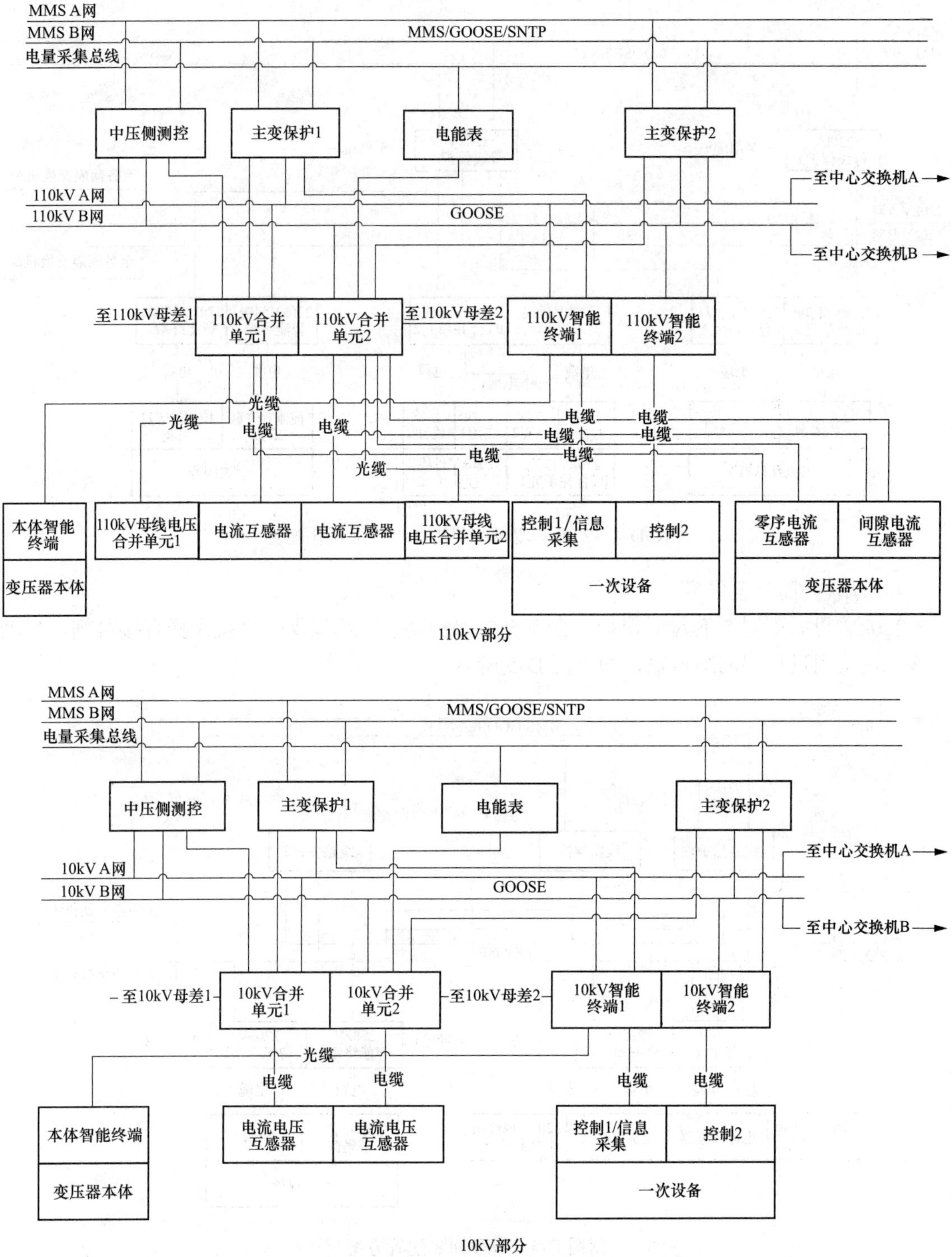

附图 D-3　变压器间隔配置方案（二）

3. 母线保护配置方案

220kV 双母线式母线保护双重化配置，每套母线保护均含独立的失灵保护功能。母线保护直接采样直接跳闸，如附图 D-4 所示。

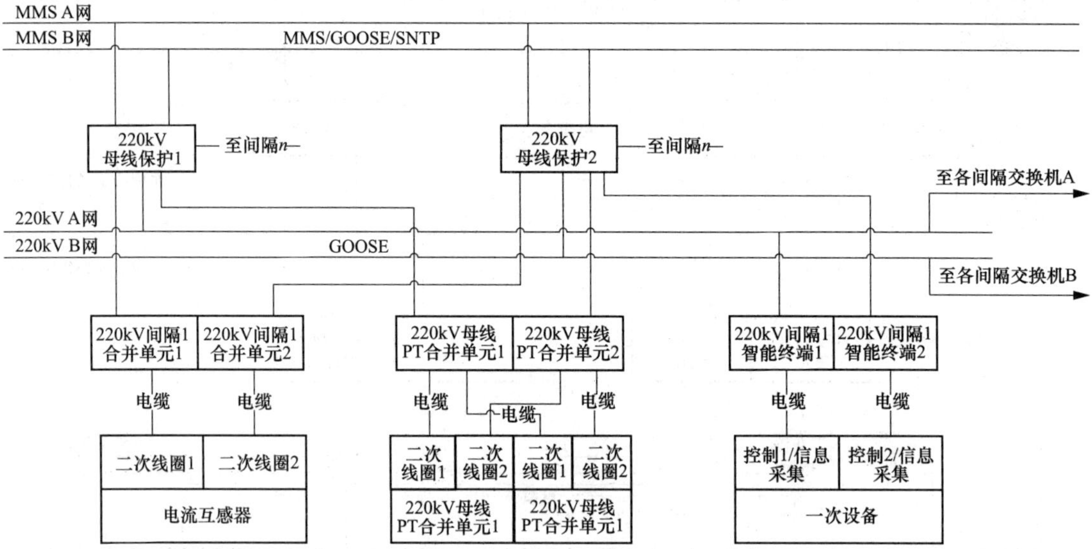

附图 D-4 220kV 双母线式母线保护双重化配置

4. 母联间隔配置方案

220kV 母联配置 2 套母联保护，含有充电保护功能。母联保护直接采样直接跳闸，启动母线失灵采用过程层网络传输，如附图 D-5 所示。

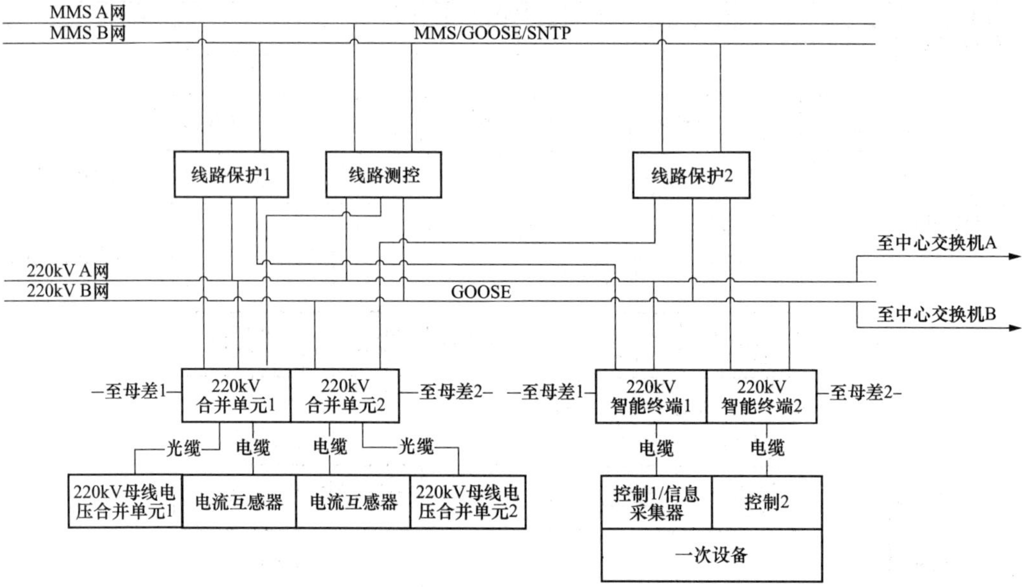

附图 D-5 母联间隔配置方案

三、110kV 电压等级配置方案

110kV 采用智能终端、合并单元独立配置。110kV 线路保护、分段保护采用保护测控集成装置。110kV 线路、母联间隔电压直接通过接入模拟电压量采集，另设两套母线电压合并单元，主变压器间隔电压通过间隔合并单元级联母线电压合并单元采集。单 GOOSE 网遥控操作断路器、隔离开关。GOOSE单网组网。

1. 线路间隔配置方案

每条110kV线路配置1套微机型线路保护，保护直接采样直接跳闸，如附图D-6所示。

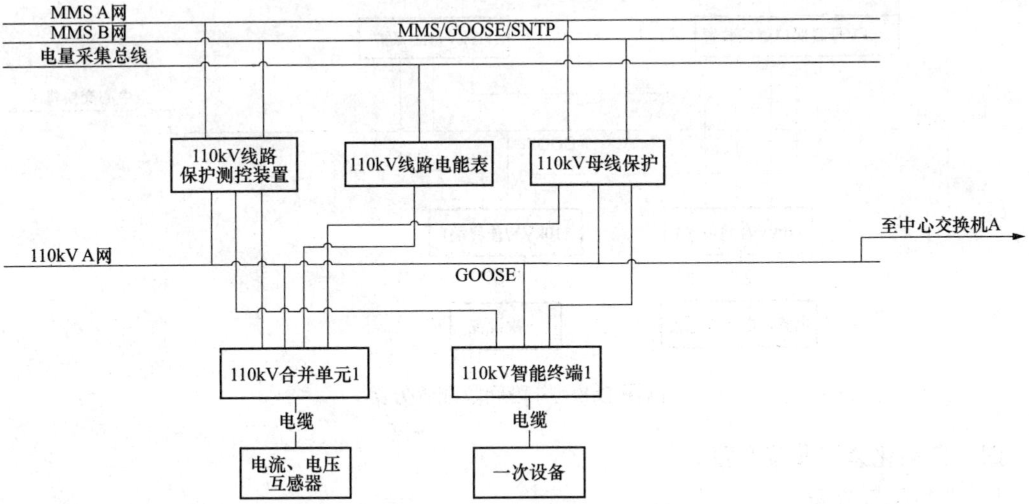

附图D-6　线路间隔配置方案

2. 母线保护配置方案

本期为单母线分段接线，配置1套110kV母线保护，直接采样直接跳闸，闭锁110kV自投通过网络传输，如附图D-7所示。

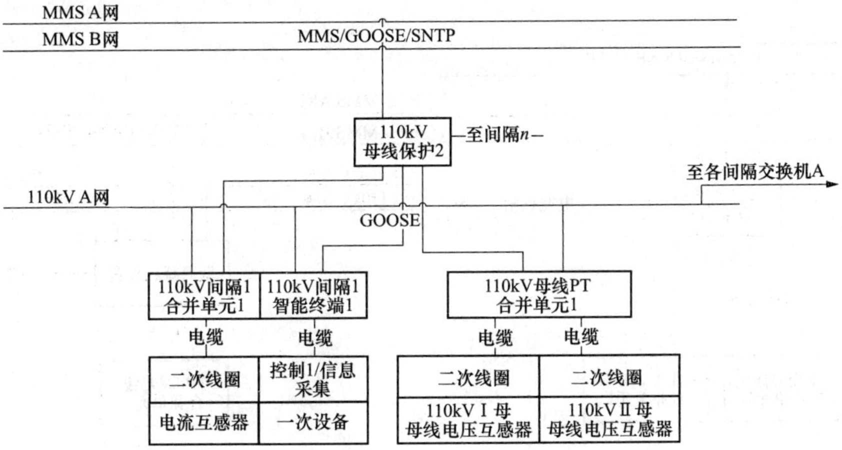

附图D-7　母线保护配置方案

3. 分段间隔配置方案

110kV分段单套配置专用的、具备瞬时和延时跳闸功能的过电流保护，直接采样直接跳闸，如附图D-8所示。

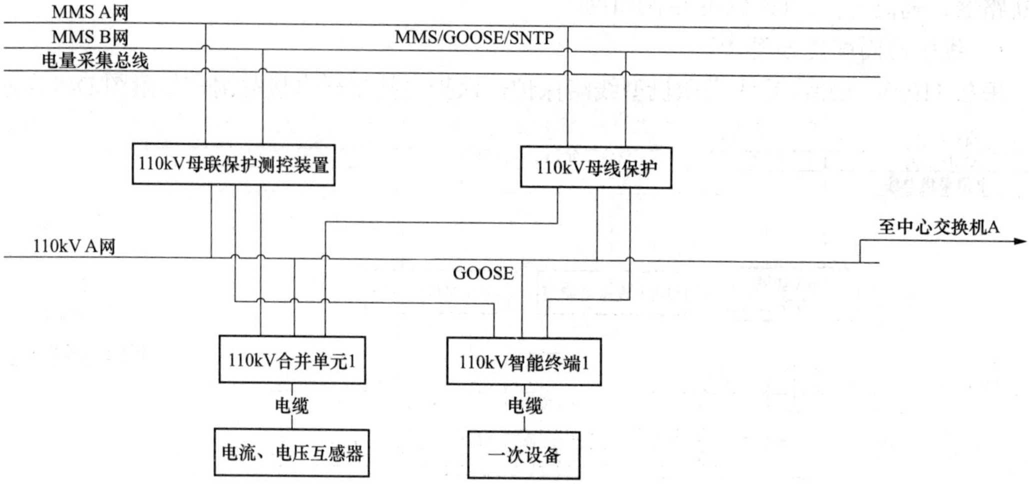

附图 D-8 分段间隔配置方案

四、自动化装置配置方案

1. 本站配置方案

有独立的主变压器过负荷联切、低周减载装置、自投装置。

（1）主变压器过负荷联切装置：主变压器过负荷联切装置采用数字采样电缆跳闸方式，如附图 D-9 所示。

（2）低周减载装置。

低周减载装置采用数字采样电缆跳闸方式，如附图 D-10 所示。

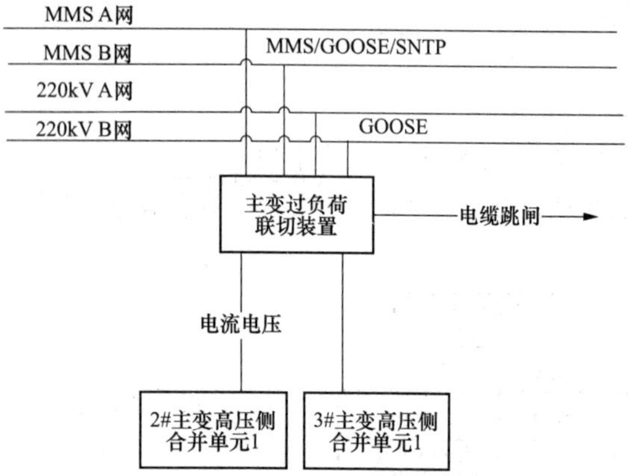

附图 D-9 主变压器过负荷联切

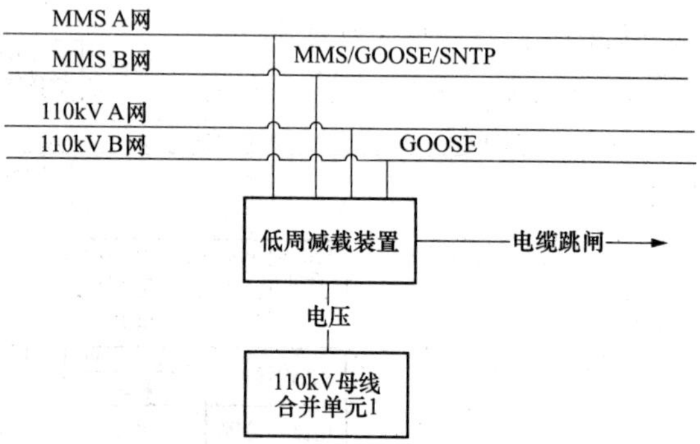

附图 D-10 低周减载装置

（3）110kV、10kV 分段自投装置。

110kV、10kV 自投装置均采用数字直接采样，110kV 的 GOOSE 网络传输隔离开关位置信息、自投闭锁信息、跳闸信息的方式及闭锁自投信息 GOOSE AB 传输，位置，跳合 GOOSE A 网传输，如附图 D-11 所示。

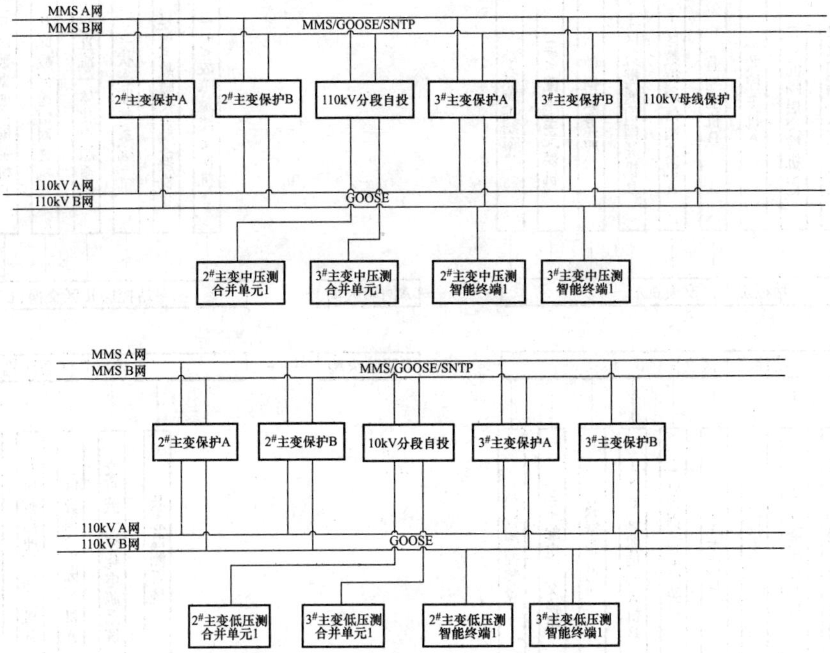

附图 D-11　110kV、10kV 分段自投

五、故障录波装置及网络报文记录分析装置配置方案

220kV双塔站按电压等级和网络配置2台220kV故障录波器、2台主变压器故障录波器、1台110kV故障录波器、1台网络报文分析主机、8台过程层网络报文记录装置，均为武汉中元华电科技股份有限公司产品。

故障录波装置通过网络方式采集SV报文和GOOSE报文。每台故障录波装置的录波量模拟量为128路，开关量为512路。

网络报文记录装置通过网络方式采集 GOOSE 报文，SV 报文直接采集。

保护及故障信息管理子站功能纳入站内监控系统一体化信息平台，并经调度数据网络上传主站。

六、站内组网方案

1. 网络划分

220kV 双塔站按无人值班设计。变电站自动化系统采用开放式分层分布式系统，三层设备站控层和过程层网络两层网络结构。采用 DL/T 860 通信标准，传输速率不低于 100Mb/s。

2. 站控层网络

站控层设备与间隔层设备之间组建双以太网络，配置两套站控层中心交换机，按设备室和电压等级配置间隔层交换机。设备室内保护电以太口通讯，设备室间光以太口通讯，如附图 D-12 所示。

3. 过程层网络

间隔层设备与过程层设备之间按电压等级组建过程层网络，只传输 GOOSE 报文。

（1）220kV过程层网络组建双网，每间隔配置2套过程层交换机，如附图D-13所示。

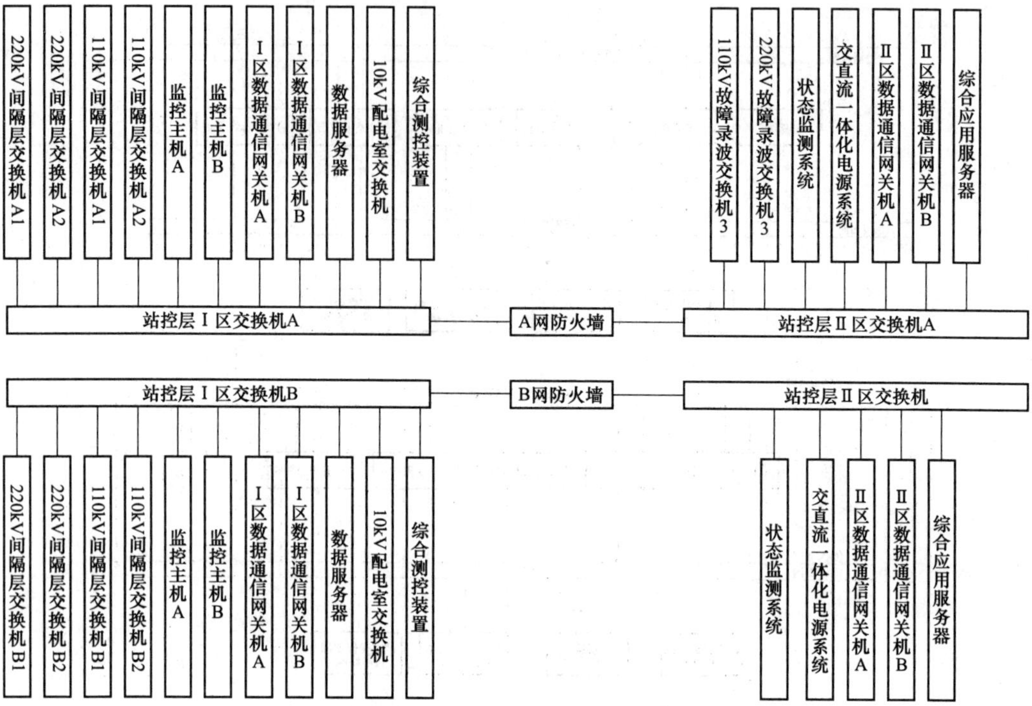

附图 D-12 双以太网络

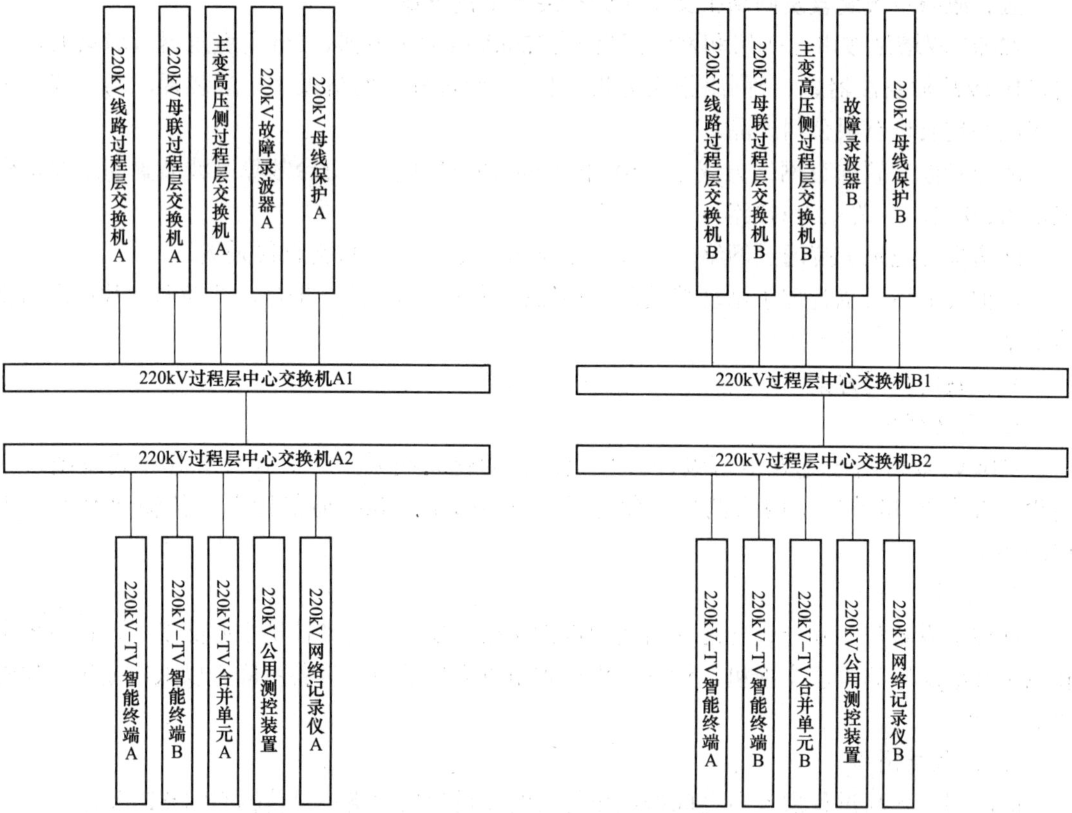

附图 D-13 220kV过程层网络组建双网

GOOSE网中传输合并单元的装置信息以及合并单元电压切换所需的隔离开关位置信息。

（2）110kV过程层网络（除主变压器进线、分段间隔外）组建单网，传输GOOSE报文。110kV线路每1个间隔配置1台过程层交换机，110kV分段间隔配置1台过程层交换机，110kV主变压器进线每间隔配置2台过程层交换机，如附图D-14所示。

（3）10kV不配置过程层网络，主变压器10kV侧接入主变压器110kV侧过程层网络。

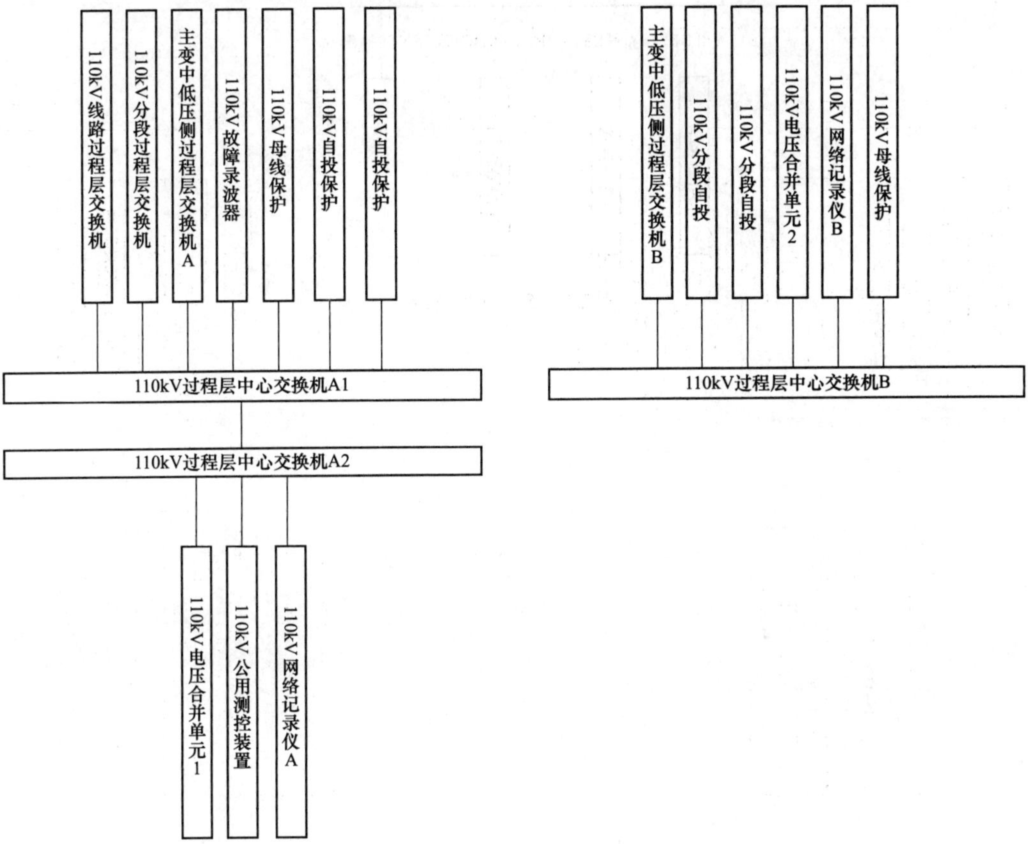

附图D-14 110kV过程层网络组建单网

4. 对时系统

全站设一套对时系统，主机双重化配置，采用基于卫星时钟（GPS和北斗互备方式）获取精确时间。

本站配置1面时钟同步柜，内含2台主时钟，1台扩展装置，并设置一面时钟同步扩展柜内含1台扩展装置。可提供SNTP、IEC 61588、IRIG—B（DC）码及1PPS/1PPM对时信号。

站控层采用SNTP对时方式，间隔层采用IRIG—B（DC）对时方式。过程层设备合并单元、智能终端采样值同步采用B码对时，下放布置于配电装置场地的合并单元、智能终端时钟输入采用光信号，如附图D-15所示。

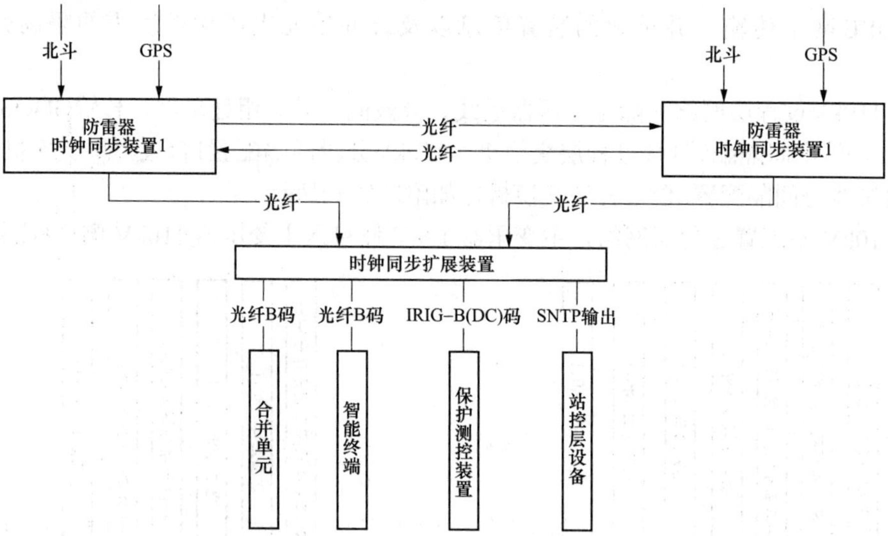
北斗
GPS
防雷器
时钟同步装置1
光纤
光纤
北斗
GPS
防雷器
时钟同步装置1
光纤
光纤
时钟同步扩展装置
光纤B码
光纤B码
IRIG-B(DC)码
SNTP输出
合并单元
智能终端
保护测控装置
站控层设备

附图 D-15　对时系统

参 考 文 献

[1] IEC．IEC 61850 Communication networks and systems in substations，2004．

[2] 肖韬，林知明，田丽平．关于变电站 GOOSE 通信方案的研究．华东交通大学学报，2008，25（4）．

[3] 柯善文，刘曙光，何能．关于变电站 GOOSE 报文传输的研究．继电器，2007，35 增刊．

[4] 付旭，徐磊．Linux 环境下 GOOSE 报文传输方案的研究与设计．电力科学与工程，2009，25（12）．

[5] 窦晓波，周旭峰，胡敏强等．IEC 61850 快速报文传输服务在 VxWorks 中的实现．电力系统自动化，2008，32（12）．

[6] 章坚民，朱炳铨，赵舫等．基于 IEC 61850 的变电站子站系统建模与实现．电力系统自动化，2004，28（21）．

[7] 彭安红，张浩，牛志刚．电力系统继电保护装置的 IEC 61850 建模．华东电力，2008，36（4）．

[8] 童晓阳，王晓茹，汤俊．基于 IEC 61850 标准的变电站智能电子设备的统一建模语言设计及改进．电网技术，2006，30（3）．

参考文献